Schriftenreihe der
Technischen Universität Wien

Gesamtschriftleitung:
o. Univ.-Prof. Dr. E. Bancher

Band 23

Springer-Verlag Wien GmbH

Wasserkraftanlagen

Stahl- und maschinenbauliche Gesichtspunkte

Redaktion
o. Univ.-Prof. Dipl.-Ing. Dr. techn. Th. Varga
o. Univ.-Prof. Dipl.-Ing. Dr. techn. H. B. Matthias

Springer-Verlag Wien GmbH

ISBN 978-3-211-81682-0   ISBN 978-3-7091-7693-1 (eBook)
DOI 10.1007/978-3-7091-7693-1

VORWORT

Seit Jahrzehnten betreut die Technische Versuchs- und Forschungsanstalt (TVFA) der TU-Wien stahl- und maschinenbauliche Aspekte
österreichischer Wasserkraftanlagen. Zwischen der TVFA und dem
Institut für Wasserkraftmaschinen und Pumpen besteht eine langjährige, fruchtbare Zusammenarbeit auf diesem Gebiet. Das Institut für Werkstoffkunde und Materialprüfung (vormals Institut für
Mechanische Technologie I und Baustofflehre) betreut wiederum
Grundlagen und Verfahren des Arbeitsgebiets.

Die im Schuljahr 1900/1901 unter L. Tetmajer gegründete Technische Versuchsanstalt hat in ihrer wechselvollen Geschichte hervorragende Fachleute als Vorstände und als Mitarbeiter gehabt.
A. Leon und A. Slattenschek begannen mit Arbeiten auf dem Wasser-
kraftanlagensektor; E. Uhlir hat dann in jahrzehntelanger uner-
müdlicher Arbeit die Dienstleistungen der TVFA für die Wasserkraftanlagen Österreichs ausgebaut und zum anerkannt hohen Stand
dieser Anlagen wesentlich beigetragen. Diese Herren hatten in
den letzten Jahren u.a. sehr eng mit F. Schulz seitens der Wasserkraftmaschinen beim Bau und der Projektierung von Wasserkraftanlagen zusammengearbeitet.

Es ist den veranstaltenden Instituten eine Ehre und deren Mitarbeitern eine besondere Freude, neben einem Rückblick auf die
achtzigjährige Geschichte der TVFA und auf das Wirken von E.Uhlir
neue Arbeiten des Fachgebietes vorstellen zu können.
Damit soll bezeugt werden, daß der Wasserkraft eine größere Bedeutung denn je zugemessen wird und daß die Technische Universität Wien, durch drei ihrer Institute vertreten, alles daransetzt,
die Entwicklungen und die Dienstleistungen noch wirkungsvoller
zu gestalten.

An dieser Stelle sei allen Teilnehmern, Diskussionsrednern und
Vortragenden, sowie dem Rektor Magnifizenz W. Nöbauer und der
Universitätsdirektion, die zum Gelingen der Veranstaltung beige-
tragen haben, herzlich gedankt.

Die Redaktion oblag den Herren P. Kopacek und E. Zimmerl, die
Reinschrift besorgte Frau E. Eder. Ihnen gilt, zusammen mit den
beteiligten Mitarbeitern der Institute der besondere Dank der
Veranstalter.

K. Lötsch	H.-B. Matthias	T. Varga
Vorstand des Institutes	Vorstand des Institutes	Leiter der TVFA
für Werkstoffkunde und	für Wasserkraftmaschinen	
Materialprüfung	und Pumpen	

I N H A L T S V E R Z E I C H N I S

KURZVORTRÄGE

über aktuelle Arbeiten und die Forschungsbereiche der
beteiligten Institute

LISTE DER VORTRAGENDEN

(in alphabetischer Reihenfolge)

	Inst.Nr.
cand.-ing. Wolfgang ALLERTSHAMMER	(310)
Fachoberlehrer Karl BAUER	308
Amtsrat Ing. Gerhard BENEDIKTER	310
cand.-ing. Gerhard FASCHING	305
Univ.Ass. Dipl.-Ing. Klaus KÄFER	305
O.Rat Dipl.-Ing. Friedrich KERMAUNER	308
Univ.Ass. Dipl.-Ing. Wilhelm KÖNIG	305
Univ.Dozent Dipl.-Ing. Dr. Peter KOPACEK	305
O.Rat Dipl.-Ing. Walter KRATZEL	310
cand.-ing. Erwin LITSCHAUER	305
O.Univ.Prof. Dipl.-Ing. Dr. Karl LÖTSCH	308
Univ.Ass. Dipl.-Ing. Friedrich LOIBNEGGER	310
O.Univ.Prof. Dipl.-Ing. Dr. Heinz-Bernd MATTHIAS	305
Univ.Ass. Dipl.-Ing. Felix SALZMANN	310
O.Rat Dipl.-Ing. Dr. Josef SCHEDELBERGER	305
O.Rat Dipl.-Ing. Dr. Wilhelm TAUFFKIRCHEN	310
O.Univ.Prof. Dipl.-Ing. Dr.sc. Thomas VARGA	308/310
Rat Dipl.-Ing. Erich ZIMMERL	310

305 ... Institut für Wasserkraftmaschinen und Pumpen
308 ... Institut für Werkstoffkunde und Materialprüfung
310 ... Technische Versuchs- und Forschungsanstalt

Begrüßung durch den Rektor der Technischen Universität Wien

Magnifizenz O.Univ.Professor Dr. W. Nöbauer:

Meine sehr geehrten Damen und Herren!

Es ist mir eine Freude und Ehre, Sie im Namen der Technischen
Universität Wien zum Seminar über Wasserkraftanlagen herzlich begrüßen zu können. Mein besonderer Gruß gilt den Vertretern der
Ministerien, Herrn Ministerialrat Kropatschek vom Bundesministerium für Land- und Forstwirtschaft und Herrn Dr. Persy vom Bundesministerium für Wissenschaft und Forschung. Ich begrüße sehr
herzlich den Vertreter der Schwester unserer Technischen Ver-
suchs- und Forschungsanstalt in Graz, Herrn Professor Czech, es
freut mich aber auch sehr, so viele Gäste aus Wirtschaft und Industrie und auch aus dem Ausland hier an der Technischen Universität begrüßen zu können. Ganz besonders begrüße ich unseren lieben Kollen, Herrn Professor Uhlir, dem heute eine wohlverdiente
Ehrung zuteil wird. Professor Uhlir ist ja seit 50 Jahren mit unserer TVFA verbunden und ist daher sicher, wenn man so sprechen
darf, das dienstälteste Mitglied dieser Institution.

In dem Seminar wird ein Thema behandelt, das gerade heute, im
Zeitpunkt einer intensiven Diskussion über die Möglichkeiten der
Sicherung des Energiebedarfs, von besonderem Interesse ist.
Gleichzeitig dient das Seminar aber auch der Jubiläumsfeier der
Technischen Versuchs- und Forschungsanstalt unserer Technischen
Hochschule: Die TVFA wurde ja vor 80 Jahren gegründet und hat in
den acht Jahrzehnten ihres Bestehens das wechselvolle Schicksal
unserer Technischen Hochschule und jetzigen Technischen Universität, welches durch die politischen und historischen Ereignisse
bedingt wurde, dieses Auf und Ab, mit allen Höhen und Tiefen mit-
gemacht. Die TVFA ist insbesondere auch betroffen worden von den
Umwälzungen der letzten Jahre, dem Übergang vom HOG (Hochschul-
organisationsgesetz), zum UOG (Universitätsorganisationsgesetz).
Gerade auf dem Gebiet der TVFA ist dieser Übergang noch nicht ab-
geschlossen; die Universität ringt noch immer mit dem Ministerium

um eine Organisationsform, die sich in den Rahmen des UOG ein-
fügt, dabei aber die Wirksamkeit und die Leistungsfähigkeit der
TVFA nicht beeinträchtigt. Es besteht aber doch jetzt die berech-
tigte Hoffnung, daß dieses Ringen mit einem für beide Seiten an-
nehmbaren Vergleich enden wird.

Auch an einem chronischen Leiden, an dem unsere Universität
schon fast seit der Zeit ihrer Gründung laboriert, nämlich an dem
Raumproblem und an der Raumnot, war die TVFA schon praktisch seit
der Zeit ihrer Errichtung beteiligt, denn sie hatte von Anfang
an zu wenig Raum. Unsere Universität träumt nun schon seit 60 Jahren den Traum von den Aspang-Gründen, wo in großzügigster Weise,
wie man zumindest hofft, alle Raumwünsche erfüllt werden könnten.
Dieser Traum scheint gerade jetzt wieder etwas konkretere Gestalt
anzunehmen; die nächsten Jahre werden zeigen, wie konkret diese
Gestalt sein wird. Wir hoffen aber jedenfalls alle, daß die Er-
füllung dieses Traumes auch die Raumnot der TVFA endgültig, soweit man eben von endgültig sprechen kann, beseitigen wird.

Ich möchte also diesem Seminar ein gutes Gelingen wünschen. Ich
danke den Organisatoren des Seminars für ihren Einsatz, an ihrer
Spitze dem jetzigen Vorstand der TVFA, Herrn Professor Varga, der
schon seiner Herkunft nach ein würdiger Nachfolger des Begründers
dieser Anstalt Ludwig Tetmajer ist. Auch Professor Varga stammt
ja wie Tetmajer aus Ungarn, und er hat in den letzten Jahren mit
Tatkraft die Geschicke der Versuchs- und Forschungsanstalt in die
Hand genommen. Ihnen, lieber Herr Kollege Uhlir, aber wünsche
ich auch für die Zukunft alles Gute und ich hoffe, daß Sie noch
lange an unserer Universität und an der TVFA wirken werden.

80 Jahre TVFA - Rückblick und Ausblick

Prof. Dr. K. Lötsch

Entwicklung und Wirkungsbereich der Technischen Versuchs- und
Forschungsanstalt der Technischen Universität Wien wurden rückblickend maßgeblich durch den Verbund Lehre - Forschung - Versuchswesen geprägt; dabei soll die Reihenfolge keinesfalls als
Abstufung verstanden werden, es liegt eine sich ergänzende
Gleichwertigkeit vor. Die TVFA war während ihres Bestehens nicht
immer demselben Institut angeschlossen und es ist selbstverständlich, daß die jeweiligen Lehrkanzel- bzw. Institutsvorstände
ihren Weg entscheidend geformt haben; natürlich waren auch die
ihnen gewährten Mittel bezüglich Gerät und Raum maßgeblich.

Die TVFA blickt als Materialprüfungsanstalt 1981 auf ein 80jäh-
riges Bestehen zurück. 1901 ist das Jahr der Ernennung Ludwig
Tetmajers zum Ordinarius für Technische Mechanik I und Baumaterialienkunde. Mit der Berufung Tetmajers erfolgte der entschei-
dende Schritt für den Ausbau des schon vor 1901 bestehenden mechanisch-technischen Laboratoriums in Richtung einer Versuchsanstalt.

Wie auch an anderen Technischen Hochschulen im deutschsprachigen
Raum fällt der Anfang der Festigkeitsprüfung an der TH Wien in
das Arbeitsgebiet der damaligen Lehrkanzel für Technische Mechanik
und Maschinenlehre. Bemerkenswert ist, daß das Laboratorium dieser
Lehrkanzel 1873 unter dem Lehrkanzelvorstand Bergrat Prof. Jenny
durch den Ankauf einer der erstmalig in größeren Stückzahlen gebauten Festigkeitsprüfmaschinen erweitert wird. Diese Prüfmaschine, Bauart Werder, erlaubte Zugbelastungen bis 80 Tonnen, im damaligen Maßsystem, und Prüfkörperlängen bis 8 m. Es war übrigens
diese Prüfmaschine schon die dritte Ausfertigung; die beiden
Vorgänger wurden bei Prof. Culmann in Zürich (ETH) bzw. bei
Prof. J. Bauschinger in München (TH) in Verwendung genommen. Das
hiesige Festigkeitslabor führte schon im letzten Quartal des vergangenen Jahrhunderts Untersuchungen mit Befundausfertigung im

Auftrag Dritter durch. Unter den Antragstellern finden sich
u. a. die Bauleitung der K. u. K. Hofoper sowie mehrere Eisen-
bahngesellschaften.

Im letzten Jahrzehnt, ab 1890, wird dieses Festigkeitslabor,
das sich im Erdgeschoß des sog. Lammtraktes befand, also dort
wo heute der große Maschinensaal der TVFA ist, offiziell als
mechanisch-technisches Laboratorium bezeichnet. 1899 erfolgt
die Aufspaltung der Lehrkanzel für Technische Mechanik und
Maschinenlehre in drei Nachfolgelehrkanzeln; eine davon war
jene für Technische Mechanik I (Elastizitäts- und Festigkeitslehre) und Baumaterialienkunde. Eine Kommission des damaligen
Kollegiums beantragte unter Berücksichtigung der Entwicklung des
Materialprüfwesens in den Nachbarländern und der einsetzenden
Baustofforschung den Ausbau des mechanisch-technischen Laboratoriums.

Mit der Berufung Ludwig Tetmajers gewann die Hochschule eine
Persönlichkeit, deren Leistungen auf den Gebieten der Elastizi-
täts- und Festigkeitslehre, der Baustofforschung und des Materialprüfwesens bereits international anerkannt waren. Er war
seit 1881 an der ETH Zürich Ordinarius für Baustatik und Technologie der Baumaterialien und leitete seit 1891 die gerade neu
gebaute Eidgenössische Materialprüfungsanstalt in Zürich - Leon-
hardstraße.

Die damalige Unterrichtsverwaltung gab großzügige Berufungszusa-
gen bezüglich eines etappenweisen Ausbaues des mechanisch-technischen Laboratoriums zu einer maßgeblichen Materialprüfungsanstalt
der Monarchie. Tetmajer hatte bei seinen Berufungsverhandlungen
den Rückhalt des Gesamtkollegiums aufgrund des früher zitierten
Kommissionsberichtes. Die damalige Unterrichtsverwaltung hat
auch beträchtliche Mittel für die apparative Ausstattung etappenweise bewilligt, insgesamt etwa 200.000 Kronen.
Aus diesen Mitteln wurden zahlreiche Prüfmaschinen, Apparate
für die Untersuchung hydraulischer Bindemittel, Meßgeräte und

---

Tetmajer - Hofrat Prof. Dipl.-Ing. Ludwig Tetmajer von Przerwa,
          geb. 1850 in Krompach (Ungarn) als Sohn eines Eisen-
          hüttendirektors, stammte aus einer Familie, deren Vor-
          fahren in Galizien beheimatet waren; das Adelsprädikat
          von Przerwa bedeutet in deutscher Übersetzung "der Un-
          terbrochene"; er wurde in einem Ehrengrab der Gemeinde
          Wien beigesetzt. -

Geräte für die Probenherstellung beschafft. Die raummäßige Erweiterung war gering, sie bestand in der Zuweisung des 1. Obergeschoßes des Lammtrakts, zusätzlich zum Erdgeschoß.

Von den damals beschafften Prüfmaschinen steht ein beachtlicher Anteil, inzwischen immer wieder durch eigenes Fachpersonal modernisiert, auch heute noch in Verwendung. Diese Prüfmaschinen haben neben der Verwendung im Unterricht eine hohe Auslastung im Versuchswesen erfahren und sich frühzeitig amortisiert. Die von Tetmajer noch bestellte Prüfpresse für Höchstlasten bis 1000 t (10.000 kN) und Probenhöhen bis 8 m hat beispielsweise durch volle 4 Jahrzehnte den einschlägigen Bedarf der österreichischen Wirtschaft allein gedeckt. In der Zeit des 2. Weltkrieges wurde in der Versuchsanstalt der TH Graz eine Zweitausgabe dieses Maschinentyps aufgestellt. In den folgenden 3 Jahrzehnten einer stürmischen Entwicklung neuer Baustoffe und Bauweisen für den Hochbau stand der Wirtschaft also nicht nur die hiesige Prüfmaschine zur Verfügung. Ab der ersten Hälfte der 70er Jahre, bei Rückgang der Neuentwicklungen, waren es dann 3 Prüfgeräte, nachdem die Gemeinde Wien in ihrem Versuchsanstalts-Neubau eine weitere Prüfanlage geschaffen hatte, also derzeit 3 Stück in Österreich.

Tetmajer hat in Wien nur 3 Jahre intensiver Aufbauarbeit erlebt; er erlitt, inzwischen zum Rektor gewählt, 1904 beim Vortrag im Hörsaal einen tödlichen Schlaganfall. Bemerkenswert ist, daß er in den 3 Jahren auch noch die Zeit fand, eine große Versuchsreihe mit Stahlbetonproben zu planen, wobei er mit einer österreichischen Baufirma bezüglich der Probenherstellung kooperierte; diese Versuchsreihe konnte erst nach 1905 durchgeführt werden.Er hat in Zusammenhang mit seinen Lehrverpflichtungen erstmalig Hörerübungen im mechanisch-technischen Laboratorium lehrplanmäig eingeführt. In den wenigen Jahren seines Wirkens in Wien soll Tetmajer darauf geachtet haben, daß die Tätigkeit des mechanisch-technischen Laboratoriums nicht durch "zusammenhangloses Feststellen von Baustoffeigenschaften" stärker belastet würde, zumal es damals in Wien bereits Prüfstellen außerhalb der Technischen Hochschule gab. Das obige Zitat aus der Zeit unmittelbar nach Tetmajer wurde auch deswegen aufgenommen, weil es besser als das heutige Schlagwort "Routineuntersuchungen" den Kern einer grundsätzlichen Einstellung erfaßt.

Der Nachfolger Tetmajers als Vorstand der Lehrkanzel für Techni-

sche Mechanik und Baumaterialienkunde und dem angeschlossenen
vergrößerten mechanisch-technischen Laboratorium war Bernhard
Kirsch in den Jahren 1905 - 1922. Kirsch hatte das Studium des
Bauingenieurwesens an der TH Dresden absolviert, Praxisjahre in
Duisburg und Assistentenjahre an der TH Berlin verbracht und war
zuletzt am Technologischen Gewerbemuseum in Wien tätig, wo ein
Laboratorium mit der offiziellen Bezeichnung Versuchsanstalt für
Bau- und Maschinenmaterial seit 1888 bestand. In die Anfangs-
periode der Tätigkeit von Kirsch an der TH Wien fällt 1910 die
legislative Fundierung des technischen Versuchswesens der Monarchie durch ein vom Reichsrat erlassenes Rahmengesetz hinsichtlich der Autorisation von "technischen Untersuchungs-, Erprobungs-
und Materialprüfungsanstalten" auch später als Lex Exner bezeichnet.

Nach der 1912 erfolgten Autorisation des mechanisch-technischen
Laboratoriums der TH Wien führt dieses die Bezeichnung K. u. K.
Technische Versuchsanstalt der TH Wien. Ab diesem Zeitpunkt werden Prüfungszeugnisse als Urkunden öffentlichen Rechts mit einem
derartigen Schriftkopf und dem Wappenzeichen der Monarchie aus-
gefertigt. Unter Kirsch erfolgt die Fortsetzung der von Tetmajer
eingeleiteten Aufbauphase. Es erfolgen größere Untersuchungen
über die Bausande der österreichischen Monarchie, Stahlbeton-
untersuchungen, Studien über Knickprobleme, Brückenbaustähle und
über das Erstarren der Zemente bei tiefen und wechselnden Temperaturen.

Nach der Emeritierung Kirschs erfolgte 1923 die Ernennung von
Paul Ludwik, des Vorstandes des Institutes für Mechanische Technologie I zum Vorstand der TVA. Diese Ernennung hat die weitere
Entwicklung der TVA maßgeblich beeinflußt. Früher war die TVA an
das Hauptfach Technische Mechanik I gebunden, aus der nach Kirsch
die Elastizitäts- und Festigkeitslehre als eigenes Institut her-
vorgegangen ist. Mit Paul Ludwik erfolgt die Zuordnung zum Hauptfach Technologie der Werkstoffe des Maschinenbaues und des Bauwesens. Paul Ludwik erbrachte Pionierleistungen auf dem Gebiet
der Werkstoffkunde, auf dem Gebiet der Erforschung der Vorgänge
bei der plastischen Deformation und beim Bruch zufolge statischer
Belastung, Schlagbeanspruchung sowie Ermüdungsbeanspruchung. Aus-
landsrufe von den Technischen Hochschulen Prag, Berlin (schon 1920)
und 2 mal vom Kaiser Wilhelm-Institut für Eisenforschung zeugen
von einer hohen Einschätzung Ludwiks in der Fachwelt.

In der Vorstandszeit Paul Ludwiks von 1922 bis 1934 vollzieht
sich ein späterhin bedeutsamer Aufbau an Mitarbeitern.

1925 wird Franz Rinagl, Absolvent der Fachrichtung Bauingenieur-
wesen, zum a.o.Professor für Baustoffkunde ernannt. Er übernimmt die Baustofflehrevorlesungen und trägt als Vorstands-
stellvertreter zur weitgehenden Entlastung Ludwiks vom All-
tag der Versuchsanstalt bei.

1930 habilitiert Franz Müller und wird Privatdozent für das
Fachgebiet Mechanische Technologie des Betons. Müller, seit
1925 an der TVA, war als graduierter Chemiker auch für das
inzwischen entstandene chemisch-technische Laboratorium der
TVA zuständig.

1930 habilitiert Rudolf Scheu, als Assistent Ludwiks rechte Hand
und Mitautor etlicher Publikationen, und wird Privatdozent
für Mechanische Technologie.

Von den ab etwa 1930 an der TVA tätigen jüngeren Assistenten ist
Erich Uhlir einer jener Herren, dessen Laufbahn m. W. maßgeblich durch die Persönlichkeit Ludwiks als Lehrer und Forscher beeinflußt wurde.

In die Vorstandszeit Ludwiks fällt die etwa 1932 erfolgte Inbetriebnahme einer Universalprüfmaschine für 250 t Höchstkraft und
Probenlängen bis etwa 5 m, die als Großgerät für die Forschung
und für das Versuchswesen neue Bereiche öffnete. Diese Prüfmaschine
hat durch 4 Jahrzehnte allein den einschlägigen Bedarf der österreichischen Wirtschaft gedeckt,bis heute eine hohe Auslastung erfahren und sich kurzfristig amortisiert.

Die Raumverhältnisse der TVA im Hauptgebäude sind inzwischen bis
zur kritischen Grenze angespannt. Auf eine Eingabe des Professo-
renkollegiums beim Unterrichtsministerium mit der Forderung nach
einem TVA-Neubau, erfolgte 1928 die Zusage, dieses Vorhaben als
Pkt. 1 des Ausbauprogrammes der TH Wien zu betrachten.

Über persönliche Initiative Rinagls erfolgte ab 1926 eine vor-
läufige Adaptierung von Räumlichkeiten im ehemaligen Gußhaus
am Areal hinter dem Elektrotechnischen Institut. Die Adaptierung
erfolgte etappenweise auf einem Weg, der dem Bund finanzielle
Aufwendungen ersparte. Eine im Gußhausareal befindliche größere
 Halle wurde für Bauteilprüfung in Verwendung genommen. In der
Ausbaufolge wird der gesamte bautechnische Zweig der TVA in der
Gußhausstraße untergebracht. Er steht auch dem Ordinarius für

Massiv- und Stahlbetonbau offen und Rudolf Saliger, der namhafte
Pionier der österreichischen Stahlbetonschule, initiiert dort umfangreiche Grundlagenversuche.

Ab 1934, dem Jahr des Ablebens Ludwiks im Alter von 56 Jahren,
liegt bis 1945 die Leitung der TVA bei Franz Rinagl, der 1938
zum ordentlichen Professor für Baustoffkunde ernannt wird. Rinagl
hat sich in der Zeit der ersten Republik auf dem Gebiet der Materialprüfung profiliert. Seine in der ersten Hälfte der 30er Jahre
erfolgte Untersuchung über die Fließgrenze bei ungleichmäßiger
Spannungsverteilung findet besonders in Deutschland Beachtung,
weil sie eine dort vertretene Theorie über eine Steigerung der
Streckgrenze bei einer inhomogenen einachsigen Spannungsverteilung widerlegt. Die Anregung für diese Forschungsarbeit ging auf
Modellversuche an Augenstäben für den Stahlbau im Auftrag Dritter
zurück und bestätigt u.a. die erfolgreiche Verknüpfung zwischen
der Versuchstätigkeit auf Hochschulboden und der Forschung. Rinagl
erweitert in der Folge seine Untersuchungen bezüglich Gestaltfestigkeit auf den Bereich der Ermüdungsbeanspruchung von Bauelementen aus Stahl. In die letzten Jahre der Vorstandszeit von
Rinagl fällt die Betrauung der TVA mit Aufgaben in Zusammenhang
mit dem Ausbau von Wasserkraftanlagen. Ihr ist es vermutlich zu
verdanken, daß gegen Kriegsende der Großteil des Maschinenbe-
standes der TVA in das Krafthaus Kaprun der damaligen Alpenkraft-
werke verlagert werden kann.
Im Zeitraum 1934 - 1945 war die TVA nicht unmittelbar mit dem
Institut für Mechanische Technologie I, dessen Leitung bei a.o.
Prof.R.Scheu lag, verbunden. Ein engerer fachlicher und persön-
licher Kontakt blieb dessen ungeachtet erhalten und R.Scheu war
später, während der Amtszeit des ersten TVA-Vorstandes der Nachkriegszeit, als wissenschaftlicher Mitarbeiter an der TVA tätig.

In den ersten Nachkriegsjahren, von November 1945 bis 1951, ist
Alfons Leon, Vorstand des Instituts für Mechanische Technologie I und Baustofflehre, mit der Leitung der angeschlossenen Versuchsanstalt betraut. Leon war Absolvent der Wiener Bauingenieur-
schule, unter B. Kirsch durch 4 Jahre am hiesigen mechanisch-
technischen Laboratorium, und habilitierte sich hier für Mechanik
und Werkstoffprüfung. Nach einer Lehrtätigkeit an der Wiener
Hochschule für Bodenkultur ist er ab 1918 Ordinarius für technische Mechanik und mechanische Technologie an der TH Graz und
Gründungsvorstand der TVA Graz sowie Leiter bis 1934.

Nach 45 war die Rückschaffung und Aufstellung der verlagerten
Geräte, die Instandsetzung teilbeschädigter Räume und Dächer
und die Inbetriebnahme der Geräte für den Lehrbetrieb sowie für
das Versuchswesen dringend erforderlich. Ein Großteil des bestens
ausgebildeten Stammpersonals an Mechanikern und Laboranten war
wieder einsetzbar, sehr klein war die Zahl der verbliebenen Er-
fahrungsträger im Bereich der Akademiker. Leon betraute E. Uhlir
mit der Leitung im maschinentechnischen Sektor, einen Wirkungsbereich, den Uhlir schon vor 1945 hatte; Doz. Müller, später
a.o.Professor, wurde die Leitung im bautechnischen Sektor übertragen sowie die Funktion des Vorstandsstellvertreters. Leon war
mit dem Aufbau des Lehrbetriebes außerordentlich belastet, fand
aber noch immer Zeit am Geschehen im Versuchswesen regen Anteil
zu nehmen. 1945 waren an die 100 Prüfaufträge ergangen. Es erfolgte von Jahr zu Jahr eine stetige Steigerung, 1951 war bereits eine Jahresquote von etwa 1600 Aufträgen von Behörden, Industrie und Gewerbe vorhanden.

Von den umfangreichen Arbeiten der ersten Nachkriegsjahre sind
erwähnenswert:

- Deformationsmessungen anläßlich von Probebelastungen an wie-
  derhergestellten Brücken über die Donau (Floridsdorferbrücke)
  und den Donaukanal,
- Untersuchungen in Zusammenhang mit den Brüchen an der Druckrohrleitung des Gerloskraftwerkes,
- über mehr als ein Jahr sich erstreckende Versuchsreihe bezüglich des Ermüdungsverhaltens von Stahlbetonschwellen unterschiedlicher Bauart bei betriebsnaher Bettung und Belastung
  im Gleisbett,
- Umbruch- und Verdrehversuche an Stahlbetonmasten einer Hoch-
  spannungsleitung,
- Serienversuche zur Entwicklung ermüdungsfester Sesselgehänge
  in Zusammenhang mit dem beginnenden Ausbau des Seilbahnwesens,
- Torsionsversuche an Schleuderbetonmasten und anderen Stahl-
  betonbauteilen auf der 30 mt (300 mkN)-Verdrehprüfmaschine,
  die unter F. Rinagl in Gemeinschaftsarbeit mit der Fa. Amsler
  entwickelt und als Einzelstück in Europa angeschafft wurde,
- Eignungsprüfungen an Baustoffen und Bauteilen zwecks bau-
  polizeilicher Zulassung in Zusammenhang mit dem Einsetzen einer
  regeren Bautätigkeit,
  Über die Tätigkeit der TVA in Verbindung mit dem beginnenden

Ausbau der österreichischen Wasserkräfte wird gesondert
berichtet.

Diese und viele andere Untersuchungen konnten mit dem vorhandenen Gerätebestand erledigt werden. Die TVA war bezüglich ihrer
Tätigkeit für den Wiederaufbau Österreichs voll ausgelastet und
hat auch alle an sie gestellten Aufgaben ohne Einschränkung über-
nommen, zumal damals die Leistungskapazität anderer Versuchsanstalten und privater Prüfstellen einrichtungsmäßig und personal-
mäßig niedrig war.

Der Personalstand von Institut und angeschlossener TVA hatte
1950 bereits eine beachtliche Höhe, im Vergleich zu 20 Jahre
später etwa 63 %.

Unter A. Leon erschien eine große Anzahl von Publikationen aus
der TVA und es dissertierten zahlreiche Assistenten, einer habilitierte. Um die Forschungstätigkeit nach außen hin zu dokumen-
tieren, hat A. Leon 1949 eine Namensänderung in Technische Ver-
suchs- und Forschungsanstalt (TVFA) vorgenommen; andere Versuchsanstalten folgten später dieser Intention.

Aus Eigenmittel und ERP-Mittel wurden zahlreiche Prüfmaschinen
(10 t Amsler Hochfrequenzpulsator, 100 t Zugprüfmaschine für
Probenlängen bis 18 m, 35 t M. u. F. Universalprüfmaschine,
10 t Wolpert Universalprüfmaschine, 3 t M. u. F. Universalprüfmaschine, T.O. Tiefziehprüfmaschine) und mehrere moderne Werkzeugmaschinen in Betrieb genommen.

1952 wird Adolf Slattenschek, zuletzt Ordinarius für Mechanische
Technologie an der TH Graz, als Nachfolger Leons nach Wien be-
rufen und zum Vorstand der dem Institut für Mechanische Technologie I und Baustofflehre angeschlossenen TVFA ernannt. Er war
bis 1935 Mitarbeiter von A.Leon an der TH Graz, wo er sich 1933
habilitierte. Anschließend ist er Sachbearbeiter an der Materialprüfungsanstalt der TH Stuttgart. 1937 wird er bei der Hirth-
Motoren GmbH in Stuttgart mit Aufbau und Leitung einer Abteilung
für Werkstofforschung betraut. In dieser Position ist er mit werkstofftechnischen und festigkeitstechnischen Entwicklungsaufgaben
bei Flugmotoren und Abgasturbinen befaßt. Seine Arbeiten über
die Oberflächenhärtung von Stahl durch Aufkohlen finden besondere
Beachtung. Nach 1945 ist er an der TH Graz Supplent für Mechanische Technologie I, ab 1949 Vorstand des dortigen Institutes für
Mechanische Technologie und Werkzeugmaschinen.

A. Slattenschek hat sich in seinen wissenschaftlichen Arbeiten
mit technologischen, meßtechnischen und statistischen Problemen
des Versuchswesens befaßt. Weitere Schwerpunkte lagen bei der
Wärmebehandlung der Stähle, in der Anwendung der Diffusions-
theorie zur zielsicheren Aufkohlung sowie bei den werkstoffmecha-
nischen Grundlagen für das Auftreten des Sprödbruches beim Stahl.
Von den ihm zuteilgewordenen Ehrungen ist die Verleihung der
Ehrendoktorwürde der Technischen Universität Stuttgart hervorzu-
heben.

Anläßlich der Berufung Slattenscheks nach Wien ermöglicht das
verständnisvolle Entgegenkommen des Kollegiums und des Ministeriums
eine Milderung der Raumnot der TVFA im Bereich Karlsplatz durch
Zuteilung des 2. Obergeschoßes über die ganze Lammtraktlänge sowie eine vollständige Umgestaltung und Modernisierung der Räume
von Institut und TVFA; seit 1902 war das die einzige größere Erweiterung. Obwohl sich die Umbauarbeiten über mehrere Jahre er-
streckten und zunächst eine gewisse Beeinträchtigung der Versuchsarbeiten unvermeidlich war, ermöglichte erst dieser Raumzuwachs
die weitere personelle und wirkungsbereichmäßige Weiterentwicklung
der TVFA.

In der fast 25-jährigen Vorstandszeit von A. Slattenschek (1952-
1976) kommt es bezüglich der Tätigkeit der TVFA zur Vertiefung
von Schwerpunkten sowie zur Erschließung neuer Bereiche:

- der verstärkte Ausbau der Wasserkraft bringt eine Ausweitung
  der Inanspruchnahme der TVFA dank der früher schon durch
  E. Uhlir und dessen Mitarbeiter fundierten Vertrauensposition
  gegenüber den Bauherrn und der Wasserrechtsbehörde.
- Zur Bewältigung der vielfältigen Aufgaben auf dem Gebiet der
  Schwingungsprüfung erfolgt kontinuierlich eine Erweiterung
  der Prüfeinrichtungen, auch jener für die Bauteilprüfung, zum
  diesbezüglich bestausgerüsteten Laboratorium in Österreich.
- Das elektronische Meßwesen wurde als neuer Arbeitsbereich
  eingeführt und kontinuierlich durch Anschaffung der neuesten
  Geräte der elektronischen Meßtechnik, der telemetrischen Meßwertübertragung sowie der Meßwertregistrierung und Meßwertverarbeitung auf einen international hohen Stand geführt.
- Der zunehmenden Bedeutung des Kriech- und Relaxationsver-
  haltens von Spannstahl und Beton Rechnung tragend erfolgte
  ab etwa 1956 die schrittweise Ausstattung mit den erforderlichen Geräten.

- Der Wirkungsbereich Drahtseile und Fahrbetriebsmittel von
  Seilförderanlagen wird durch Weiterentwicklung einer Ein-
  richtung zur magnetinduktiven Drahtseiluntersuchung auf Draht-
  brüche, Querschnittverminderungen und Korrosionen ausgedehnt.
- Der bautechnische Zweig wird durch die Einrichtung eines
  Asphaltlabors, durch die Einrichtung eines Feinkeramiklabors,
  durch Inbetriebnahme eines Prüfstandes für Brandversuche an
  Bauelementen, durch Anschaffung von Geräten für wärmetechni-
  sche und bauakustische Messungen, Schwingungsmessungen und
  Lärmmessungen u. a. m. ausgebaut.
- Durch die Entwicklung von Prüf- und Meßverfahren für die
  dynamische Beanspruchung von Energieseilen, Autosicherheits-
  gurten, Windschutzscheiben und Schutzhelmen ergaben sich auch
  von ausländischen Auftraggebern genutzte Möglichkeiten für
  Forschung und Entwicklung.

Diese Aufstellung könnte weitergeführt werden, weil der Ausbau
und die Modernisierung auf dem Gerätesektor schrittweise in
allen Abteilungen erfolgte. Nachdem das Unterrichtsministerium
durch viele Jahre nur unzureichende finanzielle Mittel hierfür
zur Verfügung stellen konnte, mußten die oft sehr teuren Geräte
größtenteils von der TVFA verdient werden; diese zweckgebundene
Gebarung der TVFA hatte auch beträchtliche Mittel für die Ent-
lohnung der zusätzlich erforderlichen Vertragsbediensteten kontinuierlich zu decken. An Großgeräten wurden angeschafft:
2 hydraulische Amslerpulsatoren, 5000-kN-Prüfpresse mit auto-
matischem Belastungsgeschwindigkeitsregler, 600-kN-Zug-Druck-
Pulser Schenck-Erlinger, 630-kN-Schenck-Hydropuls-Anlage, servo-
hydraulisches Pumpenaggregat Servopacer, 200-kN-Prüfpresse mit
Lastkonstanthalter, Federkraftanzeiger und Einzelprüfzylinder,
Metallmikroskope z. T. mit Sonderzubehör für Hochtemperatur-
mikroskopie, Dilatometer, Magnetbandspeichergeräte, Prozeßrechner
und Analogrechner u. a. m.

Die Inanspruchnahme der TVFA durch Untersuchungs- und Entwicklungs-
aufträge hat sich, von einzelnen Schwankungen abgesehen, kontinuierlich ausgeweitet; charakteristisch war dabei der Trend zu
schwierigen Untersuchungen, zur wissenschaftlichen Materialprüfung nach BRD-Terminologie. Begründet ist dieser Umstand z. T.
dadurch, daß bei größeren Erzeugerbetrieben eigene Prüfstellen
für die Eigenkontrolle eingerichtet wurden und daß ab etwa 1952
eine größere Zahl von Versuchsanstalten insbesonders im Bereich
der kooperativen Forschung neu errichtet wurde. Im Zug der Ent-

wicklung und Eignungsprüfung neuer Produkte wurde die TVFA auch
seitens ausländischer Auftraggeber mit Untersuchungen beauftragt,
welche die Entwicklung spezieller Verfahren erforderten. Mit Fond-
mitteln erfolgte die Bearbeitung eigener Forschungsprojekte und
häufig wurde die TVFA mit Untersuchungen spezieller Art in Zusammenhang mit Forschungsprojekten von Firmen, Vereinigungen etc.
betraut. Derartige Projekte lagen u. a. am Stahlbausektor, Leicht-
betonsektor, auf dem Gebiet der Stab- und Flächenarmierung von
Stahlbeton sowie der Spannverfahren, bei Bauwerksmessungen, Ab-
dichtungswerkstoffen, keramischen Wand- und Bodenbelägen sowie
den hierbei verwendeten Mörteln und Klebern.

Der Spezialisierung im fachlichen und gerätemäßigen Bereich
Rechnung tragend wurde von A. Slattenschek eine Aufgliederung
in Abteilungen (Arbeitsgruppen) eingeführt; einige Planstellen
des wissenschaftlichen Dienstes wurden systemisiert, um bewährten
Mitarbeitern eine nicht mit wenigen Jahren begrenzte Tätigkeit
an der TVFA zu ermöglichen. Nach jahrelangen Bemühungen erfolgte
1963 durch das Bundesministerium die Systemisierung des beantrag-
ten Extraordinariates für Schweißtechnik und 1967 die Systemisierung des Etraordinariates für Baustofflehre; im Anschluß an die
Berufungsverfahren erfolgte 1964 die Ernennung von E. Uhlir bzw.
1969 von K. Lötsch zum Extraordinarius alten Typs.

Die Bemühungen der Technischen Hochschule Wien (seit 1975 Technische Universität) zur Wiederbesetzung von Institut und TVFA nach
A. Slattenschek sind durch längere Zeit erfolglos, ein Umstand,
der z. T. auch mit dem im Universitäts-Organisationsgesetz (UOG-
1975) nicht expressis verbis enthaltenen Status der TVFA zusammen-
hängt.

Mit der 1978 erfolgten Ernennung von Thomas Varga zum Ordinarius
für Schweißtechnik und angewandte Werkstoffkunde sowie zum Leiter
der TVFA begann eine neue Erweiterungsphase für die Forschung
und Prüftätigkeit sowie eine Neuordnung der Stellung der TVFA auf
Basis des UOG. Nach dem derzeitigen Stand wird die TVFA als besondere Einrichtung der Universität ein eigenes Statut erhalten,
im Sinn der Juristen wird sie auf UOG-Basis neu errichtet. Sie
wird nicht mehr dem Institut für Mechanische Technologie I und
Baustofflehre (seit 1980 Institut für Werkstoffkunde und Materialprüfung) angeschlossen sein, sondern eine de jure getrennte Institution. Es ist anzunehmen, daß die TVFA 1981 - im Paragrafengewand
eines Neugeborenen - den 80. Geburtstag begehen wird.

Die durch Jahrzehnte sich erstreckenden Bemühungen nach einem
Neubau der TVFA zur entscheidenden Behebung der Raumnot sowie
der begrenzten Zufahrtsmöglichkeit für Schwerlastfahrzeuge blie-
ben auch während der jüngsten Periode des großzügigen Neubaues
von Institutsgebäuden der Technischen Universität ohne Erfolg.
Der bereits erwähnten Zusage im Jahre 1928 folgte 1948 eine Vor-
planung für eine Unterbringung der TVFA im beabsichtigten Neubau in der Gußhausstraße. Als 1964 dieses Projekt der Errichtung
eines neuen Institutsgebäudes neu bearbeitet werden mußte, ergab
sich, daß die Unterbringung der TVFA zufolge des anderwärts gestiegenen Raumbedarfes nicht möglich ist. Die TVFA sollte gemeinsam mit den technologischen Fächern des Maschinenwesens sowie
mit größeren Laboratorien des Bauwesens auf dem sogenannten
Aspangareal [Das neben dem Landstraßer Gürtel gelegene Areal
wurde während des 1. Weltkrieges mit großzügiger
Förderung der Industrie zwecks Errichtung von Er-
weiterungsbauten der TH Wien erworben. 1921 erfolgte der erste Wettbewerb und daraufhin der
1. Spatenstich. Der einsetzende Währungsverfall
erzwang die Einstellung des Baubeginns.]
in einem Neubau untergebracht werden. Nach einem städtebaulichen
Wettbewerb erfolgt 1971 - 1975 für das erstgereihte Projekt die
Planung in dem für die Erteilung der Baugenehmigung erforderlichen
Umfang; eine Realisierung des Bauvorhabens Aspanggründe ist derzeit zufolge des beschränkten Baubudgets des Bundes nicht absch-
bar. Dessenungeachtet zeichnen sich für die TVFA in absehbarer
Zeit Möglichkeiten zur räumlichen Erweiterung im Bereich Karlsplatz und Gußhausstraße ab. Bemerkenswert rasch erfolgte jeden-
falls der Neubau anderer Versuchsanstalten im Wiener Raum (SZA,
MA 39, TGM).

Verfolgt man die Entwicklung des gesamten Versuchswesens in Österreich, so ist festzustellen, daß die Zahl der erteilten Autori-
sationen im Zeitraum der Monarchie und der ersten Republik knapp
oberhalb 10 lag und nach 1945, wie bereits vorhin erwähnt, eine
stärkere Ausweitung erfolgte. Sie geht auf Neugründungen im Bereich der kooperativen Forschung zurück, auf Neugründungen in den
westlichen Bundesländern und auf die Autorisation von Firmen-
laboratorien. Nach den Erhebungen des interministeriellen Komitees
zur Koordination des Technischen Versuchswesens gibt es derzeit
etwa 60 Autorisationsträger, davon je 25 im bautechnischen bzw.
maschinentechnischen Bereich und 10 im elektrotechnischen Bereich.

Es ist dabei zu beachten, daß im maschinentechnischen Versuchswesen zahlreiche Autorisationsträger enthalten sind, in deren
Arbeitsbereich nicht die Materialprüfung fällt, sondern hauptsächlich die Untersuchung von Maschinen. Am wenigsten überdeckt
ist die Situation am Sektor bautechnischer Versuchsanstalten;
von 25 Autorisationsträgern sind 2 im Universitätsbereich. Bezogen auf die Gesamtzahl bzw. Akademikerzahl der an den 25 auto-
risierten Versuchsanstalten wirkenden Personen entfallen auf den
Universitätsbereich etwa 10 % nach der Gesamtzahl bzw. etwa 14 %
nach der Akademikerzahl.

In Österreich hat, im Unterschied zu Nachbarländern, das Versuchswesen vor allem im außeruniversitäten Bereich expandiert, oft
mit Finanzmitteln von Bund, Ländern und Körperschaften. Das Ein-
zugsgebiet der gewissermaßen alten Versuchsanstalten wurde be-
schnitten, soweit sie nicht als alleinige Prüfstellen öffentlicher
Bauträger eine diesbezügliche Monopolstellung einnehmen. Die Wur-
zel für die Vielfalt liegt sicher im Gesetz vom Jahr 1910, der
sogenannten Lex Exner.Von Bemühungen des Gesetzgebers für ein
neues Versuchsanstaltengesetz wird seit einem Jahrzehnt gesprochen. Seit 1972 besteht ein interministerielles Komitee zur Koordination des technischen Versuchswesens, es soll u.a. eine Koordination hinsichtlich des zweckmäßigen Einsatzes von Bundesmitteln
für Versuchsanstalten im Bundeshoheitsbereich erfolgen. Da er-
wartet werden kann, daß Koordination fallweise auch Einsparung
bei Neuanschaffungen bedeutet, wäre es zu begrüßen, wenn auch eine
fallweise Benützbarkeit von teuren Forschungseinrichtungen im
außeruniversitären Bundesbereich für Zwecke der Werkstofforschung
und wissenschaftlichen Materialprüfung durch Universitätsversuchs-
anstalten v. v. geregelt würde.

Die TVFA hat in der Vergangenheit auf der soliden Grundlage der
Aufwendungen des Ministeriums durch Eigeninitiative vieles für
den stetigen Ausbau selbst erarbeitet. Mit Ausnahme der Gründungs-
investitionen hat es späterhin jedenfalls leider keine Wiederholung in Form einer konzentrierten Ausbaufinanzierung gegeben
und für die unmittelbare Zukunft erscheint eine solche nicht
bevorstehend. Der Aufgabenbereich der Materialprüfung ist im Lauf
der Jahrzehnte immer umfangreicher geworden, diese Tendenz wird
sich in absehbarer Zeit nicht ändern. Die Wirtschaft gründet sich
immer mehr auf der Technik und die Grenzen der heutigen Technik
werden durch die Eigenschaften der Werkstoffe und deren Verarbeitung gesetzt. Die Erweiterung dieser Grenzen bei Gewährleistung

der erforderlichen Sicherheit im Interesse der Abwehr von Per-
sonen- und Sachschäden sowie der Wirtschaftlichkeit stellt an
Materialprüfung und Werkstoffwissenschaft mittelbar oder unmittelbar immer wieder neue Aufgaben.

Arbeiten der Technischen Versuchs-
und Forschungsanstalt der TU Wien
auf dem Gebiet der Wasserkraftanlagen

F. Kermauner

Schon Ende des 19. und am Beginn des 20. Jahrhunderts wurden in
Österreich Wasserkraftwerke gebaut, wobei, dem Stand der Technik
entsprechend, gegossene, genietete und wassergasgeschweißte
Konstruktionen Verwendung fanden. Die Qualität der Werkstoffe
und der Fertigung aus dieser Zeit ist in vielen Fällen auch im
Vergleich zu den heutigen Anlagen als gut zu bezeichnen.

Die Überwachung bestand damals aus einer Kontrolle der Berechnung, Qualitätsprüfungen der Werkstoffe und Druckproben sowie
einer Sichtkontrolle auf Fehler und Kontrolle von Nieten.

In den 30-iger Jahren wurde die Entwicklung der Schweißtechnik
rasch vorangetrieben. Es zeigte sich jedoch bald die Notwendigkeit der Prüfung der Schweißnähte und erst die Durchstrahlungsprüfung und die magnetische Rißprüfung ermöglichten es, die
Schweißtechnik auch für hochbeanspruchte Konstruktionen einzusetzen. Die TVFA hat damals diese Prüfverfahren angewendet und
hat die erste, in Österreich eingesetzte transportable Röntgenanlage mit fahrbarer Dunkelkammer in Verwendung gehabt. Noch
während des Krieges wurde die Schweißtechnik auch für Druckrohrleitungen und Druckschachtpanzerungen eingesetzt, so z.B. beim
Bau des Gerloskraftwerkes. Die Schweißnahtprüfung wurde von der
TVFA vorgenommen.

Im Oktober 1945 kam es in diesem Kraftwerk zu einem in Längsrichtung der Panzerung laufenden Sprödbruch. In umfangreichen
Untersuchungen, an denen vor allem Herr Prof. Dr. Uhlir maßgebend
beteiligt war, konnten als Bruchursache die Spröd-
bruchanfälligkeit von einem Teil der Bleche ermittelt werden.
Bei den umfangreichen Untersuchungen wurden von jedem Blech
der Panzerung Proben entnommen und es zeigten sich unterschiedliche Sprödbrucheigenschaften von Blechen verschiedener Herkunft.

Auf Grund dieser Untersuchungen wurden nun seitens der TVFA
Anforderungen an Bleche und Schweißnähte sowie zulässige Spannungen für Druckrohrleitungen ausgearbeitet und veröffentlicht.
Mit Hinblick auf diese Untersuchungen - zur gleichen Zeit waren
überall auf der ganzen Welt zahlreiche Sprödbrüche aufgetreten -
wurden von der österreichischen Industrie alterungsbeständige,
sprödbruchsichere Feinkornbaustähle und die dafür geeigneten
Elektroden entwickelt. Unter Aufsicht und Kontrolle der TVFA,
die auch die Prüfung der Schweißnähte durchführte, wurden diese
Stähle dann für den Bau von Druckrohrleitungen und Druckschachtpanzerungen eingesetzt, erstmals bei der Druckrohrleitung des
Kraftwerkes Salza.

Die Ergebnisse dieser Untersuchungen wurden auch bei der Erarbeitung der "Richtlinien für die Erstellung stählerner Druckrohrleitungen für Wasserkraftanlagen" vom Verband der E-Werke
Deutschland verwertet.

Ab 1946 wurden die behördlichen Vorschriften erweitert und es
mußte eine Versuchsanstalt bei den meisten Kraftwerksbauten in
Österreich zur Überwachung und Kontrolle beim Bau von Druckrohrleitungen und Druckschachtpanzerungen eingeschaltet werden. In
der weiteren Folge wurde auch der Bau geschweißter Stahlwasserbauteile, geschweißter, geschmiedeter und gegossener Teile für
Absperrorgane und Turbinen bzw. Pumpen in die Überwachung einbezogen. Unter anderem war der Bruch eines Peltonlaufrades der
Anlaß dafür.

Die umfangreichen Untersuchungen im Zusammenhang mit den speziellen Problemen des Kraftwerksbaues führten dazu, daß für diese
Überwachungen und Abnahmen in sehr vielen Fällen die TVFA der
TU Wien mit der Abnahmeabteilung und die Lehrkanzel für Schweißtechnik herangezogen wurden. Dazu trug auch die lange Erfahrung
und die Sachverständigentätigkeit von Herrn Prof. Uhlir bei.

Nach dem Weltkrieg wurde die Ultraschallprüfung weiterentwickelt und für Schweißnahtprüfungen eingesetzt. Die TVFA hat
dieses Verfahren sofort angewendet und nach entsprechender Erprobung Geräte angeschafft und die Ultraschallprüfung für die
Untersuchung der Schweißnähte im Kraftwerksbau, vorerst bei
Druckrohrleitungen und Druckschachtpanzerungen, später auch für
andere Schweißkonstruktionen eingesetzt. Der Einsatz dieses Verfahrens für die Prüfung von Schmiedestücken und für Stahlgußstücke wurde vorangetrieben und an der weiteren Entwicklung der

Ultraschallprüfung in enger Zusammenarbeit mit den Gerätehestellern Anteil genommen.

Mitte der 50-er Jahre wurde die alte Röntgenanlage, deren zwei Transformatoren pro Stück etwa 125 kg wogen und die trotz ihres Gewichtes auch auf Hochgebirgsbaustellen (z.B. Gerlos, Kaprun) eingesetzt worden war, durch moderne Eintankanlagen und Isotope, wie Iridium 192 und Kobalt 60, ersetzt.

Um die Durchstrahlungsprüfung bei den immer knapper ausgebrochenen Stollen für die Prüfung der Montageschweißungen verwenden zu können, wurden Hilfseinrichtungen wie z.B. ein Rohrgestell mit einem aufblasbaren Balg oder ein Seil mit einer Führung an der Schweißlasche entwickelt, um die Filme an der kaum zugänglichen Außenseite der Panzerungsrohre anbringen zu können. Mit den damaligen Isotopen ergaben sich oft Belichtungszeiten bis 10 Stunden für Panoramaaufnahmen.

Die Versuchsanstalt hat aber nicht nur die Abnahmeprüfungen nach den neuesten Prüfverfahren durchgeführt. Der enge Kontakt mit der Behörde, den Kraftwerksbetreibern, Konstrukteuren und Herstellern von Blechen, Schmiede- und Stahlgußstücke sowie das technische Wissen und die Erfahrungen ermöglichten es, der Industrie für die Werkstoffe, die konstruktive Durchbildung und die Fertigung, Hinweise und Anregungen zu geben und somit für eine technisch richtige und wirtschaftlich vertretbare Konstruktion und Fertigung einzutreten und diese zu fördern.

Dabei wurden in Zusammenarbeit mit den Bauherrn öfters neue Wege beschritten, neue Prüfverfahren für die Werkstoffe und neue zerstörungsfreie Prüfverfahren zur Anwendung vorgeschlagen und laufend neue Erkenntnisse in der Praxis angewendet.

Die Aufgaben der Abnahme bei den Kraftwerksprojekten lassen sich wie folgt angeben:

- Beratung im Zusammenhang mit der Planung einer Wasserkraftanlage zur Festlegung der werkstofftechnischen Auslegung.

- Festlegung der erforderlichen Werkstoffqualitäten.

- Falls erforderlich Untersuchungen von Werkstoffen verschiedener Hersteller.

- Auswahl und Untersuchung von Schweißverfahren.

- Begutachtung der Konstruktionen, vor allem hinsichtlich schweißgerechter Ausführung.

- Festlegung der Abnahmevorschriften für die Werkstoffe und die Werkstücke.

- Festlegung der Prüfvorschriften für Werkstücke und Schweißungen und der Glühvorschriften.

Die Ergebnisse werden in Prüflisten festgehalten, die dann die Grundlage für die Abnahmen und Werksprüfungen bilden.

Diese Abnahmen umfassen dann:

- Qualitätsabnahme der Bleche, Schmiedestücke und Stahlgußstücke in den Herstellerwerken.

- Überwachung der Werksfertigung und Abnahme der geschweißten Konstruktionen und der bearbeiteten Guß- und Schmiedestücke im Werk.

- Überwachung der Rohrmontage auf der Baustelle, Abnahme der Montageschweißungen.

- Überwachung der Druck- und Füllproben des gesamten Kraftabstieges, eventuell mit Dehnungs-Spannungsmessungen an gefährdeten Stellen.

- Abfassung von Teilberichten und eines zusammenfassenden Abschlußberichtes, der eine Grundlage für die Kollaudierung darstellt.

Die größeren Betriebe, in denen die Abnahmen durchgeführt werden, haben jetzt schon ihre eigenen Prüfabteilungen, die die Prüfungen in Anwesenheit des Abnahmebeamten durchführen.
Bei kleineren Firmen führt die TVFA die Prüfungen selbst durch oder es wird eine andere Prüfstelle beauftragt.

Da nicht alle Teile für Wasserkraftwerke in Österreich hergestellt werden können oder Teile aus wirtschaftlichen Überlegungen heraus im Ausland bestellt werden, müssen die Abnahmen in den ausländischen Herstellerwerken erfolgen. So wurden in folgenden Ländern durch die TVFA Abnahmen von Stahlguß- und Schmiedestücken, Walzmaterialien und Schweißkonstruktionen sowie fertigen Bauteilen durchgeführt:

Belgien, Bundesrepublik Deutschland mit Westberlin, Finnland, Frankreich, Großbritannien, Italien, Jugoslawien (für einen internationalen Auftrag), Luxemburg, Polen, Schweden, Schweiz, Tschechoslowakei.

Es waren nicht nur Teile aus Stahl und anderen Metallen, die für
die Kraftwerksgesellschaften abgenommen wurden, sondern verein-
zelt auch andere Baustoffe: so wurde eine größere Kunststoffrohr-
leitung sowie Asbestzement-Rohrleitungen mit 600 bis 700 mm
Durchmesser und bis 34 mm Wanddicke abgenommen und die Verlegung
der Rohre kontrolliert, wobei vor allem auf zulässige Winkelab-
weichungen in den Kupplungen geachtet werden mußte.

Die TVFA hat auch für internationale Kraftwerksprojekte Abnahmen
in Österreich bzw. in Jugoslawien durchgeführt, auch theoretische
Schwingungsuntersuchungen in Zusammenhang mit einem Stahlwasser-
bauobjekt, das von einer österreichischen Firma für ein afrika-
nisches Großprojekt hergestellt wurde.

Die Abnahmeaufträge werden im allgemeinen von den Sondergesellschaften, von Landesgesellschaften, E-Werken von Städten und Gemeinden, aber auch von privaten Kraftwerks-Betreibern erteilt.

Die Versuchsanstalt wird nicht nur bei der Erstellung von neuen
Kraftwerken herangezogen, sondern auch bei wiederkehrenden Prüfungen bereits bestehender Anlagen, bei Schadensfällen, die im
Betrieb oder bei den üblichen Revisionen festgestellt werden, sowie bei Umbauten und bei Entscheidungen, ob eine ältere Anlage
noch weiter verwendet werden kann.

Vor diese Entscheidung gestellt, bei der neben den wirtschaftlichen Überlegungen vor allem auch sicherheitstechnische Aspekte
zu berücksichtigen sind, sind Untersuchungen der Werkstoffe, über
die meist keine genauen Unterlagen vorhanden sind, Untersuchungen der Niet-, Schweiß-, oder Schraubstöße, sowie zerstörungsfreie Prüfungen auf Risse durchzuführen und konstruktive Überlegungen in Zusammenhang mit den auftretenden, oft durch Dehnungs-
Spannungsmessungen nachgewiesenen, vorhandenen Beanspruchungen
und schließlich eine Abschätzung der Lebensdauer der Konstruktion
vorzunehmen.

Da man oft auch mit der Möglichkeit einer Reparaturschweißung
oder einer Erweiterung der Anlage mittels Schweißungen rechnen
muß, ist meist auch die Schweißbarkeit der alten Werkstoffe zu
untersuchen, wozu dann kleinere Stücke an irgend einer Stelle entnommen werden müssen. Auch auf den Korrosionsschutz bzw. dessen
Beschädigung ist zu achten, besonders an schlecht zugänglichen
Stellen, z.B. Auflagersätteln von Rohren. In einigen Fällen wurde
vorgeschlagen, die Schließgesetze der Absperrorgane in der Druckrohrleitung so zu ändern, daß kein hoher Druckstoß auftreten kann.

Bei allen diesen Untersuchungen haben die zerstörungsfreien Prüfmethoden immer größere Bedeutung gewonnen und die Versuchsanstalt
ist stets bemüht, die neuesten Methoden anzuwenden und mit den
Geräteherstellern zusammenzuarbeiten und ihnen die speziellen
Wünsche der Prüfer im KW-Bau und damit die Entwicklungsrichtung
für ihre Geräte näher zu bringen.

International ist es vor allem die Kerntechnik, die das Problem
der Schweißnahtprüfungen vorangetrieben hat, es wird ständig auf
der ganzen Welt an Verbesserungen gearbeitet. Trotzdem ist im
üblichen Fall die Beurteilung und Bewertung eines Fehlers immer
noch im hohen Maße von den Kenntnissen und der Gewissenhaftigkeit
des Prüfers abhängig.

Die Versuchsanstalt hat sich seit vielen Jahren bemüht, bei der
Bewertung von Fehlern zwar einen strengen Maßstab anzusetzen,
aber doch auch die Art und Größe der Beanspruchung der Schweißnaht zu berücksichtigen. Ausbesserungen von kleineren Fehlern
sind nicht immer zu empfehlen, besonders wenn eine Schweißnaht
nicht geglüht werden kann. Daher geht das Streben der Versuchsanstalt dahin, bei jedem fraglichen Fehler die Beanspruchungs-
verhältnisse zu überlegen, was oft eine Rücksprache mit dem
Konstrukteur erfordert, und dann die Entscheidung über eine Ausbesserung zu treffen.

Allgemein wird gefordert, daß vom Konstrukteur in Zusammenarbeit
mit dem Schweiß- und Prüfingenieur schon bei der Konstruktion die
genauen Annahmestandards festgelegt werden, wobei die Beanspruchung
der Schweißnaht berücksichtigt werden kann und womit dem Prüfer
schon bei der Vorprüfung die Entscheidung über eine eventuelle
Ausbesserung aufgrund der festgestellten Fehlersignale möglich
ist. Damit kann ein den Abnahmekriterien entsprechendes Werkstück
zur Abnahme vorgelegt werden.

Die Abnahmen der TVFA umfassen, wie aus den aufliegenden Blättern
zu ersehen ist, einen großen Teil der in Österreich erstellten
Wasserkraftanlagen, von mittleren und großen Flußkraftwerken bis
zu den kleineren und großen Speicherkraftwerken, die auch international gesehen mit im Spitzenfeld der großen Kraftwerksanlagen
liegen. Einen dementsprechend weiten Umfang hat auch die Tätigkeit der Abnahmeabteilung der Versuchsanstalt.

Die Abnahmen umfassen die Stahlwasserbauteile von kleinen Bach-
fassungen bis zu den Wehr- und Schleusenverschlüssen an der Donau,

von Druckrohrleitungen mit 400 mm Durchmesser bis zu den großen
Druckrohrleitungen mit 2,5 m ∅ und Druckschachtpanzerungen bis
4 m und 6 m ∅, Pelton-, Francis-, Kaplan- und Rohrturbinen,
Pumpturbinen und Speicherpumpen, Generatoren und Motoren, aber
auch Zusatzeinrichtungen für den Bau und Betrieb von Kraftwerks-
Anlagen wie z.B. Krane - ohne die durch den TÜV durchzuführende
Kranabnahme zu berühren - und, ein Sonderfall für die Versuchsanstalt - ein Baggerschiff für den Stauraum eines Flußkraft-
werkes.

Mit der steigenden Größe und Leistung der Wasserkraftanlagen,
bei Hochdruckanlagen z.B. steigendem Faktor Druck mal Rohrdurch-
messer, steigt die Ausnützung der Werkstoffe, und das bedingt,
da jedes Werkstück Fehler haben kann, eine starke Zunahme des
Prüfungsaufwandes.

Die aufliegenden Blätter, die keinen Anspruch auf Vollständig-
keit erheben, enthalten die österreichischen Kraftwerke, an denen
die TVFA mitgearbeitet hat, in kleinerem oder größerem Umfang,
beim Bau oder bei Umbauten, Erweiterungen, Revisionen und größeren Reparaturen. Die Tätigkeit erstreckte sich auf Druckrohrleitungen und Druckschachtpanzerungen, Absperrorgane, hydraulische
und elektrische Maschinen und große sowie kleinere Stauwerke und
Stahlwasserbauten. In der Reihenfolge wurde mit den Landes- und
Sondergesellschaften begonnen und dann die städtischen und ge-
meindeeigenen, zuletzt die privaten Kraftwerke angeführt.
Die große Zahl der Kraftwerke ist nicht nur ein Zeichen für die
Vielzahl der Probleme die zu lösen waren, sondern auch ein Hinweis darauf, daß die Probleme auch gelöst werden konnten.

Zusammenstellung der österreichischen Wasserkraftwerke,

an deren Ausbau die TVFA - TU Wien mitgearbeitet hat.

Erklärung zu den Tabellen:

Spalte 1:   Landes- und Sondergesellschaften (alphabetisch gereiht), E-Werke von Städten und Gemeinden und andere Kraftwerke.

Spalte 2:
- P: Pumpturbine oder Speicherpumpe.
- S: Speicherkraftwerk (Turbine)
- F: Flußkraftwerk
- D: Dampfkraftwerk
- W: Stauwerke.

Spalte 5:
- B: Neubau
- U: Umbau, Erweiterung
- R: Reparatur bzw. Revision.

Spalte 7:   Turbinen, Pumpen.

Spalte 8:   Generatoren, Motoren,

Spalte 9:   Kugelschieber, Drosselklappen.

Spalte 10:   Druckrohrleitungen, Druckschachtpanzerungen.

Spalte 11:   Wehrverschlüsse, Schleusenverschlüsse, Schütze und Tiefschütze, Rechenanlagen, Notverschlüsse, Dammtafeln, Schwimmdammbalken.

Spalte 12:
- K: Krananlagen
- A: Aufzüge
- B: Baggerschiff, Schuten.

Spalte 13:   Abnahmen im Ausland durch Mitarbeiter der TVFA (Länder nach int. Kfz-Kennzeichen).

Spalte 14 bis 22:   Ungefähre Angaben der Jahre, in denen die Abnahmen durchgeführt wurden. Auch größere Reparaturen bzw. Umbauten sind angegeben.

Spalte 22:   P: in Planung.

Lfd. Nummer	Kraftwerks-Gesellschaft / Bauherr	Kraftwerk Stauwerk / Benennung	Type	Neubau, Rep.	Abnahmen an Bauteilen								Abnahmen in den Jahren								
					Beratung	hydr. Masch.	elek. Masch.	Absperrorg.	Druckrohrltg.	Stahlwasserb.	andere Teile	Tätigkeit im Ausland	1940/44	1945/49	1950/54	1955/59	1960/64	1965/69	1970/74	1975/79	1980/84
1	2	3	4	5	6	7	8	9	10	11	12	13	14	15	16	17	18	19	20	21	22
1	Ennskraftwerke AG	Ternberg	F	BR	x	x				x				x						x	
2		Rosenau	F	BR	x	x				x	K				x						
3		Losenstein	F	B	x					x							x				
4		St. Pantaleon	F	B	x	x				x		D					x				
5		Garsten	F	B	x					x								x			
6		Weyer	F	B	x	x				x									x		
7		Schönau	F	B	x																
8		Mühlrading	F	R	x	x														x	
9		Hilfswehr Enns	W	BR	x					x								x			x
10		Klaus	S	B	x					x									x		
11	Kärntner Elektrizitäts AG	Kamering	S	B	x			x	x						x						
12		Außerfragant	S	B	x	x	x	x										x	x	x	
13		Innerfr. - Haselstein	SP	B	x	x		x										x			
14		Innerfr. - Wurten	S	B	x	x	x	x										x	x	x	
15		Innerfr. - Oschenik	SP	B	x	x	x	x										x	x	x	x
16		Gmeineck	S	R	x	x		x											x		

Lfd. Nummer	Kraftwerks-Gesellschaft Bauherr	Kraftwerk Stauwerk Benennung	Type	Neubau, Rep.	Abnahmen an Bauteilen Beratung	hydr. Masch.	elek. Masch.	Absperrorg.	Druckrohrltg.	Stahlwasserb.	andere Teile	Tätigkeit im Ausland	Abnahmen in den Jahren 1940/44	1945/49	1950/54	1955/59	1960/64	1965/69	1970/74	1975/79	1980/84
1	2	3	4	5	6	7	8	9	10	11	12	13	14	15	16	17	18	19	20	21	22
17	Kärntner	Fleißbach	S	B	x	x		x													
18	Elektrizitäts AG	Zirknitz	SP	B	x	x	x	x													
19		Dellach	S	B	x	x															
20		Arriach	S	R	x	x															
21	Niederösterr.	Wegscheid-Th.	F	B	x			x	x					x	x						
22	El. u. Wasserkr.	Dobra-Krumau	S	BR	x			x	x						x			x			
23	AG	Ottenstein	SP	B	x			x	x	x					x	x					
24		Wienerbruck	S	R	x				x										x		
25	Oberösterr.	Ranna	S	B	x	x			x						x		x				
26	Kraftwerke AG	Partenstein	SP	BR	x	x	x	x	x								x	x			
27		Großarl	S	B	x	x	x										x	x			
28		Steeg	S	B	x	x	x					CH					x	x			
29		Gmunden	F	B	x	x	x					D CH						x	x		
30		Gosauschmied	S	R	x			x	x									x			
31		Riedersbach	D	B	x		x											x			

Lfd. Nummer	Kraftwerks-Gesellschaft / Bauherr	Kraftwerk Stauwerk / Benennung	Type	Neubau, Rep.	Beratung	hydr. Masch.	elek. Masch.	Absperrorg.	Druckrohrltg.	Stahlwasserb.	andere Teile	Tätigkeit im Ausland	1940/44	1945/49	1950/54	1955/59	1960/64	1965/69	1970/74	1975/79	1980/84
1	2	3	4	5	6	7	8	9	10	11	12	13	14	15	16	17	18	19	20	21	22
32	Oberösterr.	Mühlbach	S	R	x				x										x		
33	Kraftwerke AG	Gosau	SP	U	x	x	x	x	x			D CH							x	x	
34		Traunfall	F	B	x	x						CH							x		
35		Marchtrenk	F	B	x	x						D I								x	
36		Traun-Pucking	F	B	x	x						D CH								x	x
37	Österr. - Bayrische	Schärding- Neuhaus	F	B	x	x				x	K	D				x					
38	Kraftwerke AG	Passau - Ingling	F	B	x	x				x	K	D					x				
39	Österreichische	Schneiderau	S	U	x	x			x								x			x	
40	Bundesbahnen	Enzingerboden	S	U	x	x			x								x	x		x	
41		Stubach- Beileitung	SP	B	x				x									x			
42		Fulpmes	S	B	x	x		x	x			D									x
43		Spullersee 3. R.	S	U	x				x											x	
44	Donaukraftwerk Jochenstein AG	Jochenstein	F	B	x	x				x		D			x						

Lfd. Nummer	Kraftwerks-Gesellschaft / Bauherr	Kraftwerk Stauwerk / Benennung	Type	Neubau, Rep.	Abnahmen an Bauteilen								Abnahmen in den Jahren								
					Beratung	hydr. Masch.	elek. Masch.	Absperrorg.	Druckrohrltg.	Stahlwasserb.	andere Teile	Tätigkeit im Ausland	1940/44	1945/49	1950/54	1955/59	1960/64	1965/69	1970/74	1975/79	1980/84
1	2	3	4	5	6	7	8	9	10	11	12	13	14	15	16	17	18	19	20	21	22
45	Österreichische Donaukraftwerke AG	Ybbs-Persenbeug	F	BB	x	x				x		D CHI				x					
46		Aschach	F	BR	x	x				x	1)	D CHI				x	x				
47	AG	Wallsee-Mitterk.	F	BR	x	x				x	K	DCHS B PL					x				
48		Ottensheim-Wilh.	F	BR	x	x	x			x	K	DCHS B						x			
49		Altenwörth	F	BR	x	x	x			x	K								x	x	
50		Abwinden-Asten	F	B	x	x	x			x	K									x	
51		Melk	F	B	x	x	x			x	K										x
52	Österreichische Draukraftwerke AG	Reißeck	S	BR	x	x		x				CH I				x		x			
53		Hattelberg	SP	B	x	x						CH				x					
54		Kreuzeck	S	B	x	x						I					x				
55		Niklai	S	B	x	x											x				
56		Edling	F	BR	x	x					K	CH D					x	x			
57		Feistritz	F	BR	x	x				x	K	CH D								x	
58		Rosegg	F	B	x	x	x			x	K	S, SF D								x	

Lfd. Nummer	Kraftwerks-Gesellschaft / Bauherr	Kraftwerk Stauwerk / Benennung	Type	Neubau, Rep.	Abnahmen an Bauteilen								Abnahmen in den Jahren								
					Beratung	hydr. Masch.	elek. Masch.	Absperrorg.	Druckrohrltg.	Stahlwasserb.	andere Teile	Tätigkeit im Ausland	1940/44	1945/49	1950/54	1955/59	1960/64	1965/69	1970/74	1975/79	1980/84
1	2	3	4	5	6	7	8	9	10	11	12	13	14	15	16	17	18	19	20	21	22
59	Österreichische Draukraftwerke AG	Malta-Überleitung	S	B	x			x										x			
60		Ferlach	F	B	x	x	x			x	K	D CH							x	x	
61		Malta-Oberstufe	SP	B	x	x	x	x	x	x	K	D CH F							x	x	
62		Malta-Hauptstufe	SP	B	x	x	x	x	x	x	K	D CH FGB							x	x	
63		Malta-Unterstufe	F	B	x	x	x	x	x	x	K	D CH								x	
64		Annabrücke	F	B	x	x	x			x	K	DS								x	x
65		Villach	F	B	x																P
66		Schwabeck	F	R	x	x															x
67	Salzburger AG f. Elektrizitäts- wirtschaft	Dießbach I u. II	S	B	x	x											x	x			
68		Lofer/Saalach	F		x																
69		Urstein	F	B	x	x				x									x		
70		Böckstein	S	B	x	x	x	x	x	x		CH D F I								x	
71		Naßfeld	S	B	x	x	x	x	x	x		CH									x
72		Zederhaus	S	B																	P

Lfd. Nummer	Kraftwerks-Gesellschaft Bauherr	Kraftwerk Stauwerk Benennung	Type	Neubau, Rep.	Abnahmen an Bauteilen								Abnahmen in den Jahren								
					Beratung	hydr. Masch.	elek. Masch.	Absperrorg.	Druckrohrltg.	Stahlwasserb.	andere Teile	Tätigkeit im Ausland	1940/44	1945/49	1950/54	1955/59	1960/64	1965/69	1970/74	1975/79	1980/84
1	2	3	4	5	6	7	8	9	10	11	12	13	14	15	16	17	18	19	20	21	22
73	Steirische Wasserkraft- u. Elektrizitäts AG	Salza	S	B	x				x					x							
74		Hieflau	S	BR	x	x			x						x					x	
75		Krippau	F	R	x	x						S								x	
76		Dionysen	F	R	x	x													x		
77		Gabersdorf	F	B	x	x													x		
78		Obervoggau	F	B	x	x														x	
79		Sölk	S	B	x	x	x	x	x											x	
80		Bodendorf	SF	B	x	x	x	x	x	x											x
81		Spielfeld	F	B																	P
82	Tauernkraftwerke AG	Gerlos	S	BR	x	x			x				x	x				x	x		
83		Kaprun	S	BR	x	x		x	x			D CH	x	x	x				x		
84		Limberg	S	BR	x	x		x	x			CH				x					
85		Möll-Pumpwerk	P	B	x	x		x	x							x					
86		Schwarzach	F	B	x	x		x	x	x	K					x	x				
87		Durlaßboden	S	B	x			x	x	x							x				
88		Mayrhofen	S	B	x	x		x	x	x		C CHI						x	x		

Lfd. Nummer	Kraftwerks-Gesellschaft / Bauherr	Kraftwerk Stauwerk / Benennung	Type	Neubau, Rep.	Beratung	hydr. Masch.	elek. Masch.	Absperrorg.	Druckrohrltg.	Stahlwasserb.	andere Teile	Tätigkeit im Ausland	1940/44	1945/49	1950/54	1955/59	1960/64	1965/69	1970/74	1975/79	1980/84
1	2	3	4	5	6	7	8	9	10	11	12	13	14	15	16	17	18	19	20	21	22
89	Tauernkraftwerke	Roßhag	SP	B	x	x		x	x	x		D CH						x	x		
90	AG	Bösdornau	S	R	x				x										x		
91		Wielinger	SP		x					x										x	
92		Häusling	SP	B	x															x	P
93	Tiroler	Prutz-Imst	F	B	x				x	x						x					
94	Wasserkraftwerke	Kaunertal	S	BR	x	x	x	x	x	x		D CH				x	x			x	
95	AG	Kalserbach	S	B	x	x	x	x									x				
96		Achensee	S	R	x	x			x								x			x	
97		Kirchbichl	F	R	x	x												x		x	
98		Finsing	S	B	x	x			x									x			
99		Kasbach	S	R	x	x														x	
100		Debant	S	R	x	x														x	
101		Sellrain-Silz-Oberstufe	SP	B	x	x	x	x	x	x		DI CH								x	x
102		Sellrain-Silz-Unterstufe	S	B	x	x	x	x	x	x	K	D CH IF								x	x

Lfd. Nummer	Kraftwerks-Gesellschaft / Bauherr	Kraftwerk Stauwerk / Benennung	Type	Neubau, Rep.	Abnahmen an Bauteilen: Beratung	hydr. Masch.	elek. Masch.	Absperrorg.	Druckrohrltg.	Stahlwasserb.	andere Teile	Tätigkeit im Ausland	Abnahmen in den Jahren: 1940/44	1945/49	1950/54	1955/59	1960/64	1965/69	1970/74	1975/79	1980/84
1	2	3	4	5	6	7	8	9	10	11	12	13	14	15	16	17	18	19	20	21	22
103	Vorarlberger	Obervermunt	S	B	x			x	x						x						
104	Illwerke AG	Lünersee	S	B	x	x		x	x		K	D CHI				x					
105		Kops	S	B	x	x	x	x	x	x	K	D CH					x	x			
106		Rifa	SP	B	x	x	x	x	x	x		D CH						x			
107		Vermunt	S	R	x	x			x			CH						x			
108		Kleinvermunt-Dükker	S	B	x				x								x				
109		Kleinvermunt-Pumpe	P	BR	x	x	x		x			CH						x			
110		Rodund I	S	R	x	x		x									x				
111		Rodund II	SP	B	x	x	x	x	x	x	K	D CH FI							x		
112		Walgau	FS	B	x																P
113	Vorarlberger	Andelsbuch	FS	U	x	x		x	x										x		x
114	Kraftwerke AG	Gampadells	S	R	x															x	
115		Langenegg	S	B	x	x	x	x	x	x	K	D CH I F								x	
116		Obere Lutz	S	R																	x

Lfd. Nummer	Kraftwerks-Gesellschaft Bauherr	Kraftwerk Stauwerk Benennung	Type	Neubau, Rep.	Abnahmen an Bauteilen								Abnahmen in den Jahren								
					Beratung	hydr. Masch.	elek. Masch.	Absperrorg.	Druckrohrltg.	Stahlwasserb.	andere Teile	Tätigkeit im Ausland	1940/44	1945/49	1950/54	1955/59	1960/64	1965/69	1970/74	1975/79	1980/84
1	2	3	4	5	6	7	8	9	10	11	12	13	14	15	16	17	18	19	20	21	22
	Gemeinde Wien:																				
117	MA 39	Schleuse Nußdorf	W	B	x					x								x			
118	MA 39	Wehr Nußdorf	W	B	x					x		CH							x		
119	Wr. E-Werke	Donaustadt	D	B	x				x										x		
120	MA 29	Hochwasserschutz	W	B	x					x										x	
121	MA 29	" " Wehr 1	W	B	x					x										x	
122	MA 29	" " Wehr 2	W	B	x					x										x	
	Stadtwerke:																				
123	Innsbruck	Untere Sill	S	B	x	x		x	x	x							x	x			
124	Innsbruck	Obere Sill	S	B	x	x											x			x	
125	Salzburg	Wiestal	S	U	x	x		x	x	x									x		
126	Salzburg	Strub	S	U	x																P
127	Reutte	Weißhaus	F	B	x	x				x								x			
128	Reutte	Heiterwang	S	B	x	x		x	x											x	
129	Solbad Hall	Voldertal	S	B	x	x		x	x										X		
130	Linz	Kleinmünchen	F	U	x	x				x										x	

Lfd. Nummer	Kraftwerks-Gesellschaft Bauherr	Kraftwerk Stauwerk Benennung	Type	Neubau, Rep.	Abnahmen an Bauteilen								Abnahmen in den Jahren								
					Beratung	hydr. Masch.	elek. Masch.	Absperrorg.	Druckrohrltg.	Stahlwasserb.	andere Teile	Tätigkeit im Ausland	1940/44	1945/49	1950/54	1955/59	1960/64	1965/69	1970/74	1975/79	1980/84
1	2	3	4	5	6	7	8	9	10	11	12	13	14	15	16	17	18	19	20	21	22
131	E-Werke:																				
131	Matrei	Matrei	S	B		x														x	
132	Wörgl	Kelchsau-Zwiesel	S	B	x																
133	Hopfgarten	Zwenewaldbach	S	B	x	x		x	x											x	
134	St. Anton	Moosbach	S	U	x				x	x								x			
135	Brixlegg	Lochham	W	B	x					x									x		
136	Schwaz	Vomperbach	S	B	x	x		x	x											x	
137	Assling	Assling	S	B		x														x	
138	Salinen-Verw.	Hallstatt	S	B	x																
139	Bunzl + Biach	Wattenbach	S	U	x	x		x	x									x			
140	Swarowsky	Wattenbach	W	U	x					x									x		
141	Getzner-Mutter u. Cie	Alvierbach	S	R	x	x			x										x	x	

Ehrung von O.Professor Dr. E. Uhlir

Ministerialrat Dipl.-Ing. F. Kropatschek:

Magnifizenz, sehr geehrte Herren Professoren, werte Damen
und Herren !

Als Angehöriger der Wasserbausektion im Bundesministerium für
Land- und Forstwirtschaft darf ich auf die jahrzehntelange Ver-
bundenheit der Wasserbausektion mit der Amtssachverständigenab-
teilung, der Staubeckenkommission und der Obersten Wasserrechtsbehörde im Bundesministerium für Land- und Forstwirtschaft mit
der Technischen Versuchs- und Forschungsanstalt an der Technischen Universität Wien hinweisen. So wurde doch in wr. Bewilli-
gungsverfahren in den Verhandlungsschriften auf die Notwendigkeit der Werkstoffprüfung und der Prüfung der Schweißnähte durch
eine autorisierte Versuchs- und Prüfanstalt hingewiesen und diese als Bedingung im wr. Bewilligungsbescheid vorgeschrieben.

Am Ende des 2. Weltkrieges bzw. in der Nachkriegszeit trat die
Notwendigkeit der Energieversorgung mit Wasserkraft in verstärk-
tem Umfang auf. Die Entwicklung unserer Hochdruckanlagen nach dem
Krieg begann im Westen mit der Gerlosstufe mit dem Speicher Gmünd.
Ferner wurden der Silvretta-Stausee, mit Silvrettasperre und
Bielerdamm, die Hauptstufe Kaprun mit der Limbergsperre, die Ober-
stufe Kaprun, mit der Drossen- und Moosersperre sowie den zugehörigen Kraftabstiegen und Krafthäusern ausgeführt. Ferner wurden
auch zahlreiche andere Sperren, wie z.B. die Hierzmann- und die
Salzasperre der STEWEAG und die Sperren am Kamp errichtet. An be-
deutenden Sperrenbauten folgen der Ausbau der Reißeckgruppe, der
Kraftwerksgruppe Zemm, der Sperre Kops, des Gepatschdammes, der
Kraftstufen Sellrain-Silz und des Maltakraftwerkes mit der Köln-
breinsperre. Auch der Ausbau der Laufkraftwerke durch die Sondergesellschaften schritt an der Grenzstrecke des Inn, an der Enns,
der Drau und an der Donau rüstig fort.

Durch die Einschaltung der TVFA war die Sicherheit durch die Über-

prüfung der Werkstoffe und Schweissungen gegeben. Dort wo während
des Baues bzw. Betriebes Mängel beim Stahlwasserbau auftraten,
konnten sie durch fachkundige Beratung beseitigt werden. Diese
Schadensfälle waren nicht zahlreich, die Probleme bei der Sanierung jedoch nicht gering. Hier möchte ich, was den maschinenbaulichen Teil betrifft, Herrn Professor Schulz gedenken, der als
Sondersachverständiger bzw. Experte der Staubeckenkommission wertvolle Arbeit leistete. Diese wird nunmehr durch seine Nachfolger
Professor Ziegler, Professor Matthias und Dr. Schedelberger geleistet bzw. noch zu leisten sein.

Professor Uhlir war während einiger Jahrzehnte, wenn auch ein
stiller, dafür aber ein umso wirksamerer Sachverständiger und Be-
rater der Wasserrechtsbehörde bei der Werkstoffprüfung und Kontrolle der Schweißungen. Die Kontrolle war so gut und die Autorität
Professor Uhlirs so groß, daß auch Rohrschüsse beachtlicher Dimen-
sion, wenn sie der Prüfung nicht standhielten, ihren Rückweg ins
Herstellerwerk antraten. Es sei daher hier Professor Uhlir der
Dank für seine langjährige vorzügliche Tätigkeit ausgesprochen.

Bevor ich jedoch schließe, möchte ich noch zwei Bitten anbringen,
und zwar eine Bitte an Herrn Professor Uhlir und eine an Herrn
Professor Varga. Herr Professor Uhlir hat, wie es kaum einem anderen vergönnt war, auf seinem Fachgebiet intensiv wissenschaftlich
gearbeitet und so ein für die Fachkollegen wertvolles Maß an Erfahrungen gesammelt. Diese Erfahrungen sollten auch vielen anderen zugute kommen. Ich bitte Sie daher, Herr Professor, Ihre Erfahrungen schriftlich niederzulegen zum Vorteil der kommenden
Schweißtechnologen. Herrn Professor Varga möchte ich bitten, Ihnen
dann, wenn Sie es wünschen, einen Mitarbeiter der Anstalt zeitwei-
lig zur Ihrer Unterstützung bei der Sammlung Ihrer Erfahrungen zur
Verfügung zu stellen.

Direktor Dipl.-Ing. F. Susan:

Magnifizenz, Spektabilität, verehrte Damen und Herren,
lieber und hochverehrter Herr Professor Dr. Uhlir !

Wenn mir die Ehre widerfahren ist, Laudator in der heutigen Feier-
stunde zu sein, so weiß ich das umsomehr zu schätzen, als ich ja
strenggenommen weder der Zunft der Werkstoffexperten noch der Gilde
der Maschinenbauer angehöre, sondern vielmehr - wenn ich es sagen
darf, ohne zu sehr in Ihrer Achtung zu sinken - ein "gebürtiger
Elektrotechniker" bin.

Allerdings habe ich in meiner 20-jährigen leitenden Tätigkeit
bei der Österreichischen Donaukraftwerke AG unter anderem auch
die Verantwortung für die maschinellen Einrichtungen unserer
Donaukraftwerke zu tragen gehabt und mich daher eingehend auch
mit Werkstoffproblemen befaßt, die schon immer auf mich eine
gewisse Faszination ausgeübt hatten. Aber nicht nur im Bereich
der Österreichischen Donaukraftwerke AG., die immerhin heute
mit einem Anteil von mehr als 25 % an der öffentlichen Stromer-
zeugung Österreichs alle anderen EVU weit überflügelt hat, auch
im Rahmen des Verbandes der Elektrizitätswerke Österreichs war
es mir vergönnt, als langjähriger Vorsitzender des Ausschusses
"Wasserkraft" und des Arbeitskreises "Werkstoff-Fragen" im Zusammenhang mit der Errichtung und dem Betrieb von Wasserkraftanlagen an der Lösung werkstofftechnischer Fragen mitarbeiten zu
dürfen. Die bescheidenen Kenntnisse, die ich auf diesem Gebiet
im Laufe der Jahre sammeln konnte, verdanke ich dabei in aller-
erster Linie Herrn Professor Dr. Uhlir.

Als die Österreichische Donaukraftwerke AG im Jahre 1954 infolge
der Freigabe seitens der zuständigen Besatzungsmacht in die Lage
versetzt wurde, den im Krieg steckengebliebenen Bau des Kraftwerkes Ybbs-Persenbeug fortzusetzen, da war in den Kreisen der
EVU die Ansicht weit verbreitet, daß der Bauherr auf dem Sektor
der Wasserkraftmaschinen weder hinsichtlich der Art der verwendeten Werkstoffe, noch hinsichtlich der Prüfung der Werkstücke
besonders aktiv zu werden brauche, denn "das sei ja alleinige
Sache der Lieferfirma!" Dieser kurzsichtige Standpunkt kommt mir
so vor als würde ein Privatmann, der für sich ein Haus bauen
will, dies einfach einem Baumeister überlassen, ohne selbst dabei mitzuwirken.

Die Österreichische Donaukraftwerke AG hat im Gegensatz zu dieser
Haltung bei der Errichtung des Werkes Ybbs-Persenbeug und der
folgenden Werke im ständigen Einvernehmen mit den Herstellerfir-
men systematisch Material- und Werkstückprüfungen durch die TVFA
durchführen lassen. Damit war der Beginn für eine überaus erfolgreiche Zusammenarbeit mit Herrn Prof. Dr. Uhlir gegeben.

Fragt man nach den Gründen, warum Prof. Dr. Uhlir zu einer so
hervorragenden Persönlichkeit wurde, zu einem so einmaligen Fach-
mann, um den uns ausländische EVU-Kollegen mit Recht beneiden,
dann gibt es darauf sicherlich viele Antworten. Mir scheint zunächst als besonders wesentlich die in Prof. Dr. Uhlir in so

glückhafter Weise vollzogene Synthese von Forschung, Lehre und
Verwirklichung in der Praxis. Über die Tätigkeit Prof. Dr. Uhlirs
als Forscher zu urteilen, muß ich den hierzu Berufenen überlassen;
über sein Wirken als Hochschullehrer kann ich mir aus den Schil-
derungen seiner Hörer ein anschauliches Bild machen: wegen seines lebhaften Vortrages, seiner mitreißenden Leidenschaft für
alle praktischen Probleme seines Arbeitsgebietes, aber auch wegen
seines großen Verständnisses für ihre Sorgen und Nöte bringen ihm
seine Studenten uneingeschränktes Vertrauen und Verehrung entgegen.

Von der Verwirklichung und Anwendung seines großen Wissens und
seiner Erfahrungen in der Praxis können - wie wir schon gehört
haben - über 120 Anlagen der österreichischen Elektrizitätswirtschaft ein beredtes Zeugnis ablegen: Ein weiter Bogen spannt sich
so von den Kraftwerken Kaprun und Gerlos über die Kraftwerke an
der Donau und im Bereich der Ill, über das Maltakraftwerk zu der
Kraftwerksgruppe Sellrain-Silz und zu den heute im Bau befindlichen Anlagen. Prof. Dr. Uhlir gab dabei nicht nur wertvolle
Empfehlungen für die Wahl geeigneter Werkstoffe für Druckrohrleitungen, Stahlwasserbauten sowie für Stahlguß- und Schmiedestücke von Turbinen, Generatoren usw., er legte auch die Abnahmebedingungen für Werkstoffe und Bauteile fest, überprüfte und verbesserte Konstruktionen und Fertigungsverfahren (insbesondere auf
dem Gebiet der Schweißtechnik),überwachte in der Folge die Ausführung in den Werken·der Hersteller und auf der Baustelle und
untersuchte schließlich in entsprechenden Abnahmeprüfungen die
Einhaltung der gestellten Bedingungen.

Oberstes Ziel der Elektrizitätswirtschaft ist es, zur Deckung
des Energiebedarfs unserer Bevölkerung Anlagen zu errichten, die
möglichst wirtschaftlich und möglichst betriebssicher sind;
letzteres heißt mit anderen Worten: "Die Betreiber der Kraftwerke
wollen ruhig schlafen können!" (Es gibt allerdings Anzeichen dafür, daß man in gewissen Bereichen von diesem löblichen Prinzip
Abstand zu nehmen bereit ist.)

Die Forderung nach höchster Betriebssicherheit verlangt gebiete-
risch das enge Zusammenwirken des Bauherrn mit den Werkstoff-
herstellern - hier sind z.B. Metallurgen, Gießerei- und Schmiede-
fachleute zu nennen -, mit den Maschinenlieferfirmen - z.B. den
Berechnungs-, Konstruktions- und Fertigungsingenieuren - und
schließlich mit den Qualitätsprüfstellen der beiden Unternehmer-

gruppen; eine wesentliche Voraussetzung für ein optimales Zusammenwirken ist dabei die übergeordnete Beratung durch einen allseits anerkannten, unabhängigen Experten.

Professor Dr. Uhlir hat in den 5 Jahrzehnten seiner Tätigkeit diese überaus wichtige Funktion der Koordinierung und Beratung zum Segen der österreichischen Elektrizitätswirtschaft und der Industrie in einem Maß wahrgenommen, daß er einfach aus dem umfangreichen, zeitweise stürmischen Ausbau-Geschehen der österreichischen Wasserkräfte nicht wegzudenken ist. Für den Betrieb dieser Werke war und ist Professor Dr. Uhlir die "Notrufstelle", wenn man irgendwo wegen eines Materialschadens nicht mehr weiter weiß.

Über die wissenschaftlichen Fachkenntnisse Professor Dr. Uhlirs hinaus sehe ich seine Erfolge vielleicht auch in folgendem begründet: Werkstoffe sind mehr als nur tote Materie, sie sind irgenwie einem lebenden Organismus vergleichbar. Ihre chemischen Komponenten stellen zwar gewissermaßen ihre Erbanlagen dar, die zahlreichen Umwelteinflüsse bei ihrer Herstellung und Verarbeitung aber bestimmen weitgehend ihren Aufbau und ihr Gefüge und damit ihre so mannigfachen Eigenschaften sowie ihr daraus resultierendes Verhalten unter den auf sie zukommenden Beanspruchungen. Der Wissenschaftler prüft und mißt und mißt und prüft nach immer zahlreicheren, verfeinerten Methoden, um den Eigenschaften der Werkstoffe auf die Spur zu kommen, und fügt damit ein Steinchen nach dem anderen dem unüberschaubaren Mosaik der Wissenschaft hinzu. Vor den letzten Geheimnissen der Natur wird aber immer ein Schleier übrig bleiben, den zu lüften nicht gelingt. Hier muß nun Intuition die fehlende wissenschaftliche Erkenntnis ergänzen; wie sagt doch Goethe im Faust so treffend: "Wenn Ihr's nicht fühlt, Ihr werdet's nicht erjagen!" Dieses Einfühlungsvermögen ist, wie ich glaube, Herrn Professor Dr. Uhlir in besonders hohem Maß zu eigen!

Für die noble Haltung des Menschen Dr. Uhlir spricht es, daß seine großen Erfolge nichts an seiner Bescheidenheit zu ändern vermochten und daß er jederzeit ohne Rücksicht auf sich selbst uneigennützig zum persönlichen Einsatz bereit war, wenn es galt, als Retter in der Not sein Bestes zu geben. Man muß es einfach erlebt haben, wie sehr sich Professor Dr. Uhlir immer bemühte, durch Anwendung aller nur möglichen Sanierungsmethoden ein Werkstück zu retten, das eigentlich nach dem Wortlaut der getroffe-

nen Vereinbarungen aus irgend einem Grund hätte verworfen werden
können.

Wollte man den volkswirtschaftlichen Wert der Tätigkeit Professor
Dr. Uhlirs für die österreichische Elektrizitätswirtschaft, aber
auch für die einschlägige Industrie ermitteln, man stünde vor einer unlösbaren Aufgabe. Das fachmännische Beheben aufgetretener
Schäden, das Vermeiden solcher Schäden durch vorbeugende Maßnahmen, die Einflußnahme auf die Konstruktion der verschiedensten
Anlageteile der Wasserkraftwerke, all das führt zu einer generel-
len Erhöhung der Betriebssicherheit der Stromerzeugungsanlagen,
die sich wertmäßig auch nicht annähernd abschätzen läßt. Dazu
kommt noch ein Effekt, der weit in die Zukunft reicht: Die zuständigen Fachleute der EVU, aber auch der einschlägigen Industrie
wurden gleichsam zu Schülern Professor Dr. Uhlirs, die er jederzeit bereitwillig und uneigennützig an seinem großen Erfahrungs-
schatz teilhaben ließ. Dabei waren von seiner Seite viel Geduld,
ab und zu aber auch Härte notwendig, um die manchmal wider den
Stachel löckenden Experten der Industrie von den Maßnahmen zu
überzeugen, die auch zu ihrem Besten getroffen wurden.

Die österreichische Energiewirtschaft verdankt Prof. Dr. Uhlir
unendlich viel; ihren Dank kann sie vielleicht am besten dadurch
abstatten, daß sich ihre Ingenieure und Techniker bemühen, im
Sinne der Bestrebungen Prof.Uhlirs weiterhin für die Sicherheit
der Kraftwerksanlagen zu sorgen, z.B. auch durch die Anwendung und
Verbreitung der "Richtlinien für Werkstoffe in hydraulischen Maschinen (RWhM)" des Verbandes der Elektrizitätswerke Österreichs,
für die Prof. Dr. Uhlir so viel von seinem Gedankengut beige-
steuert hat.

Zum Schluß bleibt mir nur noch übrig, Sie, verehrter Herr Professor, zur bevorstehenden Vollendung Ihres 78. Lebensjahres herzlichst zu beglückwünschen und Ihnen nochmals für Ihr so erfolgreiches Lebenswerk zu danken. Wir alle hoffen, daß Sie noch viele
glückliche Jahre vor sich haben, getragen von dem Bewußtsein, daß
Ihr Werk in Ihrem Geiste weitergeführt werden wird. Das heutige
Seminar darf dafür als ein erfolgversprechender Auftakt gewertet
werden!

- 43 -

Direktor Dipl.-Ing. Dr.techn. W. Gmeinhart:

Sehr verehrte Festgäste !

Schon in früheren Jahren habe ich oft und gerne einem Vortrag
von Herrn Direktor Susan zugehört, denn er war einer jener Herren, die mir stets als Vorbild vor Augen standen. Es zu wagen,
nach dieser Laudatio mich hier länger zu verbreitern, schiene
mir daher als Entweihung dieser Stunde. Sie werden mir deshalb
verzeihen, wenn ich auf mein Manuskript verzichte und nur einige
wenige Worte an Herrn Professor Uhlir richte: einige Worte, die
sich aus einer Verbindung mit den Kraftwerksanlagen Kaprun der
Tauernkraftwerke AG, in deren Namen ich hier spreche, ableiten
lassen.

Herr Professor Uhlir war schon am Beginn der 40er Jahre, noch
unter der Leitung von Professor Rinagl in Kaprun tätig und hat
dort mit den Arbeiten für die Triebwasserwege der Hauptstufe
jene Basis geschaffen, die letztlich auch zum Durchbruch auf dem
gesamten Gebiet der Druckschachtpanzerungen und Rohrleitungs-
stähle geführt hat. Ein Durchbruch, von dem praktisch schon zwei
Generationen der Kraftwerkserbauer und Kraftwerksbetreiber in
Österreich leben, und dafür möchte ich im Namen der Tauernkraftwerke AG und - wie ich glaube, sagen zu dürfen - auch im Namen
der gesamten Erbauer von Wasserkraftwerken Dank sagen. Dank sagen als einer jener Generation, die nicht mehr zu den Männern
von Kaprun gehört, die also noch die Schulbank gedrückt hat, als
diese Leistungen von Ihnen, Herr Professor Uhlir, und den anderen
Herren erbracht wurden. Eine Generation aber, die sich bemüht,
im Sinne dieser Leistungen weiterzuarbeiten und jenen Vorbildern
nachzueifern, die von Ihnen, Herr Professor Uhlir, und den anderen Herren, die damals in Kaprun tätig waren, gegeben wurden.

In diesem Sinne möchte ich in dieser Stunde Dank sagen und diesem
Dank den Wunsch anschließen, daß uns noch viele Jahre eines gemeinsamen Lebens gegeben sein mögen.

Dipl.-Ing. Prettenthaler:

Sehr verehrter Herr Professor Uhlir, Magnifizenz, Spektabilis,
meine Herren Professoren, werte Festgäste !

Es kommt im Leben leider nur sehr selten vor, daß man Gelegenheit hat, einem Lehrer Dank sagen zu können. Aus diesem Grunde
freut es mich besonders, hier in diesem festlichen Rahmen dazu

Gelegenheit zu haben. Ich muß hier vorausschicken, daß ich kein
Technologe bin, nichts mit Wasserkraftanlagen zu tun habe und
auch nichts mit der E-Wirtschaft, sondern vollkommen branchen-
fremd. Hier bin ich nur als ehemaliger Hörer, der jetzt im Hause
als Assistent tätig ist, aber an einem anderen Institut, weit weg
von all dem was Sie uns einmal beigebracht haben. Herr Prof.Uhlir
hat uns, d.h. den Maschinenbaustudenten des Wahlplans C, im Rahmen seiner Vorlesung Schweißtechnik, die für uns eigentlich mehr
ein Nebenfach war, die Möglichkeit gegeben, die größeren Zusammenhänge zwischen Konstruktion, Technologie, Werkstoffkunde und
Mechanik kennenzulernen. Ich habe zu Hause meine alten Skripten
herausgesucht und sie wieder einmal durchgeblättert. Ich war zunächst vom Umfang dieses Skriptums etwas überrascht. Ich muß sagen, daß ich längst vergessen habe, wie viel wir damals bei Ihnen
lernen mußten. Rückblickend war es auch für mich persönlich gar
nicht so sehr die Schweißtechnik selbst, die den nachhaltigsten
Eindruck hinterlassen hat. Das liegt vielleicht auch daran, daß
ich heute weit weg von der Schweißtechnik bin und all das uns
von Ihnen damals übermittelte Wissen über die verschiedensten
Schweißverfahren, mir fallen da nur noch einige wenige Begriffe
ein, wie Autogenschweißen, Elektroschweißen, Schutzgas und Unter-
pulverschweißen hat es gegeben, außerdem eine große Zahl verschiedener Elektroden für alle möglichen Werkstoffe. All dies ist
längst verschwundenes und kaum noch vorhandenes Wissen. ...
Ich möchte darüber auch gar nicht weitersprechen, denn es besteht
sonst die Gefahr, daß ich im Kreise von Fachleuten Unsinn rede.
Erstaunlich aber, was Sie uns damals alles beigebracht haben,
oder zumindest beibringen wollten. Die Aufnahmebereitschaft war
ja nicht immer so ganz vorhanden. Einer der nachhaltigsten Ein-
drücke für mich war die Demonstration der Zusammenhänge. Es war
für mich nicht so sehr das Neue, sondern die Kombination von Be-
kanntem, d.h. die Folgen der Wärmebehandlung, das Eisen-Kohlen-
stoffdiagramm, Mohr'sche Spannungskreise, die Probleme mehr-
achsiger Spannungszustände, das alles hatten wir in anderen Vorlesungen ja schon gehört, es war nicht neu, aber bei Ihnen, fügte
sich alles so schön zusammen. Hier wurde auch permanent der Bezug zur Wirklichkeit zur betrieblichen Realität hergestellt. Dank
Ihrer reichhaltigen praktischen Erfahrung, konnten sie diese an
Hand von Beispielen immer wieder einfließen lassen. Hier möchte
ich auch noch etwas ganz persönliches einflechten. Das meiste,
vor allem in Anbetracht der kurzen Zeit, habe ich bei Ihrer münd-

lichen Prüfung gelernt. In diesen wenigen Minuten des Prüfens
habe ich mehr profitiert und einen tieferen Einblick in die Materie bekommen als in vielen Vorlesungen. Und damals wurde mir so
richtig bewußt, wie sehr die großen Hörerzahlen und die damit ver-
bundene Vortragsweise der Wissensvermittlung hinderlich ist.
Solche "Prüfungsstunden" hätte ich mir mehr gewünscht. Nicht nur
in Ihrem Fach, auch in anderen Fächern. Das Lehren und Lernen im
kleinen Kreis ist durch den Frontalvortrag beim besten Willen
nicht zu ersetzen. Ich habe aber bisher ausschließlich von Vorlesungen, Prüfungen gesprochen, das ergäbe jedoch nur ein unvoll-
ständiges Bild. Bei uns hat Herr Professor Uhlir damals noch eine
weitere, eine mehr persönliche Seite gehabt. Es gab bei Professor
Uhlir immer eine Reihe von interessanten Ferialjobs. Für mich
persönlich hat es damals zwar aus Termingründen leider nicht funk-
tioniert, aber durch sein Bemühen uns hier behilflich zu sein,
war er nicht nur der ein wenig gefürchtete Professor - ein Professor ist ja immer ein wenig gefürchtet, da man im Grunde nie
wirklich genug gelernt hat - nein, er wurde für uns auch zu
einem Förderer, ich möchte fast sagen, zu einer Vaterfigur. Seine
Begeisterung für den vorgetragenen Stoff wirkte auch auf uns an-
regend. Wir hatten nur ein großes Problem, das sich vor allem
in der Prüfung dann manifestierte. Sie wußten für uns einfach zu
viel! Sie verstanden es aber in einem Fachgebiet, das für uns
kein zentrales Thema war, unsere Interessen zu wecken und für
dieses Bemühen und großes Engagement, möchte ich Ihnen heute
herzlich danken.

Studentenvertreter E. Beer:

Sehr geehrter Herr Professor Uhlir ! Sehr geehrte Damen und
Herren!

Es freut mich ganz besonders, daß ich als Studentenvertreter Gelegenheit habe, im Rahmen dieser Veranstaltung einige Worte der
Würdigung für das Wirken von Professor Uhlir zu sagen.

Ich möchte nur zwei Aspekte herausstreichen, die für seinen Stil
charakteristisch sind:

1) Die Verbindung von Theorie und Praxis ist stets ein vordring-
   liches Anliegen von Professor Uhlir.
   Er versteht es in meisterhafter Weise, komplizierte theoretische Zusammenhänge mit anschaulichen Beispielen aus seiner
   langjährigen Erfahrung zu illustrieren und den Studenten ver-

ständlich zu machen.

2) Bei seinen Vorlesungen war und ist es eine Freude, ihm zuzu-
   hören. Die Lebendigkeit seines Vortrages zwingt einen förm-
   lich zur Aufmerksamkeit und weckt das Interesse auch für man-
   ches recht trockene Stoffgebiet.

Eine weitere Besonderheit sind die von Professor Uhlir organi-
sierten Exkursionen, die sich bei Studenten großer Beliebtheit
erfreuten. Neben ausgezeichneten fachlichen Eindrücken kamen
dabei gesellschaftliche Aspekte nie zu kurz.

Es muß auch erwähnt werden, daß Herr Professor Uhlir immer für
Probleme und Anliegen der Studenten offen war, egal ob es sich
um fachliche Probleme oder Anliegen persönlich-privater Natur
handelte.

Nicht zuletzt diese Eigenschaft machen ihn zu einer herausragen-
den Persönlichkeit im Lehrkörper unserer Universität.

Im Namen aller Studenten, sowie im eigenen Namen wünsche ich
Herrn Professor Uhlir, daß er noch lange bei bester Gesundheit
seine Erfahrungen weitergeben kann.

Spektabilis O.Univ.Professor Dr. K. Desoyer:

Sehr geehrte Damen und Herren, lieber Herr Kollege Uhlir !

Als derzeitiger Prodekan der Fakultät für Maschinenbau darf ich
Sie ebenfalls herzlich zu diesem Seminar begrüßen und dem Seminar einen erfolgreichen Verlauf wünschen.

Sie haben in eindrucksvollster Weise gehört, wie Herr Kollege
Uhlir seit dem Abschluß seines Studiums im Jahre 1929 sein ganzes
weiteres Leben der angewandten Forschung und der Lehre an dieser Hochschule gewidmet hat und daß er sowohl bei seinen Fachkollegen, als auch bei den Studenten nicht nur verflossener Jahrgänge, sondern auch der Jahrgänge der letzten Zeit geschätzt und
gut angekommen ist, und das bedeutet bei einem Hochschullehrer
heutzutage ein ganz besonderes weiteres Qualitätsmerkmal. Ein
Hochschullehrer muß heutzutage nämlich neben der Vertretung seines Faches auch eine Menge anderer Nebenbedingungen in der Lehre
erfüllen, damit auch die Studenten mit ihm zufrieden sind. Und
dabei muß es ihm doch gelingen, nicht nur im Sinne einer effek-
tiven Lehre ein gutes Klima im Hörsaal zu erzeugen und auch in
den diesbezüglichen Kommissionen, sondern er darf nie daran

zweifeln, daß die Lehrziele und die Erreichung der Lehrziele so
gesteckt sein müssen, daß sie im Rahmen der heutigen Lehrstoff-
explosion trotzdem dafür garantieren, daß unsere Absolventen nach
wie vor in aller Welt gut ankommen und erfolgreich tätig sein
können. Dazu bedarf es eines großen Einfühlungsvermögens in die
Bedürfnisse unserer Zeit. Meine Herren Vorredner haben mir noch
einige Daten über Herrn Kollegen Uhlir in seiner Eigenschaft als
Vortragender dieser Hochschule übriggelassen, die ich noch kurz
zusammenstellen möchte.

Da ich im Jahre 1929, in dem Kollege Uhlir in die Technische Ver-
suchs- und Forschungsanstalt eingetreten ist, erst fünf Jahre alt
war, beginnt meine Beobachtungszeit erst etwa 20 Jahre später mit
meinem Auftauchen hier an dieser Hochschule. Im Vorlesungsver-
zeichnis scheint er als Lehrbeauftragter im Jahre 1959/60 erstmalig auf mit einer Vorlesung über Schweißtechnik, die 62/63 erweitert wurde. Im Jahre 1963 gelang es dann, eine Lehrkanzel für
Schweißtechnik, als erste in Österreich, zu gründen, die Herr
Uhlir nach seiner Berufung 1964 übernahm. 1971/72 wurden die Vorlesungen Schweißtechnik I und II erweitert durch die Vorlesungen
Schweißnahtprüfung und Schutzgas-, Ultraschall- und Hochfrequenz-
schweißung.

Als Emeritus hat er 1976/77 nicht nur diese Lehrtätigkeit weitergeführt, sondern noch um die Vorlesungen Schweißtechnik für Ver-
fahrensingenieure und Schweißtechnik für Betriebswissenschaften
bereichert.

Herr Kollege Professor Uhlir tätigt nun, wie wir das nennen, einen
"aktiven Ruhestand", er ist regelmäßig an der Universität zu finden
und liest weiterhin Privatvorlesungen. Für diese Lehrtätigkeit
möchte ich im Namen der Fakultät bestens danken.

Meine sehr geehrten Damen und Herren, ich glaube im Namen aller,
die Kollegen Uhlir kennen, sagen zu können: wer ihn im Laufe der
vielen Jahre seiner Tätigkeit kennen gelernt hat, hat ihn schätzen
gelernt. Ich darf als Prodekan der Fakultät für Maschinenbau un-
serem aktiven Emeritus Professor Uhlir für ein mit erfolgreicher
Tätigkeit in Forschung und Lehre so reich erfülltes Leben im Dienste unserer Fakultät, im Dienste unserer Universität und unserer
Studenten ganz herzlich danken und ihm wünschen, daß ihm der Betrieb an dieser Universität auch weiterhin zusagt.

Herrn Professor Uhlir und seiner lieben Gattin, die sicherlich

nicht nur die Freuden einer erfolgreichen Berufstätigkeit, sondern auch so manche Sorgen treu mit ihm geteilt hat, wünschen
wir im aktiven Ruhestand alles Gute, alles Bessere, alles Beste.

Dankrede O.Univ.Professor Dr. E. Uhlir:

Sehr geehrte Damen und Herren!

Es war einmal vor langer, langer Zeit ... da inskribierte ich an
der Technischen Hochschule Wien, Maschinenbau. Meine erste Prüfung war Mechanische Technologie bei Prof. Ludwik. Ich bekam sowohl auf die schriftliche als auch auf die mündliche Prüfung ein
"sehr gut". Nach der mündlichen Prüfung begleitete mich Prof.Lud-
wik bis zur Eingangstür der Lehrkanzel. Dann gab er mir die Hand
und ich stand beeindruckt von der Größe dieses Mannes und etwas
nachdenklich vor der Tür, an der ein kleines ovales Messingschild
mit dem Namen P. Ludwik angebracht war.
Das Studium ging ohne besondere Ereignisse vorbei und so konnte
ich mich im 11. Semester zur 2. Staatsprüfung anmelden. Ich glaub-
te, damit sei alles erledigt, aber so war es nicht. Einige Tage
später bekam ich eine Verständigung mich beim Vorsitzenden der
2. Staatsprüfungskommission zu melden. Das war Prof. Kobes, ein
sehr gefürchteter und strenger Mann, der, wenn er den Hörsaal be-
trat, sofort die Tür zusperrte. Er wurde der Vater der Maschinenbauer genannt. Ich ging hinauf zum Assistenten. Als ich mich vor-
stellte, meinen Namen nannte, hatte ich das Gefühl, er macht in-
nerlich einige Kreuze, um alles Unheil abzuwenden. Prof. Kobes
empfing mich sehr lautstark, sprach von Nichtachtung, Ungehörig-
keit usw. Nach einiger Zeit kam ich darauf, es geht um eine Kol-
lision zwischen der Vorlesung aus Lasthebemaschinen und der über
"theoretische Maschinenlehre II" bei Prof. Kobes. Ich hatte beide Prüfungen bestanden, eine auf gut, die andere, bei Prof.Kobes,
auf eine sehr seltene Note, "sehr gut". Nachdem er sich etwas beruhigt hatte, sagte er: "So und jetzt gehen Sie hinüber zum Kollegen List." Prof. List war am Getreidemarkt, in einem der oberen
Stockwerke; dort wiederholte sich dasselbe; dann hieß es: So und
jetzt gehen Sie wieder zurück zu Prof. Kobes; Kobes hat mich sehr
freundlich empfangen und hat gesagt, er habe gehört und in der
Anmeldung gelesen, daß ich seit mehr als einem Jahr Vollwaise sei
und wie man das macht und wie man da durchkommt und zum Schluß
hat er mir noch die Taxe aus seiner Privattasche zurückgegeben,
die ich gezahlt hatte, und so sind wir freundschaftlich geschie-

den. Die schriftliche Staatsprüfung war ohne Schwierigkeiten,
die mündliche war bei Prof. Kann, dann Prof. List und als letzter
Prof. Ludwik. So hatte ich sowohl die erste, als auch die letzte
Prüfung meines Studiums, bei Prof. Ludwik abzulegen. Ludwik war
ein sehr vorsichtiger Mann, er stellte die Fragen nach sehr langer Überlegung, man hatte immer das Gefühl, das Schrecklichste,
was ihm passieren könnte, wäre, wenn der Kandidat nicht antworten konnte. Am Ende der Prüfung kam er auf mich zu und sagte:
"Was machen Sie jetzt?" Ich sagte: "Nichts, Herr Professor, ich
bin arbeitslos, ich habe keine Ahnung." Da sagte er: "Dann melden
Sie sich bei mir in den nächsten Tagen."
Für die nächste Zeit war ich also wissenschaftliche Hilfskraft
bei Prof. Ludwik. Meine erste Tätigkeit war, mich einzuordnen
in das Gefüge der Versuchsanstalt und ich wurde Mitarbeiter an
der Planung einer neuen Versuchsanstalt, die aus den Tennis-
plätzen, dort, wo jetzt das Elektrotechnische Institut steht,
hätte gebaut werden sollen. Es wurde geplant; es wurde nichts daraus, und es ist vielleicht nicht uninteressant, daß, wie Sie gehört haben, heute wieder geplant wird; seither sind 52 Jahre ver-
gangen und da sagt man immer: Gottes Mühlen mahlen langsam!
Die ersten sieben Jahre meiner Tätigkeit in der Versuchsanstalt
verbrachte ich im neu gewonnenen Bauhof. Eine hochinteressante
Zeit, die ich nie missen möchte. Prof. Saliger und Dr. Emperger,
die schon genannt wurden, waren auf der Höhe ihrer wissenschaftlichen Laufbahn. Es wurden die Großversuche für den Deutschen
Eisenbetonausschuß mit Roxorstählen gemacht, es wurde an der Entwicklung der Torstähle maßgeblich mitgearbeitet, die Kornpotenz-
waage von Dr. Stern untersucht, sowie Versuche mit Einkornbeton
durchgeführt, als auch die verschiedensten Untersuchungen der
Betonkonsistenz vorgenommen.
Parallel hierzu wurden von Dr.Wenzel Hartl Schwingungsversuche
an genagelten Brückenträgern und verschiedenen Ringdübbel-
konstruktionen vorgenommen. Außerdem wurden auch Brandversuche
an Wertheimkassen und ähnlichen Konstruktionen durchgeführt.
Ich möchte aber noch erwähnen, was immer wieder vergessen wird,
daß um diese Zeit im Bauhof ein Prüfstand aufgebaut wurde, der
den Rückstoß der Raketenantriebe messen sollte und auch gemessen
hat. Es war damals Dr. Eugen Sänger bei uns, ein Bauingenieur,
ein ganz maßgebender Mann der Raketenforschung, der dann nach
Deutschland gegangen ist und nach dem Krieg der Präsident des
Instituts für Weltraumforschung war und während eines Vortrages

durch Herzversagen verstorben ist. - Leider, in verhältnismäßig
jungen Jahren.

Nach einer siebenjährigen Tätigkeit im Bauhof wandte ich mich
wieder den metallischen Werkstoffen zu und habe mich vornehmlich
mit schweißtechnischen Problemen beschäftigt. Es war die Zeit der
Hafergutschweißung usw. Diese Tätigkeit hat scheinbar dazu geführt, daß ich von den Alpen Elektrowerken (AEW), das ist der Vorgänger der Tauernkraftwerke, zum Bau der Hauptstufe Kaprun herangezogen wurde. Eine sehr interessante Arbeit. Interessant deswegen, weil man damals nichts oder nur sehr wenig wußte und daher
alles zu bedenken und durch Versuche zu untermauern hatte.

Nach dem Krieg war meine erste Arbeit, wie Sie schon gehört haben,
die Sanierung des am 30. Oktober 1945 durch Sprödbruch geplatzten
Druckschachtes des Gerloskraftwerkes. Zur gleichen Zeit wurden von
beiden Kraftwerken Mühlau der Stadtwerke Innsbruck, unter Direktor
Croce und vom Salzachkraftwerk (Paß Stein, St. Martin am Grimming)
der Steweag, erstmalig trennbruchsichere Feinkornstähle verwendet,
die erstmalig von der VÖEST erschmolzen wurden.

Die Nachkriegszeit brachte natürlich auch noch andere Beschäfti-
gungen. So auch die Sanierung verschiedener kriegbeschädigter Do-
naubrücken, z.B. die Floridsdorfer Brücke. Ich war auch beschäftigt bei der Sanierung des Burgtheaters, in kleinem Maße auch bei
der Staatsoper, dann etwas später mit dem Fernsehturm in Linz.
Noch etwas später mit dem Donauturm in Wien und noch viel später,
um große Projekte herauszugreifen, mit dem Kongreßgebäude der
UNO-City. Sie werden sich wundern, daß ich als Maschinenbauer damit etwas zu tun habe. Das ganze Gebäude hängt nämlich an einer
geschweißten Konstruktion.

Meine Hauptbeschäftigung war trotzdem die Betreuung der Kraftwerke, und wie Sie von Herrn Ing. Kermauner gehört haben, ist das
eine sehr umfangreiche Beschäftigung. Sie umfaßt bei den Hoch-
druckstufen das Einlaufbauwerk, das Wasserschloß, den Triebwasser-
abstieg, die Absperrorgane, die Verteilrohrleitung, die Turbinen,
die Pumpe und den Generator. Bei den Flußkraftwerken kommt meistens
noch die große Rechenanlage dazu und bei der Donau auch die Schleu-
senanlagen mit den Füll- und Entleerungsschützen. Das ist eine Arbeit, die sehr umfangreich ist. Es wurden die Prüflisten festgelegt, es wurden die Schweißbedingungen ganz genau vorgeschrieben
und die Verfahrensprüfungen vorgenommen, d.h. die ganze Kontrolle
hatte schon lange vor dem Beginn des Baues begonnen, und zwar
erstens einmal durch die zerstörenden Prüfungen an den Werkstoffen,

Blechen und Schmiedestücken und den Stahlgußstücken überhaupt,
und dann durch die Fertigungskontrolle, die Montagekontrolle.
Wir prüfen nicht so, daß wir warten bis alles fertig ist. Die
Prüfung hat parallel zu laufen mit der Fertigung und mit der
Montage, um bei unvorhergesehenen Zwischenfällen sofort ein-
greifen zu können. Diese Arbeit und diese Prüfvorschriften haben
mir einige Vorwürfe eingetragen, denn aufgrund dieser Vorschriften hat die DVE, das ist der Deutsche Verband der Elektrizitäts-
gesellschaften, durch Prof. Steinhardt in Karlsruhe Richtlinien
für den Bau von Druckrohrleitungen herausgebracht; und der kleine,
der versteckte Vorwurf, der mich immer getroffen hat, war der:
Warum haben wir das nicht selber gemacht? Ich war absolut dagegen,
daß wir das selber machen. Das was Prof. Steinhart gemacht hat,
ist sehr verdienstvoll, aber es wurde mit unserer Hilfe gemacht,
das ist ganz klar. Wir waren eine sehr große österreichische Kommission, die dabei tätig war, wie Direktor Kothbauer, es war
Dr. Eder von den Illwerken, es war Dr. Bugl, der hier sitzt, mit,
es waren Prof. Qualla, Prof. Slattenscheck und ich dabei, und es
waren sicher auch noch einige andere Herren mit, die ich jetzt
nicht in Erinnerung habe. Wir waren bei allen Sitzungen in Karlsruhe, auch in München waren einige dabei, und es ist sicher das
Ganze von uns befruchtet worden. Ich war nur deshalb dagegen, weil
in diesem Zeitpunkt der stürmischen Entwicklung von Stahl, Schweißverfahren und Prüfmethoden nicht mit langer Verwendbarkeit solcher
Vorschriften gerechnet werden konnte, und diese in kürzester Zeit
überholt sind. Wir hatten zu dieser Zeit nur eine Isolux-Röntgen-
anlage, mit der man zur Kontrolle einige Röntgenaufnahmen an-
fertigen konnte.
Diese ungeheuren Arbeiten zu bewältigen - ich glaube, jetzt hat
die Versuchsanstalt 135 Anlagen betreut, bis jetzt, und für mich
kann ich da mindestens 120 Anlagen in Anspruch nehmen, bei den
letzten Anlagen war ich nicht mehr so ganz dabei - kann natürlich
ein Mensch allein überhaupt nicht schaffen, das ist ja völlig
ausgeschlossen. Ich hatte jedoch das Glück, immer hervorragende
Mitarbeiter zu haben und wenn ich das jetzt auch noch sagen darf,
auch jetzt noch habe. Mitarbeiter, die immer mehr geleistet haben
als man von Ihnen verlangen konnte, obwohl man zur Zeit Professor Rinagl und Professor Ludwik immer wieder gesagt hat, es ist
unstatthaft, Assistenten mehr als 60 Wochenstunden zu beschäfti-
gen. Es waren durchwegs Leute, für die die Beschäftigung, die sie
ausgeführt haben, eine Berufung war; und es freut mich heute ganz

besonders, daß ich das erste Mal Gelegenheit habe, mich offiziell
bei allen Mitarbeitern, den gewesenen und den jetzigen, ganz herzlich für diesen Einsatz zu bedanken. Ich möchte das Lob, das heute
in so großen Mengen ausgeschüttet wird, auch gleich vergeben.
Dank und Lob gebührt aber selbstverständlich auch den Wasserkraft-
gesellschaften und den -betreibern. Es tut mir leid, ich kann
nicht alle Namen nennen, die notwendig wären, um mich zu bedanken
für die Mitarbeit, für die jahrelange Mitarbeit, für das Vertrau-
en, das sie mir jahrzehntelang geschenkt haben. Ich kann die Namen
nicht nennen, aber Sie können mir glauben, ich habe damals nicht
gedacht, daß ich dieses Vertrauen so lange Jahre genieße werde.
Um aber doch Namen nennen zu können, möchte ich zwei Pioniere der
Betreiber hervorheben - die uns leider viel zu früh verlassen haben. Der eine ist der Bearbeiter der Hauptstufe Kaprun, es ist
Direktor Kothbauer, der zweite ist der Initiator und der Betreuer,
wenn ich so sagen darf, der höchsten Druckstufe der Welt, Kraftwerk Kolbnitz, Reißeck, mit einer Fallhöhe von 1780 m, in einer
Stufe ausgenützt, es ist Herr Dipl.-Ing. Fox.
Mein Dank gebührt aber selbstverständlich auch der Behörde, vor
allem der Obersten Wasserrechtsbehörde; jener Behörde, mit der ich
ja seit Jahrzehnten zusammenarbeite, immer reibungslos, mit dem
größten Verständnis, vor allem ist Herrn Ministerialrat Kropatschek
zu danken. Mein Dank gebührt aber selbstverständlich auch den Was-
serrechtsbehörden in der Landesregierung der verschiedenen Bundes-
länder.
Ich möchte aber auch hier vier Professoren, die richtungsweisend
den Wasserkraftausbau betrieben und beeinflußt haben, danken. Alle
sind viel zu früh von uns gegangen. Es sind dies die Professoren
Schulz, Hutarev, Beer und Qualla.
Ich möchte auch hier meiner Familie danken - das wurde heute schon
von Spektabilis angeschnitten - die es sicherlich nicht leicht
hatte und die auf vieles verzichten mußte, aber immer, wenn ich
mich so zurück erinnere, für meine Tätigkeit Verständnis aufgebracht hat.
Mein Dank gebührt aber selbstverständlich im großen Maße auch den
Firmen. Vor allem für die Behandlung der vielfältigen Probleme,
die meistens in harter, manchmal in sehr harter und auch in weniger harter Form erfolgte. Trotzdem danke ich Ihnen für die immer
korrekte technische, einwandfrei technische Klärung aller dieser
Probleme. Wenn ich hier wenigstens einige Namen nennen darf, dann
bitte sind mir jene Herren nicht böse, deren Namen ich nicht nenne.

Ich bin ihnen genauso dankbar wie den genannten Herren. Als ersten möchte ich hier vielleicht Direktor Dr. Hautmann von der
VÖEST erwähnen, mit dem ich viele, viele Jahre sehr eng zusammengearbeitet habe. Dann den Direktor Oberndorfer, Baumann und den
immer jugendlichen, aktiven Direktor Wallner. Ich danke den Herren der Firmen Waagner-Biro, Andritz, Künz, allen österreichischen Firmen. Ich danke dem Vollbluttechniker Direktor Kmenta,
ich danke dem so viel geplagten Dipl.-Ing. Sandner der Elin und
den beiden Herren Hüttner, und auch dem Herrn Dr. Scheidl.
Mein Dank gebührt aber auch natürlich den Herren des Auslandes,
den ausländischen Firmen. Damit gestatten Sie mir auch, daß ich
einige erwähne. Vor allem Lüling, Gisel von Fischer-Schaffhausen,
dann Felix, Straub, Müller, der leider verstorben ist. Dann
Herrn Piquet, der hier sitzt, der Firma Charmilles. Außerdem danke ich den Herren von Giovanola, Zschokke-Wartmann, Hydro-Progress,
Escher Wyss, Terni, Ansaldo, Innocenti, Siac usw., Herrn Avidson
von Bofors, Herrn Linquist und Alin der Firma Nohab. Ich danke den
Herren von Voith Heidenheim, selbstverständlich allen Schmieden
und Gießereien der deutschen Bundesrepublik, vor allem aber dem
Werk Thyssen-Reinstahl, Werk Hattingen, dem Herrn Direktor Gimborn
und dem so hoch geschätzten Ing. Rieser.
Ich kann aber nicht schließen, ohne mich auch bei den Studenten
zu bedanken. Den Studenten, die ich hier als meine jungen Freunde
bezeichnen möchte, obwohl sie gar nicht mehr so jung sind, denn
die ersten, die ich hatte, sind bereits im Ruhestand! Ich möchte
Ihnen einige Namen nennen, damit Sie mir das wirklich glauben.
Da ist z.B. der Vorstandsdirektor der Donaukraftwerke Dr. Fenz,
er war Student bei mir; der Baudirektor Dipl.-Ing. Stefko der Ill-
werke und der Direktor Tschepper der Österreichischen Bundesbah-
nen; alle drei sind bereits in Pension. Ich danke den Studenten
für ihren Fleiß, ich danke ihnen für das Interesse, das sie für
meine Vorlesung aufgebracht haben, die ja gar nicht so furchtbar
interessant und unterhaltend ist. Ich habe mich aber bemüht, den
Studenten nicht nur materielles Fachwissen beizubringen oder mitzuteilen, ich habe mich wirklich immer sehr bemüht, auf die Moral
und Ethik der Technik, des technischen Berufes und der Techniker
hinzuweisen. Eine Eigenschaft, die heute leider zu klein geschrie-
ben wird.
Ein Großteil meiner Aufgaben als Lehrer wäre erfüllt, wenn es mir
geglückt wäre - vielleicht ist es mir geglückt - den Studenten
Freude an der Wissenschaft, Freude am Wissen als solches und damit

auch Freude am Lernen mitzuteilen. Außerdem habe ich mich bemüht,
den Studenten zu demonstrieren, daß zur Lösung der Probleme immer
wieder Kontaktnahme notwendig ist, engster Kontakt aller Betei-
ligter, und ob das jetzt irgendwelche technischen Probleme oder
ob das schulische Probleme sind; ob der Kontakt zwischen Schüler
und Lehrer oder zwischen den Firmen usw. stattfindet, ist völlig
gleichgültig; der Kontakt muß vorhanden sein. Und außerdem bin
ich der Meinung, das sage ich immer offen - ich hoffe, daß die
Studenten sich das gemerkt haben - daß der Student, daß jeder
Techniker zu den Problemen Stellung zu nehmen hat. Daß diese Stellungnahme womöglich richtig sein soll, ist ja sehr schön und gut,
aber ich meine, eine nicht richtige Stellungnahme ist immer besser
als keine, denn die nicht richtige Stellungnahme kann revidiert
werden; sie gibt einen Denkanstoß und bei den nächsten Besprechun-
gen, die dazu ja da sind, wird diese Rektifikation vorgenommen
werden können. Ich habe, und das habe ich immer wieder gesagt,
hervorragende Studenten gehabt. Sie haben das auch bei den Exkursionen bewiesen und ich danke ihnen für die Zusammenarbeit
und für den Fleiß.
Abschließend möchte ich noch einemal sagen, ich danke allen, ob
genannte oder nicht genannte Herren, den Behörden und den Firmen,
allen für die mustergültige und immer wieder hervorragende Zusammenarbeit bei der Lösung der aufgetretenen Probleme.

Meine Aufgabe war es heute vor allem das in so reichem Maße aus-
geschüttete Lob gerecht zu verteilen. Sollte hiebei. ein ganz,
ganz kleiner Teil für mich übriggeblieben sein, so kann ich annehmen, daß mir diese gar nicht so leichte Aufgabe gelungen ist.

Schlußwort O.Univ.Professor Dr. T. Varga:

Verehrter Herr Professor Uhlir!

Ich glaube, daß Ihnen die Rückverteilung des Lobes voll gelungen
ist. Wir danken Ihnen für diese Ansprache und ich möchte Herrn
Ministerialrat Kropatschek versichern, daß wir Herrn Professor
Uhlir alle Hilfe geben werden, daß er seine Erfahrungen weiterhin vortragen und damit fruchtbringend weitergeben kann. Wir hoffen auch, daß er die Vorlesungen, die er letztes Jahr über Schadensfälle, dieses Jahr über die Geschichte der Schweißtechnik
hielt bzw. hält und die sehr viel Resonanz fanden, weiterführt.
Damit erlaube ich mir, die Reihe der schönen Ansprachen abzuschlies-
sen und Ihnen herzlichst ein erfolgreiches weiteres Wirken wünschen.

Bemessungsgrundlagen für statische Belastungen
kurzer Überblick

T. Varga und H.B. Matthias

1. Einleitung

Der Bemessung von Teilen zu Wasserkraftanlagen wird in den letzten Jahren erhöhte Aufmerksamkeit geschenkt. Grund dazu bieten
einige Fälle von Unterdimensionierung. Wie in anderen Bereichen
der Technik, waren frühere Konstruktionen allgemein reichlich bemessen; die Lebensdauer von der Festigkeit her unbegrenzt. Aus
Kostengründen begann dann in den letzten zwanzig Jahren eine
schrittweise Abmagerung. Diesen Vorgang beschleunigten jene Betreiber solcher Anlagen, die im Kilopreis und nach Gewicht Bil-
ligstangebote suchten und die Hersteller zu gegenseitiger Unter-
bietung zwangen. Da die Schwächung der Konstruktionen zumeist
ohne die dazu unerläßlichen genaueren Festigkeitsrechnungen erfolgte, erreichten mehrere Hersteller den Grenzfall allzu schwach
bemessener Teile.

Die Entwicklung scheint nun wieder im gegenteiligen Sinn zu ver-
laufen: mit den inzwischen weiter fortgeschrittenen Möglichkeiten
der Festigkeitsrechnung, wie der Methode der Finiten Elemente,
aber auch der Verfeinerungen der üblichen Bemessungstechnik, wie
dem Stufenkörperverfahren, können die Spannungen besser erfaßt
und daher genauer dimensioniert werden. Zumindest an den Oberflächen liefern Dehnungsmeßstreifen eine Kontrollmöglichkeit für
die Güte der Rechnungen, soweit eine Messung bei Betriebs- oder
Überlast möglich ist. Somit kann an bisher nur mangelhaft bekannten kritischen Stellen gezielt verstärkt und damit eine den Beanspruchungen angepaßte Konstruktion geschaffen werden.

In Österreich ist die Situation gegenüber Deutschland und der
Schweiz insofern anders, als die in der Erstellung der Bemessungsgrundlagen selbst sehr aktiven Betreiber von Wasserkraftanlagen
seit jeher auf genügende Querschnitte geachtet haben. Nun scheinen aber gerade mit der teilweise weiteren Herabsetzung der zu-

lässigen Spannungen gegenüber der internationalen Praxis neben
dem wachsenden Kostennachteil auch fabrikatorische und metal-
lurgische Probleme, wie Fragen des Bruchverhaltens, vermehrt
Bedeutung zu gewinnen. Eine sorgfältige Abwägung aller Einflußgrößen könnte hier zu den bestmöglichen Lösungen führen.

Die Bemessung nach den verschiedenen Vorschriften europäischer
Länder für Druckbehälter ergibt recht unterschiedliche resultierende Wanddicken für den gleichen Fall. Zum Teil sind dabei
die Unterschiede in der Qualität der Fertigung berücksichtigt;
zum Teil sind die Grundlagen und die Sicherheitsspannen anders.

International zunehmend im Gebrauch und in den meisten Bundes-
staaten der USA Gesetz ist der ASME (American Society of Mechanical Engineers) Boiler and Pressure Vessel Code, welcher von einer
Vielzahl von Fachkommissionen erstellt wurde und halbjährlich
ergänzt wird. Die Praxisnähe ist durch die Vertretung von Herstellern und Betreibern in allen Kommissionen gewahrt. Einige
technische Grundlagen des Codes sollen kurz erläutert werden.

2. Zu den Grundlagen der Bemessung

Die örtlich auftretende maximale Spannung als Bemessungsgrundlage
ist nur bei sprödem Werkstoffverhalten gerechtfertigt: lokale
Überschreitung einer Grenzspannung führt zum Beginn eines Reiß-
vorgangs. Wird die Belastung nicht örtlich und/oder zeitlich
sehr bald gesenkt, so kommt es zum schlagartigen Bruch des betrachteten Teils, zumal die spannungsrhöhende Wirkung des wachsenden Risses stetig zunimmt, vgl. Bild 1.

Demgegenüber kommt es bei örtlich begrenzter Überbelastung im
Falle duktilen Werkstoffverhaltens lediglich zur plastischen
Verformung und dadurch zur Verringerung der Spannungsspitzen
bei gleichzeitiger Neuverteilung der Spannungen, siehe Bild 2.

Das Vorhandensein einer hinreichenden Verformbarkeit prüfen wir,
wie von Uhlir und Léon 1946 /1/ eingeführt, parallel zur Festigkeitsrechnung mit Hilfe zerstörender Prüfungen der tatsächlich
verwendeten Werkstoffe, die den gleichen oder gleichwertigen Be-
handlungen ausgesetzt werden müssen wie die Bauteile während der
Fabrikation.

Örtliche Spannungen werden außer bei sprödem Verhalten auch bei
wiederholter Belastung (Ermüdung) wirksam. An Orten hoher lokaler
Zugeigenspannung und eventueller Versprödung, wie sie Zündstellen

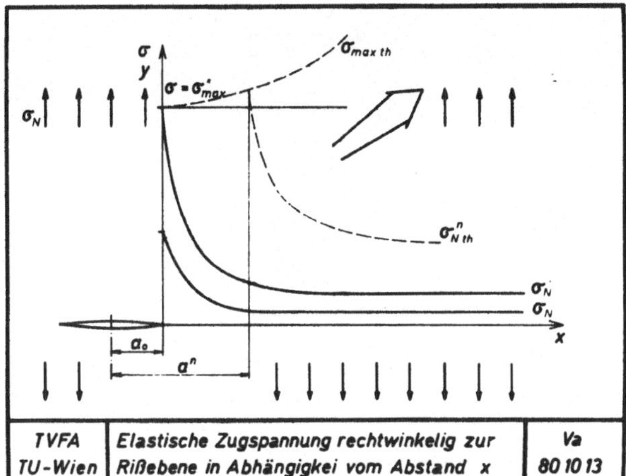

Bild   1

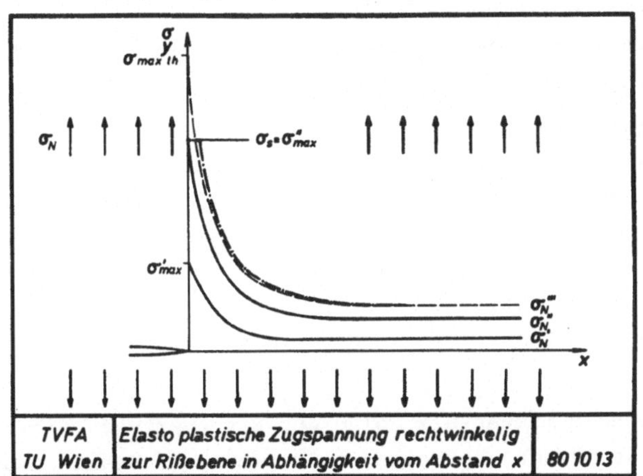

Bild   2

von   Handelektroden darstellen, befinden sich bevorzugt Ermüdungs-
bruch-Ausgangsstellen. Entfällt die Versprödung, wie das bei niedrig gekohlten, wenig legierten Stählen selbst an Zündstellen der
Fall sein kann, so wird eine Stelle hoher Zugspannung beliebigen
Ursprungs durch Überbelastung zum Fließen gebracht und damit un-
wirksam gemacht. Besonders an Kerbstellen oder lokalen Fehlstellen werden im geflossenen Bereich nach der Entlastung eher örtliche Druckeigenspannungen entstehen, die eine ungünstige Wirkung
an diesen Stellen vollkommen beseitigen. Die Druckeigenspannungen
vermindern die wirkenden (Zug-) Lastspannungen unter das in der
Umgebung herrschende Maß, Bild   3a und 3b /2/. Spannungsindu-
zierte Rißbildung (Spannungsrißkorrosion, Messerlinienkorrosion)
kann durch Überbelastung ebenfalls vermieden werden.

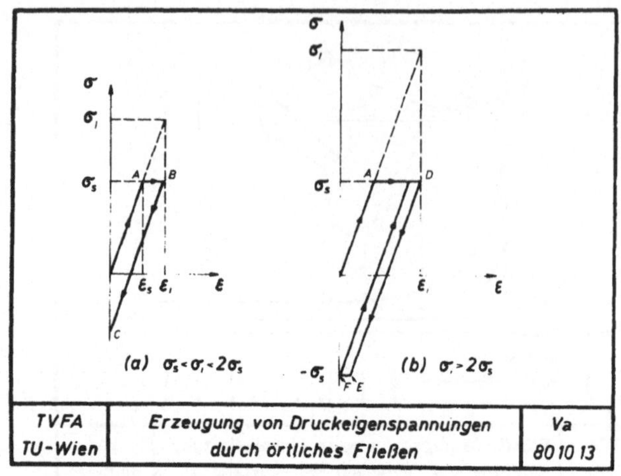

TVFA TU-Wien	Erzeugung von Druckeigenspannungen durch örtliches Fließen	Va 80 10 13

Bild 3a, 3b

3. Spannungskategorien nach ASME

Der ASME-Code teilt die Spannungen in primäre, sekundäre und
örtliche Spannungen ein.

Primäre Spannungen werden durch die aufgebrachte Last hervorgerufen; sie müssen das Gleichgewicht zwischen äußeren und inneren
Kräften und Momenten gewährleisten. Das grundlegende Merkmal der
primären Spannung ist, daß sie nicht selbstbegrenzend ist. Falls
die primäre Spannung die Fließgrenze über die ganze Dicke über-
steigt, dann hängt das Versagen des Bauteils vollständig von der
Kaltverfestigung des Werkstoffs (und dem Maximalwert der primären
Spannung) ab.

Sekundäre Spannungen treten als Folge des Eigenverzuges einer
Struktur auf: sie müssen eher einem aufgezwungenen Dehnungsmuster
entsprechen, als gegenüber äußeren Kräften das Gleichgewicht halten. Das grundlegende Merkmal der sekundären Spannung ist die
Selbstbegrenzung. Örtliches Fließen und kleinere Verzüge können
auf Diskontinuitäts-Bedingungen oder thermische Dehnungen zu-
rückgeführt werden, welche die Spannungen verursachen.

Spitzenspannungen stellen die höchsten Spannungen innerhalb eines
Bereichs dar. Das grundlegende Merkmal einer Spitzenspannung ist,
daß sie keinen bemerkenswerten Verzug verursacht und hauptsächlich als die Quelle von Ermüdungsbrüchen (und spröden Brüchen!)
zu beanstanden ist. Sie kann an örtlichen konstruktiven Kerben
(z.B. Bohrungen) oder an sonstigen Spannungskonzentrationen, wie
Elektrodenzündstellen, entstehen.

Entsprechend unseren Überlegungen betreffend die Grundlagen der
Bemessung müssen wir in einem hinreichend duktilen Werkstoff den
primären Spannungen das größte Gewicht beimessen; sekundären
und Spitzenspannungen kommt, wenn überhaupt, eine viel kleinere
Bedeutung zu. Der Vorteil dieser Betrachtungsweise ist offensichtlich: die Bemessung kann gemäß den tatsächlich maßgebenden
Spannungen erfolgen und wird damit, mit der zugehörigen Sicherheit, auf ein für die Versagensvermeidung nötiges Maß gebracht.

Gewichtung der Spannungen

Grenzlastbetrachtungen zeigen, daß die primäre Biegespannung P_b
erst bei einem höheren Wert kritisch wird, als die Zugmembranspannung. Daher gilt /3/

$$P_m \leq k \cdot S_m \quad \text{bzw.}$$

$$P_b \leq 1,5 \cdot k \cdot S_m$$

worin

P_m die primäre Zugmembranspannung und
P_b die primäre Biegespannung und
k einen belastungsbedingten Faktor zwischen
    1,0 und 1,2 bedeuten.

Auch durch mechanische Belastung nur örtlich wirkende Membranspannungen P_L werden unter die primären Spannungen gereiht. Zwar
ist eine solche Spannung selbstbegrenzend, indem die benachbar-
ten Bereiche beim Fließen die Last mit aufnehmen, doch diese Ver-
lagerung kann mitunter zu unzulässigen Verformungen führen.

Damit ist eine tiefere Begrenzung als bei sonstigen primären
Membranspannungen gerechtfertigt:

$$P_b + P_L \leq 1,5 \, k \cdot S_m$$

Auch sekundäre Spannungen könnten in Zug- und Biegekomponenten
zerlegt werden; aber nach Herausnahme der örtlichen Membranspannung ist gemäß ASME eine gleiche Bewertung dieser beiden eine
zulässige Vereinfachung; sie werden mit Q bezeichnet.

Die Anforderung ist

$$Q \leq 3 \, S_m \, ;$$

im speziellen, durch betriebliche Belastungen gegebenen Fällen
wird sogar

$$P_L + P_b + Q \leq 3\, S_m$$

zugelassen.

Thermische Spannungen können sekundäre sowie Spitzenspannungen
vorstellen. Solche thermischen Spannungen, die einen Verzug der
Struktur verursachen können, werden zu den sekundären, andere,
die durch Verhinderung einer unterschiedlichen Wärmeausdehnung
entstehen, den Spitzenspannungen zugeordnet. Spannungen, entstanden durch radiale Temperaturunterschiede in einer zylindri-
schen Schale, werden wegen ihrer allgemeinen vernachlässigbaren
Verformungsauswirkung, den örtlichen thermischen, und daher den
Spannungsspitzen zugeteilt und mit F bezeichnet.

Für betriebliche Belastungen gilt

$$P_L + P_b + Q + F \leq S_a$$

worin S_a die zulässige Spannungsamplitude der Ermüdungsbelastung
bedeutet.

Örtliche Spannungsspitzen rufen z.B. Löcher und Nuten sowie Kerben hervor. Die Symbole P, Q und F stellen in den Formeln nicht
einzelne Größen, sondern jeweils die drei Normal- und drei Schubspannungen dar. Die Zusammenfassung der Spannungen verschiedener
Spannungskategorien hat auf der Ebene der Spannungskomponenten
und nicht in der zusammengesetzten Form zu erfolgen. Somit muß
z.B. eine Membranspannung dem Mittelwert über dem Querschnitt
entsprechen, siehe den Fall primärer Membranspannung und ört-
licher primärer Membranspannung.

Eine schematische Darstellung möglicher Spannungskategorien,
die an einem Bauteil auftreten können, ist in Bild 4 gegeben /4/.

Zulässige Spannungen nach ASME

Die nach ASME zulässigen Spannungen sind in Tafel 1 zusammengefaßt.
Den zulässigen Spannungen werden Grenzlastbetrachtungen zugrunde
gelegt. Die Überlegungen gründen auf ein ideal-elastisches sowie ein ideal plastisches Verhalten, siehe Bild 5. Entsprechend
der verschiedenen Kaltverfestigung der Werkstoffe ergibt sich
auf diese Weise eine unterschiedliche Sicherheitsmarge über der
Schwelle des ideal plastischen Verhaltens im Falle genügend
duktiler Werkstoffe (und Fehler, die innerhalb der üblichen

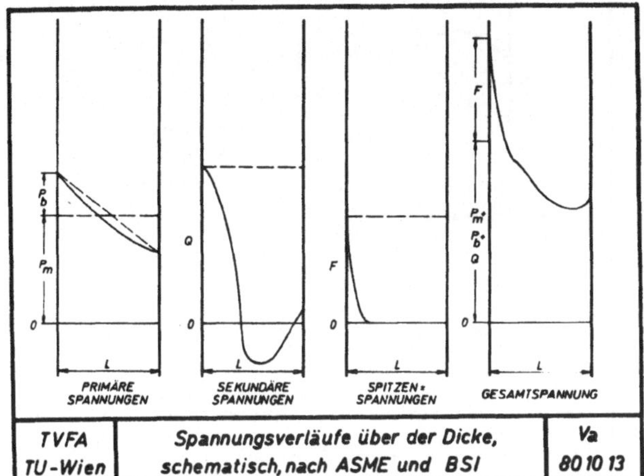

Bild 4

TVFA TU-Wien	Spannungsverläufe über der Dicke, schematisch, nach ASME und BSI	Va 80 10 13

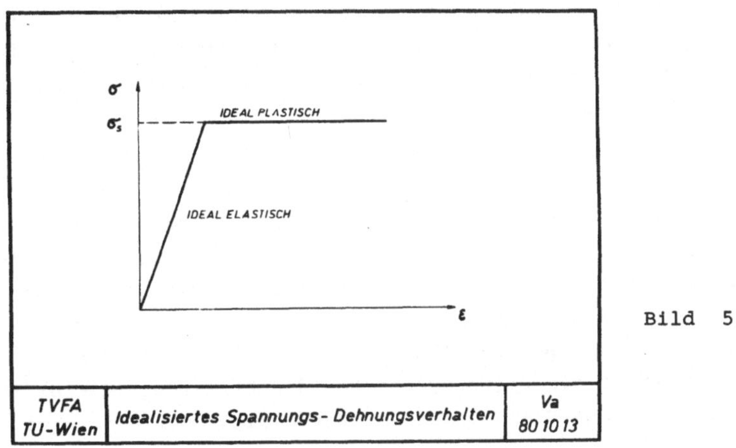

Bild 5

TVFA TU-Wien	Idealisiertes Spannungs- Dehnungsverhalten	Va 80 10 13

Toleranzen liegen).

Bei Überschreiten des über den Querschnitt geltenden Fließ-grenzen-Mittelwertes bei reiner Zugbelastung eines Stabes er-folgt Fließen und damit plastisches Versagen (plastic collapse). Ob ein Zugstab bricht, hängt nur mehr vom Verhältnis der Maximal-last zur Fließgrenze sowie zur Kaltverfestigung ab.

Bei reiner Biegebelastung führt erst eine Spannung entsprechend der 1,5fachen Fließgrenze zur Bildung eines plastischen Gelenks. Bei gleichzeitigem Auftreten von primären Zugmembran- und -biege-spannung hängt die plastische Kollapsgrenze vom Verhältnis bei-der Spannungen ab, siehe Bild 6.

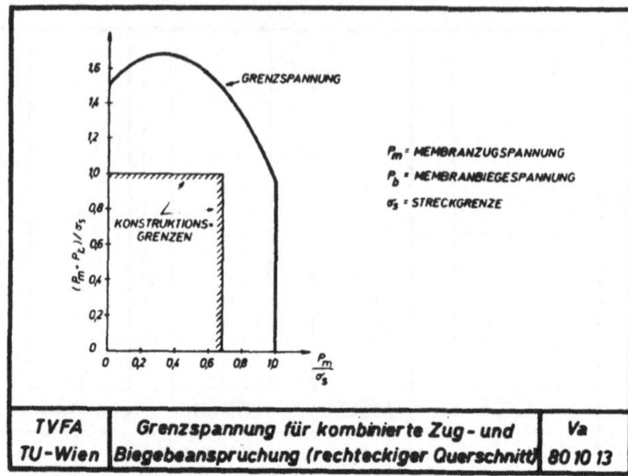

Bild 6

| TVFA | Grenzspannung für kombinierte Zug- und | Va |
| TU-Wien | Biegebeanspruchung (rechteckiger Querschnitt) | 80 10 13 |

Die Begrenzung sekundärer Spannungen ist in Bild 3b zu verfolgen: Sobald die doppelte Fließgrenze auch nur in einem kleinen Bereich überschritten wird, kommt es in diesem Bereich beim Be- und Entlasten zu einer wechselplastischen Verformung, welche bald zur weiteren Vergrößerung der Dehnung und zur Rißbildung führt.

Die oberste zulässige Spannungsgrenze ist daher mit der doppelten Fließgrenze gegeben. Es wird ausdrücklich festgehalten, daß in diesen Fällen eine geringe Plastizität tolerierbar ist - im Lichte der günstigen Eigenspannungsänderung sogar wünschenwert gegen örtliche Spannungsspitzen. Wechselbelastung zwischen ein- und zweifacher Fließgrenze führen laut Code zum sog. "shake down", zum Abbau der Spannungsspitzen durch Fließen (dieser Mechanismus ist nach Erfahrungen von Varga nicht oder nur wenig wirksam bei örtlichen Spannungsspitzen).

Im Code sind zulässige Spannungen nicht im Verhältnis zur Streckgrenze, sondern solche als Vielfache der zulässigen primären Membranspannung gegeben. Diese hängt nicht allein von der Fließgrenze, sondern zwecks erhöhter Sicherheit auch von der Zugfestigkeit in der in Tafel 1 gegebenen Weise ab.

Als kurzer Hinweis auf Ermüdungsbelastungen und ihrer Behandlung mag dienen, daß selbst die Wirkung von Mittelspannungen nach einem Fließen im Sinne des Bildes 2 herabgesetzt werden. So kann z.B. im Goodman-Diagramm die gemäß Bild 2 graphisch oder sonst rechnerisch ermittelte Mittelspannungsabnahme eingesetzt werden.

4. Zusammenfassung

Bauteile aus hinreichend verformbaren Werkstoffen werden mit
Vorteil nicht gemäß dem Verhältnis der größten auftretenden
Zugspannung zur Fließgrenze, sondern der gewichteten, den einzelnen Spannungskategorien entsprechenden, zulässigen Spannungsintensität nach ASME bemessen. Auf diese Weise kann die Berst-
sicherheit besser erfaßt werden. Dabei können unnötig große
Querschnitte vermieden und damit fabrikatorische Erleichterun-
gen geschaffen werden. Gleichzeitig erreicht man zumeist auch
eine Erhöhung der Sprödbruchsicherheit und eine Verminderung
der Ermüdungsbruchgefahr.

Literatur:

/1/ Uhlir, E.: Kritische Betrachtung der Abnahmebedingungen
    für lichtbogengeschweißte Druckrohrleitungen, Maschinenbau
    und Wärmewirtschaft 7 (1952) S. 165 - 186
/2/ Criteria of the ASME Boiler and Pressure Vessel Code for
    Design by Analysis in Sections III and VIII, Div. 2.
    ASME New York
/3/ ASME Boiler and Pressure Vessel Code Section VIII, Div. 2.
    App. 4 (1980)
/4/ BSI 79/76 ss 60, S. 53

Zahlentafel 1.

SPANNUNGSINTENSITÄT	ZUL.WERT	VERHÄLTNIS ZUR FLIESSGRENZE	ZUGFESTIG-KEIT
P_m	S_m	$\leq \frac{2}{3} S_y$	$\leq \frac{1}{3} S_u$
P_L	$1,5\ S_m$	$\leq S_y$	$\leq \frac{1}{2} S_u$
P_b	$1,5\ S_m$	$\leq S_y$	$\leq \frac{1}{2} S_u$
$P_L + P_b + Q$	$3\ S_m$	$\leq 2\ S_y$	$\leq S_u$

<u>Diskussion:</u>

<u>Dipl.Ing. R. Barp, Zürich:</u>
Prof. Varga hat in seinem Referat die Spannungsbewertungsmethode
nach ASME, welche auf der Schubspannungshypothese basiert,emp-
fohlen. Bislang war es in Europa üblich statische Belastungs-
fälle nach der Gestaltänderungshypothese zu beurteilen, wie dies
im Vortrag von Herrn Dr. Tauffkirchen zum Ausdruck kam. Daß an
demselben Institut verschiedene Festigkeitshypothesen für den
gleichen Belastungsfall verwendet werden, verursacht Unsicherheit in der Industrie.

Eine einheitliche, von den Turbinenherstellern und allen Prüfstellen anerkannte Festigkeitshypothese ist absolut notwendig
zur Erreichung von eindeutigen Ergebnissen in der Dimensionierung.

- Ist die TVFA der Ansicht, daß in Zukunft, aus Gründen der
  Übersichtlichkeit, vermehrt die ASME-Methode mit der Schub-
  spannungshypothese der wissenschaftlich besser fundierten
  Gestaltänderungshypothese vorgezogen werden soll?

- Gibt es Anstrengungen, in Europa ein wissenschaftlich gut
  fundiertes Regelwerk mit der Übersichtlichkeit des ASME-Codes
  zu schaffen?

- Ist die Verbreitung des ASME-Codes eventuell schon zu groß
  um daneben noch ein anderes Regelwerk zu internationaler Anerkennung zu entwickeln?

<u>Antwort des Autors:</u> Den Schwerpunkt des Vortrages stellt die
Unterscheidung der Spannungskategorien und deren Bedeutung für
die Bemessung dar. Die Schubspannungshypothese, in interessier-
enden Fällen hinsichtlich Spannungen bis zu rd. 15% unterschiedlich von der Gestaltänderungsenergie-Hypothese, führt damit zu
wesentlich kleineren Fehlern der Bemessung, als eine mangelhafte
Kenntnis der Spannungskategorien.

Daß Dr. Tauffkirchen zur Abklärung eines Schadensfalles die GE-
Hypothese benutzte, ist wohl im Bestreben zur praktisch größt-
möglichen Genauigkeit zu suchen. Daraus einen Widerspruch mit
der empfohlenen Bemessungspraxis abzuleiten ist insofern nicht
stichhaltig, als die bei guter Bemessungspraxis vorhandenen
Sicherheitsmargen die Anwendung der Schubspannungshypothese
durchaus zulassen. Dies trifft bei einem Sonderfall offenbar

nicht mehr zu. Auch wenn eine allseits anerkannte Festigkeitshypothese, vielmehr noch ein von allen anerkannter Bemessungs-
und Fabrikations-Code wünschbar ist, wird diese aus verschiedenen Gründen noch längere Zeit auf sich warten lassen.

In Europa ist meines Wissens nach nur in der Form des KTA-Regel-
werks ein dem ASME-Code ähnliches Werk am Entstehen. Die Chancen
einer weltweiten Anerkennung sind aber kaum größer als beim ASME_
Code. Seitdem einzelne Länder nationale Normen wiederum als Han-
delsschranke benützen, sind neben den wissenschaftlichen und
technischen auch noch handelspolitische Probleme entstanden.

Somit wird in nächster Zeit ein anderes Regelwerk kaum den ASME-
Code ablösen können. Wo Verbesserungen, wie zum Beispiel bei den
überelastischen Wechselbeanspruchungen nötig sind, muß der Weg
über die zuständigen, auch für uns offene Kommissionen der ASME
beschritten werden.

Dipl.Ing. *H. Wieser*, Graz:
Auch in Österreich sind Überlegungen über Spannungskategorien
schon in die Normung eingeführt.

In ÖNORM M 7303 /1/ (Kegelberechnung) können sekundäre Biege-
spannungen den 2,4fachen Wert der für Primärspannungen zugelassenen Spannungen betragen.

ÖNORM M 7307 /2/ befaßt sich mit der Bewertung von Spannungsanalysen, d.h. der Einteilung der Spannungskategorien an Druckgefäßen.

Auch ein Ausschuß des Österr. Stahlbauverbandes (Prof. Resinger,
Prof. Klement) hat diesbezügliche Vorarbeiten geleistet.

Literatur:
/1/ ÖNORM M 7303 Kegelförmige Wandungen von Druckgefäßen oder
                   Druckbehältern unter innerem oder äußerem
                   Überdruck; Ausführung und Berechnung; Dez.1978.

/2/ ÖNORM M 7307 Bewertung von Spannungsanalysen an Druckge-
                   fäßen oder Druckbehältern; März 1980.

Anwendung statischer und dynamischer Dehnungsmeßverfahren
bei der Überprüfung von Wasserkraftanlagen

W. Tauffkirchen

1. Einleitung

Ziel der an Wasserkraftanlagen, z.B. anläßlich von Druckproben
und Betriebsversuchen durchgeführten Dehnungsmessungen, ist in
erster Linie die Ermittlung der im Betrieb tatsächlich auftretenden maximalen Beanspruchungen, und zwar einerseits zur Überprüfung der Sicherheit der Konstruktion (Abnahme) und häufig
andererseits zum Vergleich der in der Konstruktionspraxis ge-
rechneten Spannungen mit den empirisch bestimmten Betriebsbeanspruchungen. Dementsprechend konzentriert sich die Durchführung
der Messungen auf Stellen der Konstruktion, an denen die größten
Spannungen zu erwarten sind sowie auf jene, die durch die Rechnung nur schwer erfaßt werden können.

Die Versuchsplanung erfordert daher eine sehr gezielte Festlegung der Anzahl und der Anordnung der Meßorte und - wegen des
meist mehrachsigen Spannungszustandes - für jeden Meßort zusätzlich die Entscheidung über die Lage und die Anzahl der erforderlichen Meßrichtungen. Eine zu groß gewählte Anzahl von Meßorten
macht die Messung technisch unnötig schwierig und kostenauf-
wendig, andererseits führt eine unsachgemäße Einsparung an Meßorten und Meßrichtungen zu unsicheren Untersuchungsergebnissen.

Außer diesem Problem der gezielten Spannungsermittlung ist hinsichtlich der eigentlichen Dehnungsmessung die Beanspruchungs-
art des Meßobjektes zu berücksichtigen. Je nach statischer oder
dynamischer Beanspruchung kommen statische oder dynamische Dehnungsmeßverfahren zum Einsatz, die speziell für die meßtechnische Erfassung solcher Vorgänge ausgelegt sind.

Bild 1 zeigt die sogenannte Meßkette zur elektrischen Messung
mechanischer Größen, wie diese grundsätzlich für die elektrische
Dehnungsmessung verwendet wird. Der mechanische Meßgrößen-Auf-

nehmer, z.B. ein Dehnungsmeßstreifen (DMS), wandelt zunächst die
Längenänderung am Meßobjekt in eine Widerstandsänderung des DMS,
also in eine elektrische Größe um.

In der folgenden Meßschaltung sowie dem Meßverstärker, im allgemeinen Bestandteile der Dehnungsmeßbrücke, wird die Widerstandsänderung in eine zu dieser proportionale Spannung umgesetzt und
letztere entsprechend verstärkt. Der letzte Teil der Meßkette
dient der Anzeige bzw. der Registrierung der Meßgröße. Der Maß-
stabsfaktor zwischen der mechanischen Eingangsgröße und der elektrischen Ausgangsgröße wird durch eine jeweils vor und meist auch
nach der Messung durchgeführte Kalibrierung der Meßkette festgelegt.
Für beide Dehnungsmeßverfahren, statisches und dynamisches, unterscheiden sich die verwendeten Meßketten wesentlich. Dies gilt bereits schon für den verwendeten DMS einschließlich der Applika-
tionstechnik, jedoch insbesondere für die Meß- und Registrierge-
räte der Meßketten. Wegen der großen Bedeutung der Dehnungsmessungen für die Überprüfung von Wasserkraftanlagen soll nachfolgend das Grundsätzliche des statischen und des dynamischen Dehnungsmeßverfahrens aufgezeigt und die jedem Verfahren eigene Wiedergabe der Meßergebnisse an Hand einiger aus der Praxis entnommener Beispiele erläutert.

2. Grundlagen des statischen Dehnungsmeßverfahrens

Zunächst zur statischen Dehnungsmessung, wie diese bei Druckproben an Absperrorganen, Füllversuchen von Rohrleitungen u. a.
eingesetzt wird.
Bild 2 zeigt die Meßkette und gleichzeitig die zur Spannungsbestimmung erforderliche Meßwertverarbeitung. Die Meßkette besteht z. B. aus einer DMS-Rosette mit 3 Meßrichtungen zur Ermittlung der für die Spannungsbestimmungen erforderlichen 3 Meß-
größen, die Hauptdehnungen ε_1 und ε_2 und die Hauptrichtung φ .

Der Meßort im Medium, also im Wasser oder außerhalb desselben,
ist durch eine im allgemeinen lange Meßleitung mit der eigentlichen Meßeinrichtung verbunden.
Für die Meßleitungen von Unterwassermeßstellen, die mittels
Stopfbüchse nach außen geführt werden, genügt wegen der Wärme-
trägheit des Mediums eine sog. Zweileiterschaltung. Dagegen
kommt für Außenmeßstellen eine den Temperaturfehler der Leitung
selbstkompensierende Dreileiterschaltung zur Anwendung.

Die meist in größerer Anzahl vorhandenen Meßstellen werden entweder von Hand aus oder automatisch im Zeitmultiplex-Verfahren
nacheinander an die Meßbrücke geschaltet, mit Hilfe letzterer die
Dehnung ε bestimmt und anschließend digital zur Anzeige gebracht
wird.

Wichtig ist die Anwendung des sogenannten Trägerfrequenzver-
fahrens, bei dem der DMS mit Wechselstrom häufig mit der Frequenz
f = 225 Hz gespeist wird. Das Verfahren ist dadurch besonders für
statische Langzeitmessungen geeignet und erlaubt vor allem die
Verwendung unabgeschirmter Meßkabel. Dies ist bei großen Entfernungen zwischen Meßort und Meßbrücke sowohl aus Kostengründen
als auch für die Unterdrückung von elektromagnetischen Störeinflüssen sehr wesentlich.
Die folgende Registrierung der Meßwerte erfolgt entweder von Hand
aus oder man setzt einen Kleincomputer mit Magnetbandkassette zur
Datenspeicherung und integriertem Plotter ein. Im Bild sind zu
jedem der vier Teile der Meßkette, die Einflußgrößen sowie die
möglichen Fehlerquellen angegeben. Die am häufigsten auftretenden
und insbesondere für Unterwassermessungen äußerst kritischen Fehlerquellen sind:
<u>für den DMS</u> - Fehlerhafte Applikationen, Isolationsfehler, Feuchte,
            Kapillarwirkung des Wassers,
<u>für die Meßleitung</u> - mechanische Überbeanspruchung durch die Was-
            serströmung, Isolationsfehler infolge eindringen-
            den Wassers.

Hinsichtlich der Auswertung können sich durch eine nicht fach-
gerechte Spannungsbestimmung ebenfalls Fehler ergeben:

Beispiele dafür sind die Verwendung der Ergebnisse einachsiger
Dehnungsmessungen zur Spannungsbestimmung bei mehrachsigem
Spannungszustand oder die Berechnung von Vergleichsspannungen aufgrund zweiachsiger Dehnungsmessungen, bei denen jedoch die Meßrichtungen nicht mit den Hauptrichtungen übereinstimmen m.a.W.,
wenn an einem Meßort ohne Kenntnis der bei der Belastung herrschenden Hauptrichtung eine zweiachsige DMS-Rosette appliziert
wird. Im letzteren Fall entsprechen dann die gemessenen Dehnungen
meist nicht den Hauptdehnungen ε_1 und ε_2, wie dies jedoch für die
Spannungsberechnung vorausgesetzt wird.
Bei Unklarheit über die Lage der Hauptspannungsrichtung im Meßort sind unbedingt 3-achsige DMS-Rosetten zu applizieren.

Die Meßwertverarbeitung, also im vorliegenden Fall die Spannungsberechnung, erfolgt mit oder ohne EDV-Unterstützung jeweils nach dem gleichen Auswertungsprogramm, das in <u>Bild 3</u> als Flußdiagramm wiedergegeben ist.

Eingabengrößen sind z.B. die drei Dehnungen der $0°/45°/90°$-DMS-Rosette und der jeweilige Wasserdruck p der Druckstufe.

Weitere Eingabegrößen sind der k-Faktor des DMS und der jeweilige Leitungswiderstand des Meßkabels.

Die Bestimmung der Hauptspannungen σ_1 und σ_2 erfolgt nach den bekannten mathematischen Beziehungen der Festigkeitslehre, also aus den Hauptdehnungen ε_1 und ε_2; der Berechnung der Vergleichsspannung σ_V wird eine für den Werkstoff zutreffende Festigkeitshypothese zugrundegelegt. Ausführliche Hinweise für die Auswertung und Spannungsberechnungen sind z.B. in /1/ enthalten.

Die wichtigsten Auswerte-Ergebnisse einer Untersuchung sind:

1. Die maximale Vergleichsspannung σ_V, für zähe Werkstoffe berechnet nach Gestaltänderungsenergiehypothese (GEH),
2. die Dehnung ε bei der höchsten Druckstufe p_{max},
3. die Dehnungsänderung $\Delta\varepsilon$ während einer (zeitlich festgesetzten) Konstanthaltung des Prüfdruckes p_{max},
4. die Restdehnung ε_r nach der Entlastung. Diese wird im allgemeinen verursacht durch Zwängspannungen, die infolge Reibungshysteresis bei Be- und Entlastung des Meßobjektes sowie durch eine bleibende Dehnung bei allfälligem Fließen des Werkstoffes auftreten können.

3. Beispiel zum statischen Dehnungsmeßverfahren

"Füllprobe einer Rohrleitung, Spannungsbestimmung an der Flanschverbindung einer Turbinenabsperrklappe."

Anläßlich der Füllprobe einer Rohrleitung wurden u.a. Dehnungsmessungen im Bereich des extrem beanspruchten Querschnittes der bergseitigen Flanschverbindung einer Absperrklappe NW 2600 durchgeführt. Aus der in <u>Bild 4</u> wiedergegebenen Schnittzeichnung durch das Kraftwerk geht die Lage der untersuchten Flanschverbindung hervor.

Da bei der Füllprobe die für den maximalen Betriebsdruck ermittelten Spannungen an drei auf der Außenseite im Bereich der Mittelebene der Rohrleitung liegenden Meßorte über der zulässigen Grenze lagen, wurde zwecks Ausgleich der großen Spannungen vorgeschlagen, den Verstärkungsring der Flanschverbindung im Bereich der Nabe zu schwächen und eine Wiederholungsmessung durchzuführen.

<u>Bild 5</u> zeigt die Anordnung der Meßkette an der Außenseite im Bereich der Mittelebene mit 6 Meßorten, verteilt auf den Verstärkungsring des Rohrflansches und auf die Rohrleitung (Meßorte 16 bis 22).

Die Meßrichtungen in Meßorten mit zweiachsiger Dehnungsmessung entsprechen jeweils der Strömungsrichtung (Index A) und der Umfangsrichtung (Index U).

Bei dem 1.Füllversuch wurden die größten Spannungen am Meßort 19 der Meßkette sowie am Meßort 24 ermittelt. Letzterer war auf der Außenseite der Rohrleitung in Richtung einer Rippe des Klappengehäuses angeordnet.

<u>Zahlentafel 1</u> zeigt einen Auszug aus den Meß- und Auswerteergebnissen für drei Druckstufen.

Die Werte für den maximalen Betriebsdruck p = 4,55 bar sind Rechenwerte, die aufgrund der Meßreihe mit ansteigenden Druckstufen (bis p = 3,21 bar) durch Extraploieren bestimmt wurden.

Der 2.Füllversuch, für den der Verstärkungsring des Rohrleitungsflansches im Bereich der Nabe verlaufend abgeschliffen worden war, wurde 25 Tage später mit der gleichen Meßstellenanordnung durchgeführt.

In der Zwischenzeit war keine Entleerung der Rohrleitung erfolgt.

Aus <u>Zahlentafel 2</u>, ein Auszug aus den Meß- und Auswerteergebnissen des 2. Versuches, ist bereits aus der Anschlußmessung (Rohrleitung noch gefüllt), Messung Nr. 1, eine deutliche Spannungsverminderung an den Meßorten 19 und 24 ersichtlich.

Die folgende Messung nach Entleerung der Rohrleitung zeigt keine maßgeblichen Restdehnungen.

Die Meßwerte des folgenden 2.Füllversuches stimmen für die maximale Druckstufe, Messung Nr. 9, mit den Meßwerten der Messung Nr.1 gut überein.

Der Vergleich der Spannungen aus beiden Füllversuchen zeigt die erwartete Herabsetzung der Beanspruchungen an den Meßorten mit den größten ermittelten Vergleichsspannungen. Für den Meßort 19 beträgt die Reduzierung rund 36 %, für Meßort 24 etwa 20 %.

Die Gesamtauswirkung des Verschleifens (zum Abbau der großen Spannungen am Übergang vom Verstärkungsring des Rohrleitungsflansches zur Rohrleitung) geht aus <u>Bild 6</u> hervor.

Die beiden Diagramme über die Spannungsverteilung entlang der Meßkette 16 bis 22 (Bereich Mittelebene Rohrleitung) im 1. und 2. Füllversuch veranschaulichen den erreichten Ausgleich. Der

Abbau der ursprünglich zu großen Spannungen im Bereich des Meßortes 19 bewirkt zwar einen Anstieg der Spannungen im Bereich
des Meßortes 17, welcher jedoch gering ist.

Durch die getroffenen Maßnahmen konnten die dem maximalen Betriebsdruck $p = 4,55$ bar entsprechenden ursprünglich zu hohen
Vergleichsspannungen auf Werte reduziert werden, die genügend
unter den zulässigen Höchstwerten für Bauteil und Werkstoff liegen.

4. Grundlagen des dynamischen Dehnungsmeßverfahrens

Bild 7 zeigt die Meßkette für dynamische Dehnungsmessungen, einschließlich der angeschlossenen Meßwertverarbeitung, wie diese z.B.
für Betriebsmessungen an Wasserkraftanlagen eingesetzt wird.
Dem Aufbau der Meßkette liegen gegenüber dem statischen Meßverfahren vollkommen andere meßtechnische Gesichtspunkte zugrunde.
Bereits mit der Auswahl der DMS-Type und hinsichtlich der Applikation (Kleber und Abdeckung) wird dem dynamischen Vorgang
(Schwingbeanspruchung) Rechnung getragen. Der Nennwiderstand, der
für statische Messungen zur Minderung von Störeinflüssen möglich
niedrig gehalten wird, richtet sich bei dynamischen Messungen
nach der zur Verfügung stehenden Stromversorgung:
Die Meßleitungen, ausschließlich in abgeschirmter Ausführung,
erlauben maximale Längen bis etwa 100 m.
Bei drehendem Meßobjekt erfordert die Meßsignalübertragung spezielle Einrichtungen. Die herkömmliche Übertragung mit Schleifringen wird heute meist durch berührungslose Meßwertübertragung
(kapazitive, induktive oder Funk-Übertragung) ersetzt.

Jede Meßstelle am Meßobjekt erfordert einen eigenen Übertragungskanal (bis zur Registrierung). Die erforderliche Meßfrequenzbandbreite wird durch den zeitlichen Verlauf des dynamischen Vorganges am Meßobjekt bestimmt. Für dynamische Messungen im Maschinenbau wird meist mit einer Frequenzbandbreite von 0 bis
1500 Hz das Auslangen gefunden.

Im allgemeinen erfordert die Meßwertverarbeitung, die außer der
Spannungsbestimmung häufig auch Frequenzanalysen beinhaltet,
die Speicherung der Dehnungsmeßwerte zunächst auf Magnetband.
Eine rationelle Auswertung des meist sehr umfangreichen Datenmaterials ist nur mit Hilfe von EDV-Unterstützung möglich. Dabei
übernimmt meist ein Kleincomputer alle erforderlichen Rechenoperationen. Die Wiedergabe der Meß- und Auswerte-Ergebnisse erfolgt mittels Plotter. Dabei wird im Off-Line-Betrieb gearbeitet.

Für die Meßwertkontrolle und gelegentliche ON-Line-Auswertung
mittels Analogrechner dient ein vielspuriger Lichtstrahloszillo-
graf bzw. ein Oszilloskop.

Ein wichtiger Teil der Meßkette ist der Betriebsarten-Wahlschal-
ter. Im Schalter laufen zunächst alle Meßkanäle vom Meßobjekt
und Magnetbandspeicher sowie von den Peripheriegeräten (Oszilloskop, Rechner) zusammen. Der Wahlschalter erlaubt die notwendigen
Schaltverbindungen für Meßwertaufnahme, - Wiedergabe, Registrierung und Datenverarbeitung herzustellen.

Der Geräteaufwand ist für dynamische Dehnungsmessungen ein viel-
facher gegenüber jenem bei statischen Messungen.
Die Kompliziertheit der Erfassung dynamischer Meßwerte und deren Auswertung macht diesen großen Aufwand jedoch erforderlich.
Andererseits rechtfertigen im allgemeinen die aus den Messungen
gewonnenen Erkenntnisse bzw. der resultierende betriebswirt-
schaftliche Nutzen den höheren Einsatz.
Hinsichtlich der Einflüsse und möglichen Fehlerquellen gilt für
das dynamische Meßverfahren bis auf einige wenige Ausnahmen -
z.B. ist eine große Langzeitkonstanz der Meßkette wegen der meist
relativ kurzen Versuchsdauer nicht erforderlich - grundsätzlich
das gleiche wie für das statische Meßverfahren (Bild 2).

Das Flußdiagramm der Meßdatenauswertung, __Bild 8,__ entspricht bis
zur Berechnung der Vergleichsspannung für mehrachsigen Spannungszustand dem des statischen Dehnungsmeßverfahrens. Für die Bestimmung der Vergleichsspannung darf nach neueren Erkenntnissen,
sobald eine Drehung der Hauptrichtung während des Lastspiels erfolgt, nicht mehr die Gestaltänderungsenergiehypothese angewendet werden. Nur für den Fall, daß die Änderung der Hauptrichtung
(HR)$\Delta\varphi = 0$ ist, ist für Schwingbeanspruchung eine Berechnung der
Vergleichsspannung aus einem statischen und einem dynamischen Anteil $\sigma_v = \sigma_{vm} \pm \sigma_{va}$ wie in /2/ angegeben, zulässig.

Für alle anderen Fälle wird die Berechnung nach einer der neuen
Festigkeitshypothesen z.B. der Schubspannungsintensitätshypothese
(SIH) oder nach der "Allgemeinen quadratischen Versagensbedin-
gung" empfohlen. /4 , 5/.

Ein typischer Fall für das Drehen der HR liegt bei mehrachsigem
Spannungszustand vor, wenn der Wechselbeanspruchung eine statische Beanspruchung überlagert ist. Ein Beispiel dafür ist die
umlaufende Antriebswelle, bei der (im stationären Betriebszustand) der statischen Torsionsbeanspruchung eine Biegewechsel-

beanspruchung (infolge Eigengewicht und Lagerwirkung) überlagert
ist.

5. Beispiel zum dynamischen Dehnungsmeßverfahren

"Bestimmung der Betriebsbeanspruchungen am Laufrad einer Peltonturbine."

Anläßlich eines Großschadens an der Peltonturbine eines 23 MW
Maschinensatzes, der nach rund 15000 Betriebsstunden durch Bruch
des Laufrades auftrat, wurden nach dem Einbau des Reserverades
Dehnungs- und Schwingungsmessungen durchgeführt. Die Schadens-
untersuchung des Laufrades hatte ergeben, daß die Bruchursache
auf einen Gewaltbruch als Folge eines Dauerbruches zurückzuführen war. Die lange Betriebsdauer (9 1/2 Jahre) bis zum Auftreten des Bruches ließ vermuten, daß die Beanspruchungen nur zeit-
weilig die Dauerschwingfestigkeit erreichten bzw. überschritten.
Resonanzerscheinungen bewirken z.B. eine solche Steigerung der
Beanspruchung. Sie brauchen bekanntlich auch nur unter gewissen
Betriebsbedingungen, die seltener vorkommen, auftreten.

Ziel der Betriebsmessungen war:
1) Die Ermittlung der Spannungen im Werkstoff, die bei den Betriebszuständen Anfahren, Last und Bremsen in den Schaufeln,
   im Radkranz und in der Radscheibe auftreten. Insbesondere
   sollten die Beanspruchungen in der Zone des am havarierten
   Rad aufgetretenen Dauerbruches sowie an jenen Stellen gemessen werden, an denen bei Kontrollen des Reserverades wie-
   derholt Risse festgestellt worden waren;
2) den Zusammenhang zwischen Drehzahl und Frequenz bzw. Schwingungsform der auftretenden Störschwingungen zu ermitteln.

Entsprechend dieser Zielsetzung wurde die Adaptierung der Meßstellen durchgeführt.

Einen Überblick über die Lage der Meßstellen gibt <u>Bild 9</u>. Insgesamt wurden 36 Meßstellen mit 14 DMS-Rosetten (zur Erfassung
des an der Oberfläche allgemein herrschenden 2-achsigen Spannungszustandes) und 22 Einfach-DMS (die vornehmlich zu Ver-
gleichszwecken dienen sollten) über eine Radhälfte (Laufrad mit
26 Schaufeln) appliziert, <u>Bild 10</u>.

Die größten Beanspruchungen wurden erwartungsgemäß am Übergang
Schaufel - Kranz, also an Meßstellen jeweils am Schaufelfuß festgestellt.

Bild 11 zeigt z.B. die Meßstelle M5, die innerhalb der Rißzone
des Reserverades bzw. in der Dauerbruchzone des havarierten Rades
liegt.

Für stationäre und instationäre Betriebszustände zeigt Bild 12
die Gleich- und Wechselspannungsanteile (aufgetragen über die jeweilige Drehzahl n) beim Durchfahren eines vollen Betriebszyklus-
ses mit Abschaltung der Turbine durch "Schnellschluß".

Die beim Anfahren und Abschalten auftretenden Schwingfrequenzen
(bzw. bei gleichzeitigem Auftreten von mehreren Frequenzen die
amplitudenmäßig dominierende Frequenz) sind in Klammern angeführt.

Im Lastbetrieb (stationärer Betriebszustand) entspricht der
Wechselbeanspruchung einer Pulsschwingung mit der Periode T =
0,8 s (Bild 17).

Das vom gleichen Betriebszustand ermittelte Resonanzspektrum zeigt
Bild 13. Vor den Betriebsversuchen waren im Standschwingungs-
versuch die Eigenfrequenzen und die dazugehörigen Schwingungsfor-
men (Eigenformen) des eingebauten Laufrades bestimmt worden. Zahlentafel 3.
Die im Betrieb gemessenen Resonanzfrequenzen stimmen mit den gemessenen Eigenfrequenzen überein. Wie aus Bild 4 ersichtlich, tritt
z.B. eine Schwingbeanspruchung mit der Frequenz f = 268 Hz im wesentlichen bei vier Drehzahlen auf. Aus Zahlentafel 3 geht hervor,
daß das Rad bei f_o = 269 Hz eine sog. Fächerschwingung mit einem
Knotenkreis und drei Knotendurchmessern ausführt. Interessant ist,
daß die Fächerschwingung mit i = 1, k = 3 in Bild 14 als umlaufende, axiale Verformungswelle (der Ordnungszahl r = 3), mit der Win-
kelgeschwindigkeit ω = 563 rad/s auftritt und das Rad rund 90 mal
in der Sekunde in dessen Umdrehungsrichtung durchläuft. Diese Daten werden aus der Phasenverschiebung der Meßsignale von mehreren
über den Umfang angeordenten, gleichausgerichteten Dehnungsmeßstreifen, am genauesten durch Kreuzkorrelation von jeweils zwei
Signalen gefunden.
Einige Auszüge aus den Registrierschrieben der Meßstelle M5 bei
stationären und instationären Betriebszuständen der Turbine sollen
die aufgezeigten Ergebnisse vervollständigen. Bild 15 zeigt zunächst den Übersichtsschrieb der Meßstelle M5 beim Bremsen mit einer Bremsdüse (Abschalten durch "Schnellschluß"). Die Aufzeichnung
der einzelnen Meßgrößen von oben nach unten sind: Drehzahl n, die
Dehnungen ε_a, ε_b, ε_c der DMS-Rosette und die im On-Line Betrieb
berechneten Hauptspannungen σ_1, σ_2 und die Hauptrichtung /2,3/

<u>Bild 16</u> zeigt mit 120-facher Zeitdehnung einige Schwingungsperioden der Resonanzstelle mit der größten Beanspruchung, die bei der Drehzahl n = 698 (Ausschnitt A des Übersichtsschriebes) auftritt. Dehnungen und Hauptspannungen verlaufen annähernd sinusförmig und sind nahezu phasengleich. Der Verlauf der Hauptrichtung während der Schwingungsperiode zeigt aber, daß die Hauptrichtung nicht konstant ist, sondern um $\Delta \varphi = 90^{\circ}$ dreht.

Wesentlich unterscheidet sich davon der Verlauf von Dehnung, Spannung und Hauptrichtung bei <u>stationärem Betriebszustand.</u>
<u>Bild 17</u> gibt den Verlauf (bei gleichem Maßstab, jedoch mit um den Faktor 10 kleinerer Zeitdehnung) für den Lastbetrieb P = 23 MW (Nenndrehzahl n = 750 U/min) wieder. Die Hauptrichtung dreht in diesem Fall während einer Schwingungsperiode um etwa $\Delta \varphi = 15^{\circ}$.

Die Hauptrichtung (HR) ist also sowohl bei stationärem als auch bei instationärem Betriebszustand nicht konstant, wie dies die Berechnung der Vergleichsspannung σ_v nach der Gestaltänderungsenergiehypothese (GEH) voraussetzt.
Da sich die z.B. für die SIH erforderlichen umfangreichen Rechenprogramme z.Zeit an unserer Anstalt noch in Ausarbeitung befinden, wurde die Vergleichsspannung σ_v als Näherungslösung nach dem bisher üblichen Verfahren mit Hilfe der GEH bestimmt /2/. Danach wird die Vergleichsspannung nach folgenden Beziehungen in einen statischen und einen dynamischen Anteil zerlegt:

$$\sigma_V = \sigma_{vm} \pm \sigma_{va} \qquad \text{mit}$$

$$\sigma_{vm} = \sqrt{\sigma_{1m}^2 + \sigma_{2m}^2 - \sigma_{1m}\sigma_{2m}} \qquad \text{und}$$

$$\sigma_{va} = \sqrt{\sigma_{1a}^2 + \sigma_{2a}^2 - \sigma_{1a}\sigma_{2a}}$$

Das Diagramm in Bild 12 entspricht diesen so berechneten Spannungen.
Entsprechend den Meßergebnissen und der Einbeziehung der Korrosionseinwirkung erschien eine Herabsetzung der Schwingbeanspruchung zur Vermeidung neuer Schäden dringend erforderlich. Als Maßnahmen boten sich im vorliegenden Fall an:

a) Durch Verstärken des Rades im Kranz sowie Verbesserung der Formgebung an den Übergangsstellen von Schaufel zum Laufkranz, Abbau der Schwingbeanspruchung an den Kerbstellen

b) Herabsetzen der Stoßerregung beim Bremsen durch Änderung der Anordnung sowie Ausführung der Bremsdüsen

Beide Vorschläge wurden ausgeführt. Durch gleichzeitige Verwendung eines Werkstoffes mit besseren Eigenschaften sind nach Einbau der neuen, verbesserten Radkonstruktion bisher keine neuerlichen Schäden aufgetreten.

Wie sich aufgrund der gewonnenen Erfahrungen durchgeführte konstruktive Verbesserungen auswirken, soll anhand einiger Meßergebnisse, ermittelt an einer Laufrad-Neukonstruktion, gezeigt werden. Es handelt sich dabei um das Laufrad einer Peltonturbine mit etwa 10-facher Leistung wie im Schadensfall.

Die Neukonstruktion unterscheidet sich gegenüber dem früheren Laufrad im wesentlichen durch folgendes:

- Statt einer eindüsigen Ausführung mit einer Bremsdüse handelt es sich um eine sechsdüsige Maschine, die auch mit zwei oder vier Düsen betrieben werden kann (Maximallasten P = 70, 140 und 210 MW), sowie zwei symmetrisch angeordneten Bremsdüsen.

- Der Laufkranz ist wesentlich stärker ausgeführt, das Verhältnis Schaufelhöhe zum Radscheibendurchmesser ist etwa 1 : 5,3 gegenüber einem Verhältnis 1 : 6,8 beim erstuntersuchten Laufrad. Die gedrungenere Bauweise wirkt sich hinsichtlich der unerwünschten Anregung von Scheibenschwingungen (Fächerschwingungen) günstig aus.

- Bei 23 Schaufeln beträgt die Nenndrehzahl n_N = 500 U/min.

Die größte Schwingbeanspruchung wurde wieder am Übergang Schaufel - Kranz ermittelt. Zwecks Gegenüberstellung, die Meßwerte an der vergleichbaren Meßstelle M11 (Schaufelfuß):

Im (stationären) Lastbetrieb unabhängig von der Düsenanzahl bzw. Leistungsstufe beträgt die Schwingbeanspruchung im Mittel

$$\sigma_V \;=\; 36 \pm 13 \; \text{N/mm}^2$$

Diese liegt in der gleichen Größenordnung wie beim erstuntersuchten Laufrad.

Wesentliche Unterschiede bestehen jedoch gegenüber dem erstuntersuchten Laufrad für die instationären Betriebszustände Anfahren und Abschalten.

Resonanzerscheinungen treten nur beim Abschalten und auch dort nur bei wenigen Drehzahlen auf. <u>Bild 18</u> zeigt den Auszug des Registrierschriebes mit den größten gemessenen Schwingbeanspruchungen für den Bremsvorgang bei "Schnellschluß". Maßgebliche Werte ergeben sich bei folgenden Drehzahlen und zwar für ein und dieselbe Schwingfrequenz f = 573 Hz:

$$n = 487 \; \text{U/min} \qquad \sigma_V = 9 \pm 51 \; \text{N/mm}^2$$

- 78 -

$$n = 492 \text{ U/min} \qquad \sigma_v = 5 \pm 40 \text{ N/mm}^2$$
$$n = 483 \text{ U/min} \qquad \sigma_v = 5 \pm 35 \text{ N/mm}^2$$

die größte Schwingbeanspruchung ergibt sich bei der Drehzahl n = 487 U/min und ist um rund 1/3 kleiner als beim erstuntersuchten Laufrad. Wie das dazugehörige Resonanzspektrum <u>Bild 19</u> zeigt, tritt eine Resonanzanregung im wesentlichen nur für die Eigenschwingungszahl f = 573 Hz auf.

Bei dieser Eigenschwingungszahl mit f = 573 Hz wird, wie dies das Ergebnis des Standschwingungsversuches zeigt, ausschließlich die Schaufel zu Torsionsschwingungen angeregt. Fächerschwingungen der Radscheibe, wie diese zu einer größeren Anzahl maßgeblicher Schwingbeansprchungen beim Durchfahren der Drehzahlen des erstuntersuchten Laufrades führten, werden nicht angeregt.

Zur Vervollständigung der Meßergebnisse des Registrierschriebes in <u>Bild 20</u>, welcher den Ausschnitt A von Bild 18 (Bremsvorgang) in 120-facher Zeitdehnung wiedergibt. Die Dehnungskomponenten ε_a und ε_c sind klein gegenüber der Komponente ε_b. Das bedeutet, daß im wesentlichen Torsionsbeanspruchung vorliegt. Übereinstimmend damit sind die Hauptspannungen σ_1 und σ_2 etwa gleich groß und in Gegenphase. Die HR springt während der Schwingungsperiode um $\Delta\varphi = 90^\circ$. Dies steht in Übereinstimmung mit der für die Frequenz f = 573 Hz als Eigenform der Schaufel ermittelten Torsionsschwingung.

6. Zusammenfassung

Die Kenntnis empirisch ermittelter Betriebsbeanspruchungen stellt einen wesentlichen Beitrag zur Vermeidung von Schwingungsschäden an Laufrädern von Wasserturbinen. Außer den Hinweisen für allfällige Konstruktionsänderungen liefern die Meßergebnisse jene Unterlagen, wie diese für die experimentelle Bestimmung der Betriebsfestigkeit des Werkstoffes und für eine Lebensdauervorhersage bis zur Rißbildung sowie bis zum Bruch benötigt werden. In weiterer Folgerung dazu sind die Meßergebnisse mitbestimmend für die Festlegung der Inspektionsintervalle. Der nicht unerhebliche Aufwand der Betriebsmessungen hinsichtlich Dehnungsmeßstreifenapplikation und Meßeinrichtung erscheint jedoch im Hinblick auf die gewonnenen Kenntnisse über Größe und Art der bei stationären und instationären Betriebszuständen der Turbine am Laufrad auftretenden Beanspruchungen gerechtfertigt.

Literatur

/1/ VDI-Richtlinien: Empfehlung für die Festigkeitsberechnung
     metallischer Bauteile, VDI 2226 (Juli 1965).

/2/ VDI-Richtlinien: Festigkeit bei wiederholter Beanspruchung.
     Zeit- und Dauerfestigkeit metallischer Werkstoffe, insbe-
     sondere von Stählen. VDI 2227, Entwurf, April 1974.

/3/ Tauffkirchen, W.; Benedikter, G.; Vogel, F.: Auswertung
     von Dehnungsmessungen bei mehrachsiger Schwingbeanspruchung.
     VDI-Berichte Nr. 366, 1980.

/4/ Zenner,H.; Heidenreich, R.; Richter, I.: Schubspannungs-
     intensitätshypothese-Erweiterung und experimentelle Ab-
     stützung einer neuen Festigkeitshypothese für schwingende
     Beanspruchung. Konstruktion 32 (1980) H.4.

/5/ Troost,A.; El-Magd, E.: Allgemeine quadratische Versagens-
     bedingung für metallische Werkstoffe bei mehrachsiger
     schwingender Beanspruchung. Metall 31 (1977) Nr. 7.

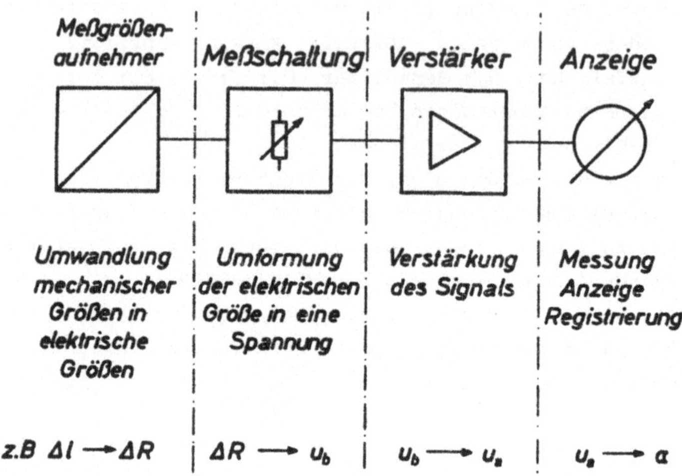

Bild 1: Meßkette zur elektr. Messung mechanischer Größen

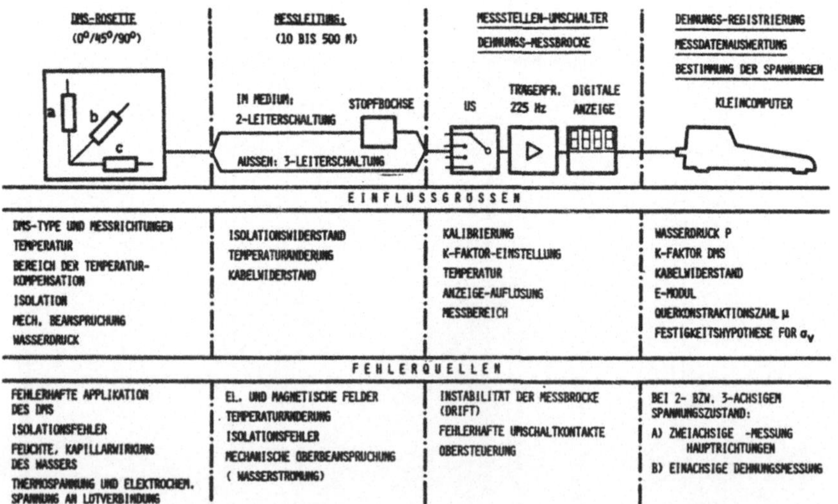

EINFLUSSGRÖSSEN			
DMS-TYPE UND MESSRICHTUNGEN	ISOLATIONSWIDERSTAND	KALIBRIERUNG	WASSERDRUCK P
TEMPERATUR	TEMPERATURÄNDERUNG	K-FAKTOR-EINSTELLUNG	K-FAKTOR DMS
BEREICH DER TEMPERATUR-KOMPENSATION	KABELWIDERSTAND	TEMPERATUR	KABELWIDERSTAND
ISOLATION		ANZEIGE-AUFLÖSUNG	E-MODUL
MECH. BEANSPRUCHUNG		MESSBEREICH	QUERKONSTRAKTIONSZAHL μ
WASSERDRUCK			FESTIGKEITSHYPOTHESE FÜR σ_v

FEHLERQUELLEN			
FEHLERHAFTE APPLIKATION DES DMS	EL. UND MAGNETISCHE FELDER	INSTABILITÄT DER MESSBRÜCKE (DRIFT)	BEI 2- BZW. 3-ACHSIGEN SPANNUNGSZUSTAND:
ISOLATIONSFEHLER	TEMPERATURÄNDERUNG	FEHLERHAFTE UMSCHALTKONTAKTE	A) ZWEIACHSIGE -MESSUNG HAUPTRICHTUNGEN
FEUCHTE, KAPILLARWIRKUNG DES WASSERS	ISOLATIONSFEHLER	ÜBERSTEUERUNG	B) EINACHSIGE DEHNUNGSMESSUNG
THERMOSPANNUNG UND ELEKTROCHEM. SPANNUNG AN LÖTVERBINDUNG	MECHANISCHE ÜBERBEANSPRUCHUNG (WASSERSTRÖMUNG)		

Bild 2: Meßkette für statische Dehnungsmessung an Wasser-kraftanlagen (Einflußgrößen und mögliche Fehlerquellen)

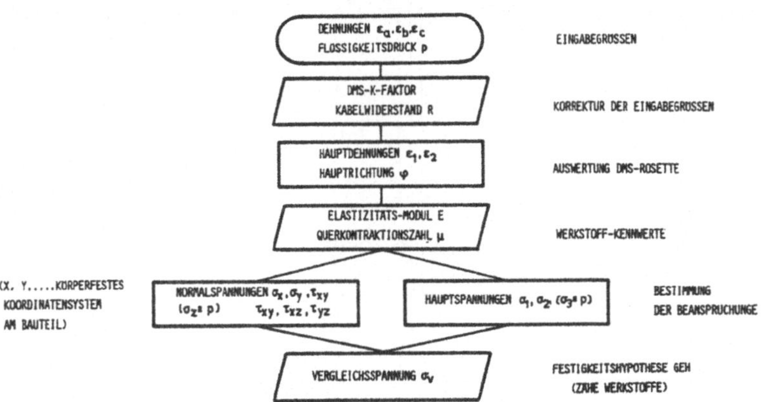

Bild 3: Flußdiagramm: Meßdatenauswertung und Spannungsbestimmung bei stat. Beanspruchung des Meßobjektes

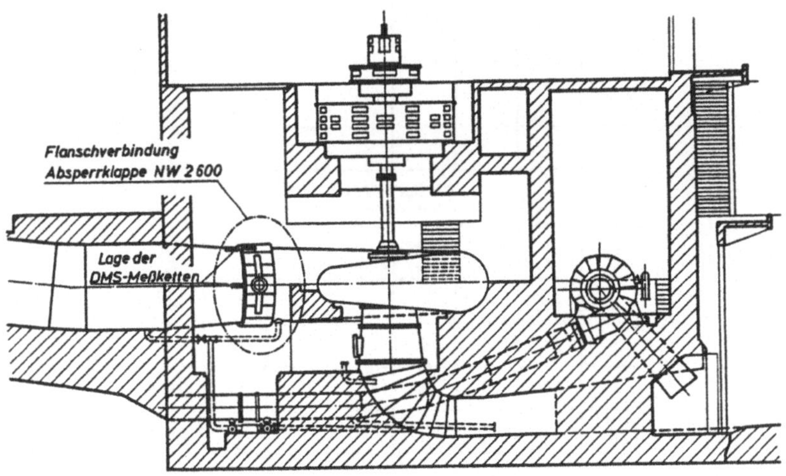

Bild 4: Lageplan der Turbinenabsperrklappe

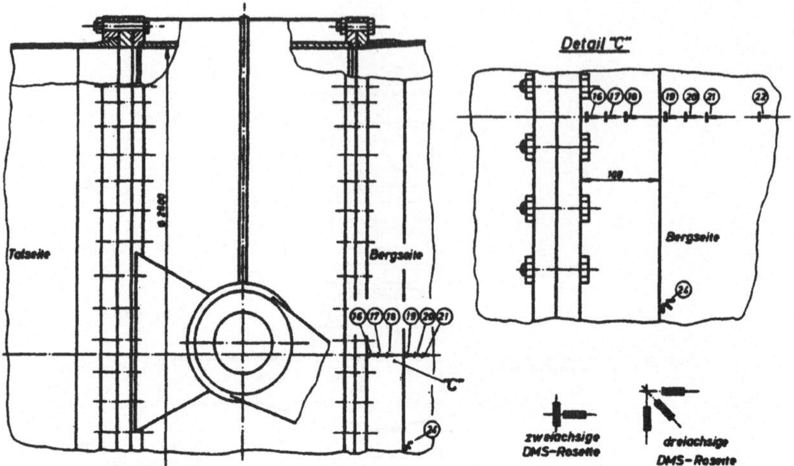

Bild 5: Anordnung der Meßorte an der bergseitigen Flansch-verbindung

Meßort M 24

Mes-sung Nr.	Druck p in bar	Dehnungen ε in µm/m		Winkel ψ in Grad	Spannungen σ in N/mm²		
		ε_1	ε_2		σ_1	σ_2	σ_v
3	1.2	140	101	-20	38	31	36
4	2.45	302	221	-19	83	71	78
6	3.31	478	334	-18	131	108	121
EXTRA-POLA-TION	4.55	-	-	-	-	-	155

Meßort M19

Mes-sung Nr.	Druck p in bar	Dehnungen ε in µm/m		Winkel ψ in Grad	Spannungen σ in N/mm²		
		ε_A	ε_U		σ_A	σ_U	σ_v
3	1.2	164	100	-	44	34	40
4	2.45	372	208	-	99	73	89
6	3.31	597	326	-	159	115	142
EXTRA-POLA-TION	4.55	-	-	-	-	-	179

Zahlentafel 1: Auszug aus den Meßergebnissen 1.Füllversuch; gemessene Größt-werte, Meßorte 19 und 24

Meßort M 24

Mes- sung Nr.	Druck p in bar	Dehnungen ε in μm/m		Winkel φ in Grad	Spannungen σ in N/mm²		
		$ε_1$	$ε_2$		$σ_1$	$σ_2$	$σ_V$
1	3,3	340	271	-20	97	86	92
4	0,16	33	10	-	8	5	7
5	0	0	0	-	0	0	-
9	3,34	349	286	-13	100	90	96
EXTRA- POLA- TION	4,55	-	-	-	-	-	125

Meßort M19

Mes- sung Nr.	Druck p in bar	Dehnungen ε in μm/m		Winkel φ in Grad	Spannungen σ in N/mm²		
		$ε_A$	$ε_U$		$σ_A$	$σ_U$	$σ_V$
1	3,3	335	230	-	92	76	85
4	0,16	27	11	-	7	4	6
5	0	0	0	-	0	0	-
9	3,34	356	226	-	97	76	88
EXTRA- POLA- TION	4,55	-	-	-	-	-	112

Zahlentafel 2: Auszug aus den Meßergebnissen
2.Füllversuch; gemessene Größtwerte, Meßorte 19 und 24.

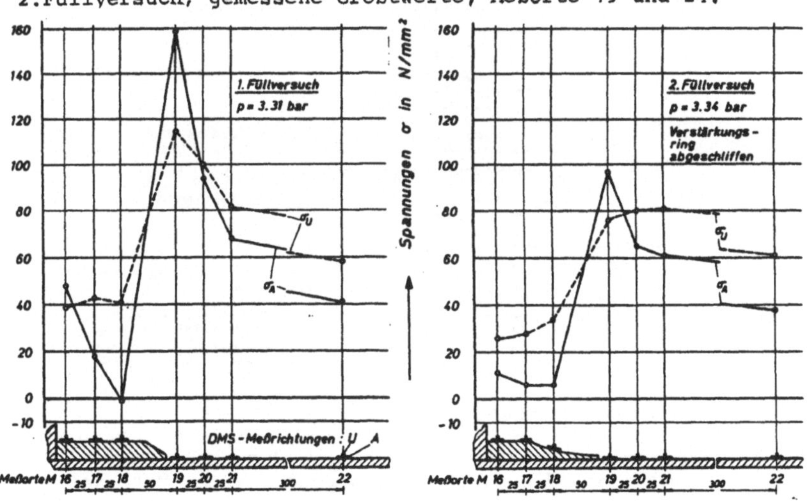

Bild 6: Gegenüberstellung der bei den Füllversuchen an der Flanschverbindung der Absperrklappe NW 2600 gemessenen Spannungen.

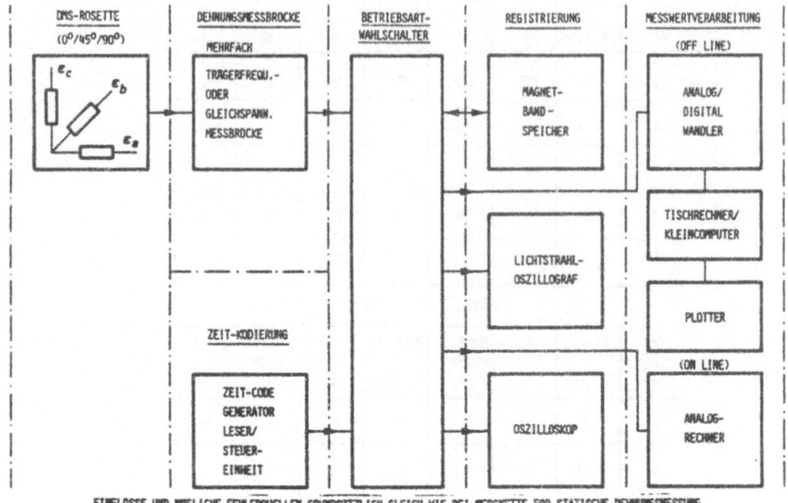

**Bild 7: Meßkette dynamischer Dehnungsmessung und Spannungs-
bestimmung an Wasserkraftanlagen**

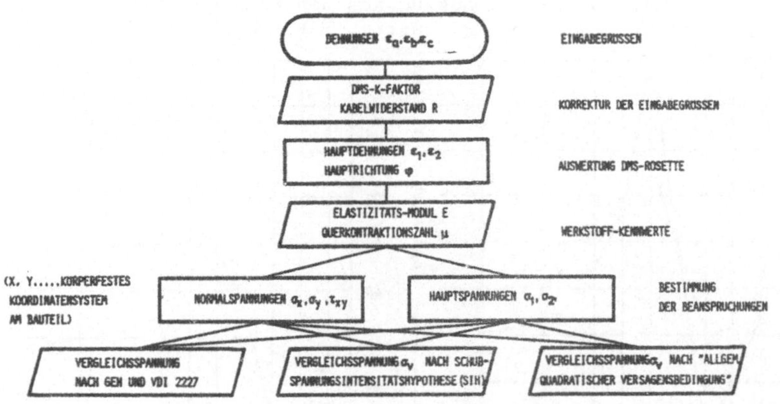

**Bild 8: Flußdiagramm Meßdatenauswertung und Spannungsbe-
stimmung bei dynamischer Beanspruchung des Meßobjekts**

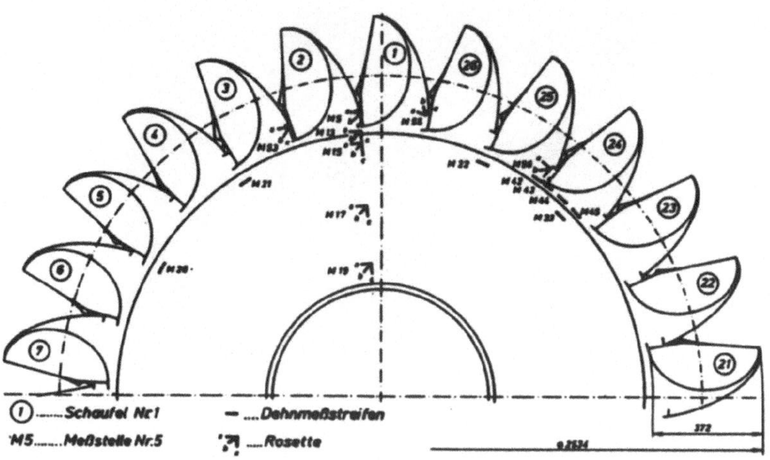

Bild 9: Lage der Meßstellen am Reserverad

Bild 10: Gesamtansicht der mit Dehnungsmeßstreifen adaptierten
          Radhälfte

Bild 11: Lage der Meßstelle M5 am Schaufelfuß des Reserverades

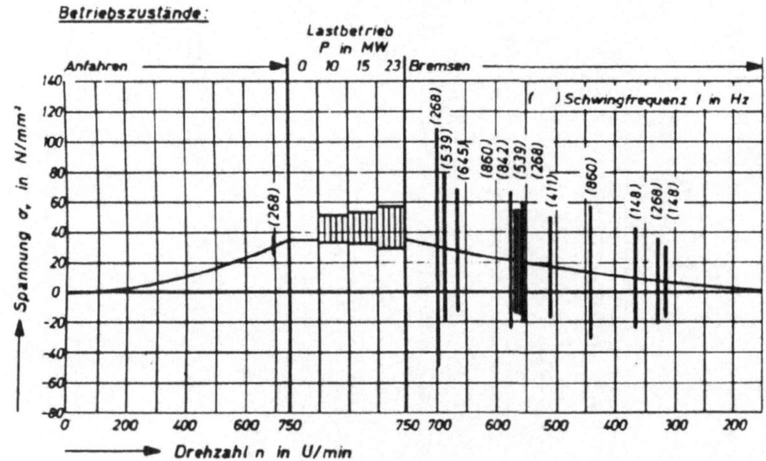

Bild 12: Prinzipieller Verlauf der Beanspruchung an der
Meßstelle M5 beim Durchfahren der verschiedenen
Betriebszustände.

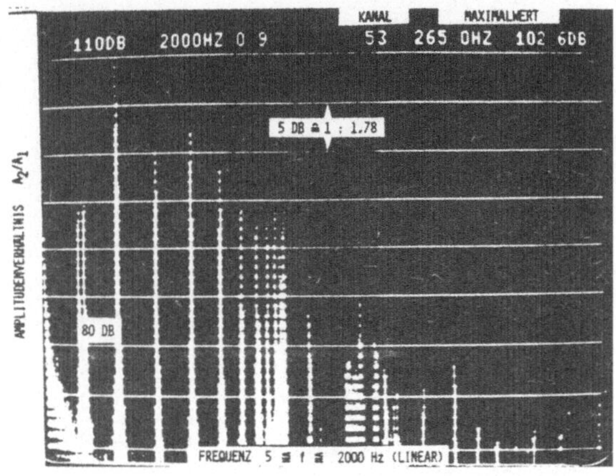

Bild 13: Resonanzspektrum beim Bremsen
(1 Bremsdüse)

SCHWINGUNGSFORM			RESONANZ-FREQUENZ f Hz	ANREGUNG AN			ANMERKUNG
	I	K		RAD	SCHAUFEL-ROCKEN	SCHAUFEL-SCHNEIDE	
A) ACHSIALE	1	0	129	X			SCHIRMSCHWINGUNG
BIEGE-	1	2	148	X	X		FÄCHERSCHWINGUNG
SCHWIN-	1	3	269	X	X		
GUNG DES	1	4	411	X	X		
RADES	1	5	539	X	X		
	1	6	645	X	X		
	1	7	721	X	X		
	1	8	778	X	X		
	1	9	816	X	X		
	1	10	842	X	X		
	1	11	860	X	X		
	1	12	867	X	X		
	1	13	873	X	X		
	2	2	778	X	X		
	2	3	960	X	X		
	2	4	1111		X	X	SCHEIBE ACHSIALE BIEGESCHWINGUNG, SCHAUFEL TORSIONS-SCHWINGUNG
B) SCHAUFELSCHWINGUNG			1087		X	X	
IN UMFANGSRICHTUNG			1115		X	X	
			1118		X	X	
			1123		X	X	
C) TORSIONSSCHWINGUNG			1106		X		
DER SCHAUFEL			1183		X		

Zahlentafel 3: Meßergebnisse des Stand-
schwingungsversuches

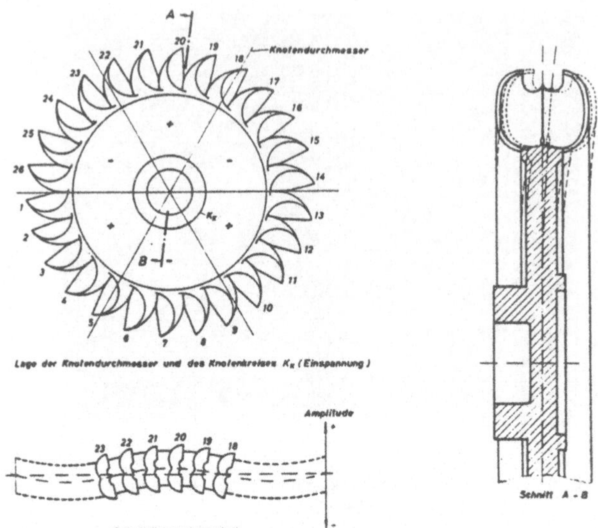

Bild 14: Schwingungsform des Peltonrades
bei n = 698 U/min; i = 1; k = 3;
f = 269 Hz

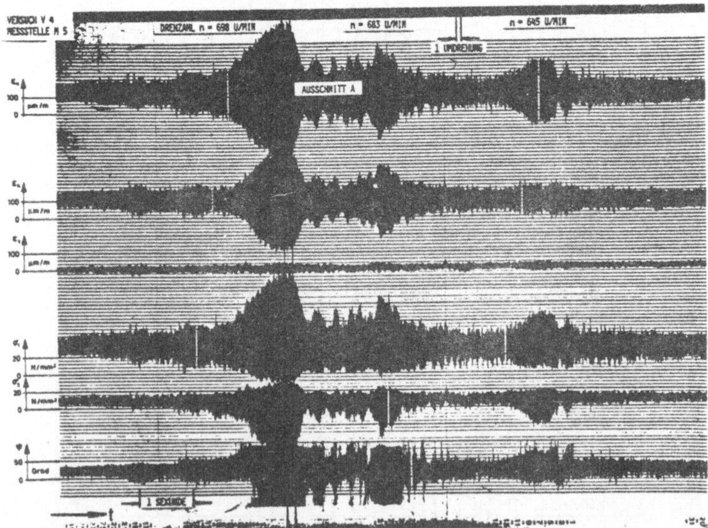

Bild 15: Registrierschrieb Meßstelle 5, Auszug Abschaltung
durch "Schnellschluß"

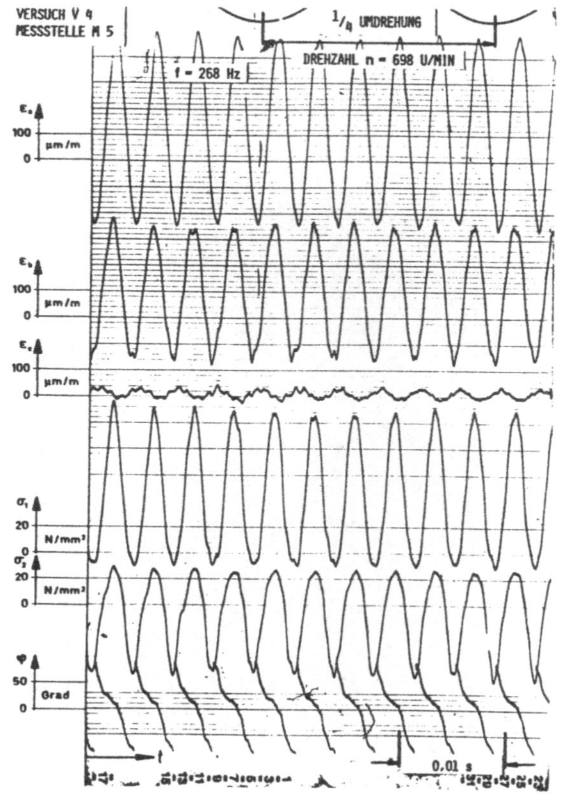

Bild 16: Registrierschrieb Meßstelle M5,
Abschnitt A im Bild 19 mit 120-facher Zeitdehnung

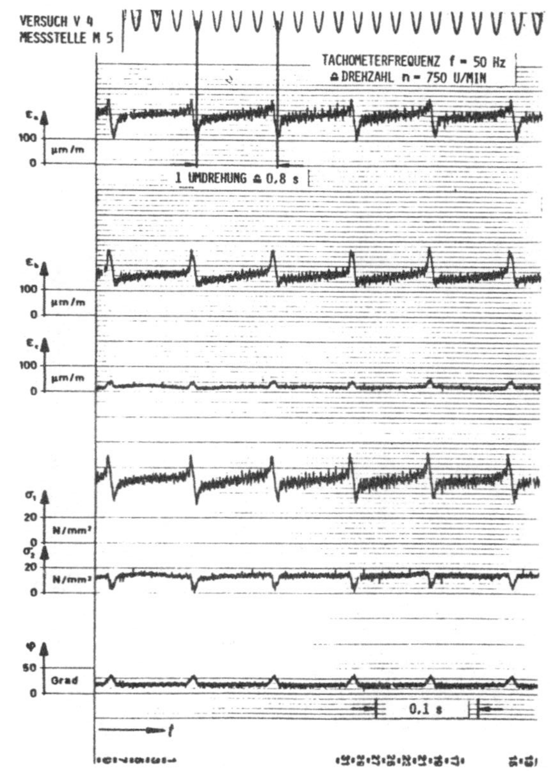

Bild 17: Registrierschrieb Meßstelle M5,
Lastbetrieb P = 23 MW

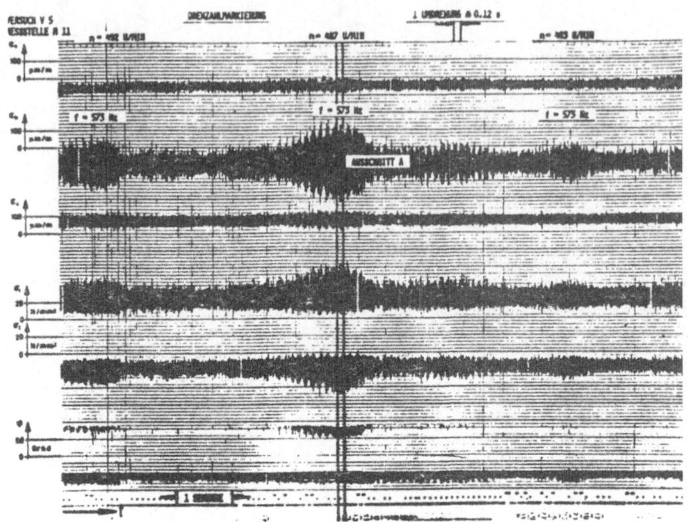

**Bild 18: Registrierschrieb Meßstelle M11,
Auszug Abschalten durch "Schnellschluß"**

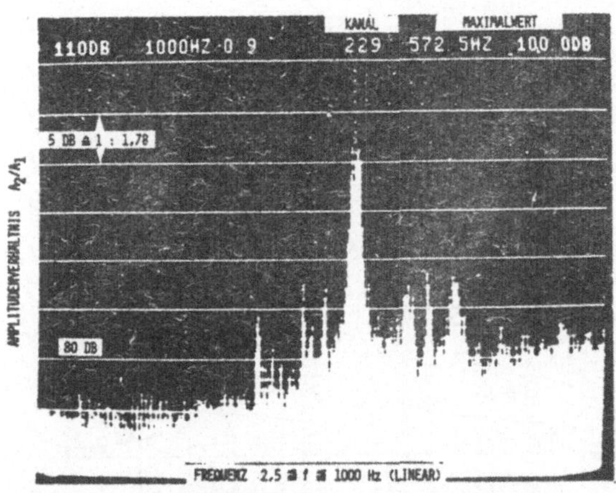

**Bild 19: Resonanzspektrum beim Bremsen
(2 Bemsdüsen)**

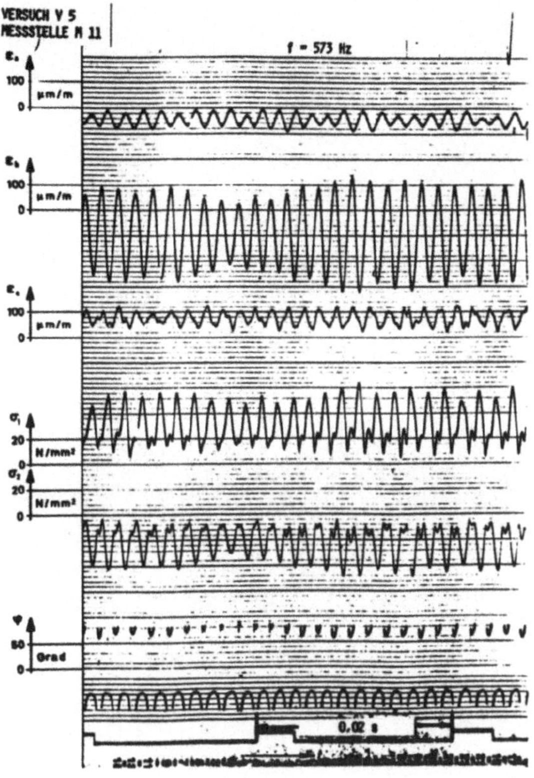

Bild 20: Registrierschrieb Meßstelle M11.
Ausschnitt A, Bild 18 mit 120-facher
Zeitdehnung

Besondere Maßnahmen bei der Qualitätssicherung
am Beispiel von schweren Stahlgußstücken
für hydraulische Maschinen

E. Zimmerl

1. Qualitätssicherung

Wenn man heute vom Begriff der Qualitätssicherung spricht, so
versteht man darunter alle geplanten und systematischen Aktivitäten, die das Vertrauen in ein zufriedenstellendes Betriebsergebnis sicherstellen.

Die Qualität selbst ist eigentlich ein relativer Begriff. Sie
ist eine Beschaffenheit, die vorgegebenen Anforderungen genügt.

So wird das Betriebsergebnis von der Bestellung über die Fertigung zur praktischen Bewährung geführt, nicht unter Außeracht-
lassung ständiger Beobachtung. Hier steht auch irgendwo der Schadensfall am Horizont, der naturgemäß bei der Herstellung des
Produktes als auch bei der Verwendung desselben beim Zusammen-
treffen verschiedenartiger Zustände auftreten kann.

Ein Schaden unabhängig von der Tragweite ist in jedem Fall immer
unangenehm genug für alle Beteiligten: Sowohl für den Besteller,
den Kunden, für den Erzeuger, als auch den Begutachter, sei es
nun für den Unternehmenseigenen - der Qualitätsstelle - oder dem
Unternehmensfremden - der Abnahmestelle.

Im Betrieb auftretende Schäden verursachen ungleich mehr Kosten,
die meist nur zu einem geringen Teil durch Versicherungsabschlüs-
se gedeckt werden können.

Damit sei auf den verantwortungsvollen Weg von der Herstellung
eines Produktes bis zur Endabnahme hingewiesen.

Am Beispiel von einigen Großgußstücken für das KW Malta, möchte
ich versuchen, Maßnahmen bei der Qualitätssicherung zu skizzie-
ren.

2. Geforderte Eigenschaften

Zu den wichtigsten druckführenden Teilen der hydraulischen Maschinen der Hauptstufe gehören neben den Sicherheitsabsperrorganen, den Kugelschiebern, die Gehäuse und Deckel, die Traversenringe und Spiralen der Speicherpumpen sowie die Düsenringleitungen.

Alle diese Bauteile wurden aus Stahlguß geplant und ausgeführt.

Neben den erforderlichen Festigkeits- und Zähigkeitseigenschaften wird gute Schweißbarkeit gefordert, dies vor allem auch wegen der meist notwendigen Reparaturschweißungen. Ebenso sind in vielen Fällen konstruktiv bedingte Schweißungen notwendig, manchmal auch wegen dem Transport oder gießtechnisch bedingt.

Für diese Gußstücke mit einem Gießgewicht von größer 100 t und ungefähr 500 mm Wanddicken wurde der Werkstoff

        GS-18 CrMoMn 9 10   gewählt.

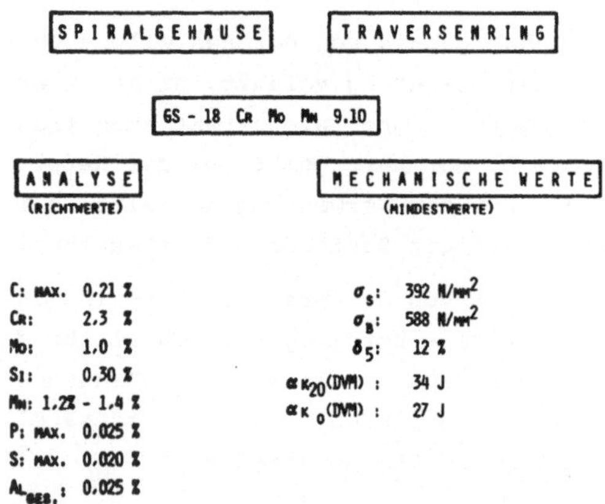

Als technologische Kennwerte werden folgende Mindestwerte gefordert:

$$\sigma_S = 392 \ \text{N/mm}^2 \qquad A_V (\text{DVM, } 20^{\circ}\text{C}) = 34 \ \text{J}$$
$$\sigma_B = 588 \ \text{N/mm}^2 \qquad A_V (\text{DVM, } 0^{\circ}\text{C}) = 27 \ \text{J}$$
$$\delta_5 = 12 \ \%$$

Da man sicher gehen wollte diese geforderten technologischen
Kennwerte auch bei den erwähnten Wanddicken von ca 500 mm zu
erreichen, sollte ein Probeblock abgegossen werden.

WERKSTOFF: GS - 18 Cr Mo Mn 9.10

EINSATZGEWICHT:	130 T
ROHGEWICHT:	65 T
GEWICHT (VORBEARBEITET):	60 T
GEWICHT (FERTIG BEARBEITET):	57 T

Die Vorwärmtemperaturen waren vor allem wegen der großen Wanddicken und auch des Kohlenstoffäquivalents des Werkstoffes
($\sim$ 1,15 %) sehr hoch zwischen 250 und 350°C anzusetzen.

Diese Temperatur stellte an die Schweißer aber auch an die laufenden Kontrollen sehr hohe Anforderungen.

Besonders bei den Innenschweißungen sind diese Situationen bereits als Extreme anzusehen. Es resultierten daher auch daraus
manche Schweißfehler.

In einigen Fällen ergaben die Reparaturen erst einen zufrieden-
stellenden Befund, als innenliegende Fehler unter Mehraufwand von
der Außenseite her geöffnet und verschweißt wurden und mit Puffer-
zonen unter geringerer Vorwärmetemperatur gearbeitet werden konnte.

3. Allgemeine Abnahmebedingungen und Prüfungsvorbereitungen

Vorerst einige allgemeine Worte zur Qualitätssicherung, die im
Zuge der Abnahmeprüfungen von Großgußstücken Beachtung finden
sollten.

Die Qualitätsprüfungen wurden mit Proben aus angegossenen Probenleisten durchgeführt.

Es ist dabei unbedingt auf eine genügend große Anzahl von Probenleisten zu achten

1. um einen repräsentativen Querschnitt über die gleichbleiben-
   de Qualität zu erhalten und
2. um bei allfälligen Wiederholungsprüfungen stets genügend
   Probenmaterial zur Verfügung zu haben.

Probenleisten sind in den Zonen der dicksten Querschnitte mit
ausreichendem Volumen anzugießen.
Die Prüfungen finden im Beisein des Abnahmebeauftragten statt.
Die Bedingungen und Kriterien sind in der Bestellung anzugeben.

Bei den zerstörungsfreien Prüfungen finden neben den Oberflächen-
prüfungen, - dem Magnetpulver- und dem Farbeindringverfahren
Ultraschallprüfungen unter Verwendung von Normal- und Winkelprüfköpfen Verwendung. Bei den Durchstrahlungsprüfungen sind bei
größeren Wanddicken (etwa ab 80 mm) Kobalt 60 - Präparate von
Vorteil.

Die vor etlichen Jahren noch relativ häufig angewandten Durchstrahlungsprüfungen mit Linearbeschleunigern und Betatronen sind
nicht zuletzt wegen sehr hohen Kostenanteilen im Rückgang begrif-
fen. Hier haben die verfeinerten Ultraschallmethoden heute mehr
an Aussagekraft gewonnen.

Eine wichtige Forderung ist die gute, prüfbare Oberflächenbe-
schaffenheit. Diese Forderung ist meist mit großem Kostenaufwand
verbunden, wird oft in Bestellungen vergessen und ist meiner Meinung nach darin unbedingt genau und präzise anzugeben. Mißverständnisse werden dadurch vermieden, Prüfungen im Hinblick auf die
Prüferergebnisse im Sinne einer guten Qualitätssicherung erleichtert.
Da an vielen Oberflächen dieser Großgußstücke die spanabhebende
Bearbeitung wegfällt, ist bei schlechten Oberflächen ein Über-
schleifen notwendig.
Gravierende Fehler können sonst leicht übersehen werden.
Dabei genauere Bedingungen als Vorarbeit zur Prüfung zu verlangen,
ist - wie sich in zahlreichen Fällen herausgestellt hat - kein
Luxus, sondern absolute Notwendigkeit!

Oft sind zerstörungsfreie Prüfungen nur unter Zuhilfenahme geeigneter Vorrichtungen möglich. In langen Kanälen, z.B. bei Fran-
cis-Laufrädern, aber auch beim Traversenring mit seinen 1,5 bis
1,8 m langen Kanälen wurden Spiegel verwendet, um eine Betrachtung

schlecht zugänglicher Oberflächenstellen zu ermöglichen. Fehler-
anzeigen von nur wenigen mm Länge müssen eindeutig erkannt werden. Überschleifungen, Ausbesserungen oder gar Schweißungen sind
in solchen Zonen immer mit extremen Schwierigkeiten verbunden.

4. Bestellung der Spiralgehäuse, Traversenring und Düsenring-
leitungen

In der Bestellung der Spiralgehäuse mit einem Fertiggewicht von
je 57 t und der Traversenringe mit einem Fertiggewicht von je
100 t aus dem besonders beruhigten Stahl mit der Bezeichnung

GS-18 CrMoMn 9 10

wurden außer der Richtanalyse und den mechanischen Werten auch
Richtlinien für die Schweißungen, für die Vorwärmtemperatur, die
Zusatzwerkstoffe und die zu verwendenden Elektrodenarten gegeben.
Die Bestellung gibt weiter an, daß die Schweißnaht zu den Kern-
stopfen am Spiralgehäuse mit Schweißfaktor 1 auszuführen ist.
Reparaturschweißungen sind bei Überschreitung gewisser Dimensionen
einvernehmlich mit dem Kunden und der TVFA vorzunehmen.
Mehrlagiges Schweißen, Schweißprotokolle, Skizzen dazu und Glüh-
diagramme sind beizubringen. Die Schweißungen erfolgen artgleich
(SH Cromo 2HS). Die Vorwärmtemperaturen sind möglichst hoch an-
zusetzen. Spannungsarmglühungen haben aus der Schweißwärme zu
erfolgen. Dabei sind die Aufheiz- und Abkühlzeiten möglichst
lang (ca 15°C/St) zu wählen.
Für die werkstoffmäßige Abnahme waren für das Spiralgehäuse je
Abguß 8 Probenleisten, davon je drei Stück an der Ober- und Unter-
seite sowie zwei Stück am Flansch vorgesehen.
Für den Traversenring wurden je Abguß 6 Probenleisten - je drei
Stück an der Ober- und Unterseite angegossen.
Darüber hinaus mußten jeweils 4 Arbeitsproben und eine genügend
große Anzahl von Probeleisten für interne Werksproben und even-
tueller Wiederholungsprüfungen vorhanden sein.
Die zerstörungsfreien Prüfungen sollten eine 100%-ige Ober-
flächenrißprüfung, eine Farbeindringprüfung in den Kanälen der
Traversenringe, eine 100%-ige Ultraschallprüfung und eine Durch-
strahlungsprüfung, wenn durch die Ultraschallprüfung keine exakte
Aussage möglich ist, umfassen.
Für die vier 5-teiligen Düsenringleitungen war ein besonders be-
ruhigter Stahl der Sorte

GS-18 CrMo 9 10   zu verwenden.

Die fünf Verteilstücke waren mit Werksschweißnähten zu verbinden
und zu entspannen.
Die Verbindungsschweißungen waren mit Schweißfaktor 1 zu fertigen.
Die Vorwärmung betrug ca 200 $^{\circ}$C. Die Zwischenlagentemperaturen
sollten so niedrig als möglich gehalten werden, um keinen Festig-
keitsabbau durch das Schweißen zu erhalten.
Mit diesen Bestellungen war man an der Grenze der Kapazität der
Stahlgußlieferanten angelangt. Ebenso auch bezüglich des Trans-
portes der Schwerteile nach Größe und Gewicht.
Da exakte Festigkeitswerte und NDT-Temperaturen bei dickwandigen
Stahlgußteilen nicht bekannt waren, wurde von Prof.Uhlir die An-
fertigung eines 500 x 500 x 500 mm Blockes mit Probenentnahme aus
der Mitte und vom Rand vorgeschlagen.
Von den Stahlgußlieferanten sollten weitere Informationen wie
Angaben der Eigenschaften bei:

- beruhigt bzw. besonders beruhigt
- Angaben der NDT-Temperatur als Sicherheit gegen
  Sprödbruch
- Angaben über Festigkeitswerte in dickwandigen Werk-
  stücken und

weitere Materialinformationen gegeben werden.
Den Berechnungen wurde eine Fließgrenze von 320 N/mm^2 (= 80 %
der geforderten Mindeststreckgrenze) bei den vorliegenden Wanddicken zugrundegelegt.

Eine große Stahlgießerei in der BRD hat sich bereit erklärt,
diese Werte aus dem Inneren nachzuweisen.

Es wurden zwei Platten mit den Abmessungen 1000 x 1000 mm und
200 bzw. 400 mm Wanddicke, nach Umwandlungsglühung und luft-
vergütet angefertigt. Die Probenentnahme erfolgte außen ca 20 mm
unterhalb der Gußhaut und in Querschnittsmitte.
Ergebnis: Die Werte der 400er-Platte zeigten keinen nennenswer-
ten Abfall gegenüber jenen der 200er-Platte.

5.   Spiralgehäuse

Der Abguß des 1. Spiralgehäuses ergab keine Schwierigkeiten.
Das 2. Spiralgehäuse lieferte ohne bewußte Änderung der Arbeits-
technik ein sogenanntes "Grobkorn". Es wies im Rohgußzustand an
mehreren Stellen Spannungsrisse auf.
Man stand nun vor der Entscheidung:

        Neuanfertigung oder Reparaturschweißung.

GS - 18 Cr Mo Mn 9.10

SCHWEISSUNG

UNTER VORWÄRMUNG: $300^{\circ}C$ BIS $250^{\circ}C$

SCHWEISSZUSATZWERKSTOFFE

HANDELEKTRODE SH Cr Mo 2 Ks UND/ODER

FÜLLDRAHT FLUXOFIL 37 (MAG. Co_2)

SPANNUNGSARMGLOHUNG

AUFHEIZUNG: CA. $15^{\circ}C$/STD. AUF $580^{\circ}C$
            AUS VORWÄRMTEMPERATUR
HALTEZEIT: CA. 20 STD.
ABKÜHLZEIT: CA. $15^{\circ}C$/STD.

Die Überlegungen, daß

1) die Ursache für das Grobkorn nicht eindeutig geklärt und daher bei einem Neuabguß eine gleiche Situation nicht mit Sicherheit vermeidbar war,
2) der vorhandene Termindruck und
3) eine Sanierung für technisch sinnvoll angesehen wurde

gaben schließlich den Entschluß zu einer Reparaturschweißung. Erschwert wurde diese Maßnahme in späterer Folge durch die Tatsache, daß der Werkstoff trotz Glühbehandlungen an mehreren Stellen weitergerissen ist.

Bei der metallographischen Untersuchung wurde außergewöhnlich grobes Austenitkorn festgestellt. Da die Risse entlang der Korngrenzen verliefen, hatte man Bedenken das Stück wegen der zu erwartenden Schweißspannungen in diesem Zustand zu schweißen.

Das Austenitkorn (aus der Spannungsrißzone) erreichte ca 10 bis 20 mm Korndurchmesser.

Das sehr aufwendige und daher teure Verfahren durch mehrfaches Umwandeln die Austentikorngröße zu verkleinern, wurde durch eine Wiederholung der Luftvergütung mit einer vorhergehenden Umwandlung in der Perlitstufe ersetzt.
Dies wurde erfolgreich vorher in einem Laborversuch erprobt und

später auf das ganze Stück übertragen.

<table>
<tr><td>

1. GLOHUNG

VERGOTUNGSGLOHUNG

AUFHEIZEN von 250°C auf 950°C in 54 Std.

LUFTSTURZ auf 600°C in 2 Std.

AUFHEIZEN von 600°C auf 950°C in 37 Std.

HALTEN   11,5 Std.

LUFTSTURZ auf 450°C in 3 Std.

AUFHEIZEN auf 700°C in 17 Std.

HALTEN   10 Std.

LUFTSTURZ auf 480°C in 2 Std.

OFENABKOHLUNG auf 200°C in ca. 40 Std.

</td><td>

2. GLOHUNG

FEINKORNGLOHUNG

AUFHEIZEN ab 200°C auf 950°C in 55 Std.

HALTEN   11 Std.

ABKOHLUNG auf 720°C in 10 Std.

HALTEN   9 Std.

AUFHEIZEN auf 950°C in 8 Std.

HALTEN   9 Std.

LUFTSTURZ auf 420°C in 2 Std.

HALTEN   7 Std.

AUFHEIZEN auf 680°C in 9 Std.

HALTEN   10 Std.

OFENABKOHLUNG auf 200°C in 35 Std.

</td></tr>
</table>

Auf Wunsch der TVFA wurden der Spirale vier Schliffproben, am Umfang verteilt, entnommen.

In der folgenden Tabelle sind die technologischen Eigenschaften vor und nach der Feinkornglühung angegeben:

	Soll	Ist	
		Grobkorn	Feinkorn
Streckgrenze N/mm^2	392	483 – 499	550
Zugfestigkeit N/mm^2	588	695 – 717	736
Dehnung %	12	17,9 – 20,7	18,8
Einschnürung %	–	54,9 – 58,7	55,1
Kerbschlag – RT J	34	78 – 96	62 – 69
Arbeit 0°C J	27	62 – 69	44 – 51

6. Abnahmeprüfungen am Spiralgehäuse

Die Abnahmeprüfungen am Spiralgehäuse wurden gemeinsam mit der Bestellfirma durchgeführt.
Insgesamt waren 16 Prüfungen, davon 8 interne Prüfungen, jede über längere Zeiträume notwendig. Bei den Riß- und Ultraschallprüfungen mit verschiedenen Winkelprüfköpfen wurden Fehlerzonen festgestellt, die nach den Ausbesserungen insgesamt zehn

Spannungsarmglühungen der Spirale erforderten.

Die Fehlerstellenbereiche wurden jeweils lagen- und größenmäßig dokumentiert; wie z.B. in folgender Zeichnung mit eingetragenen Fehlerstellenbereichen:

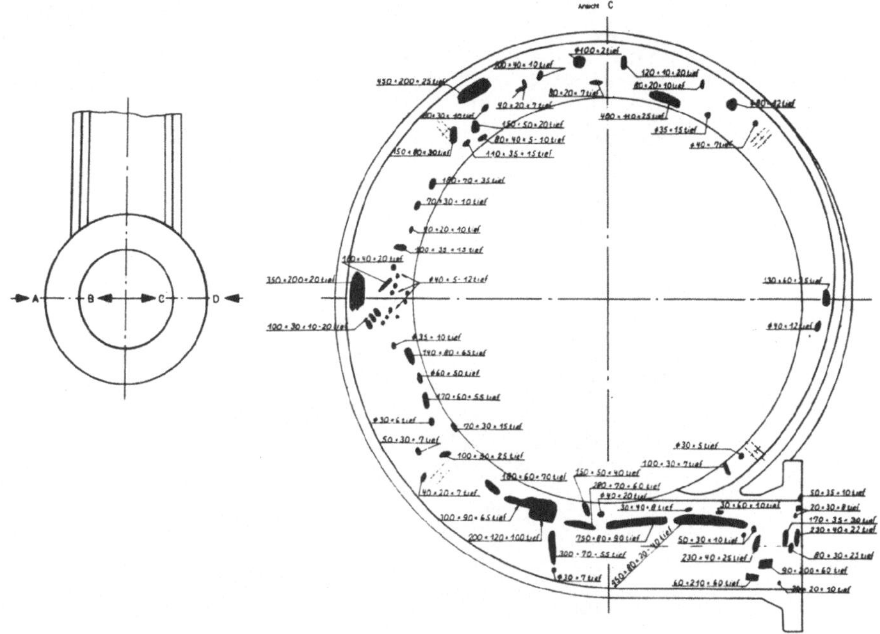

Die folgende Aufnahme zeigt einen Blick ins Innere der Spirale, von der Flanschseite aus, mit angezeichnetem Fehlerbereich des Kernstopfens:

Ebenso wurden Rißabdrücke angefertigt:

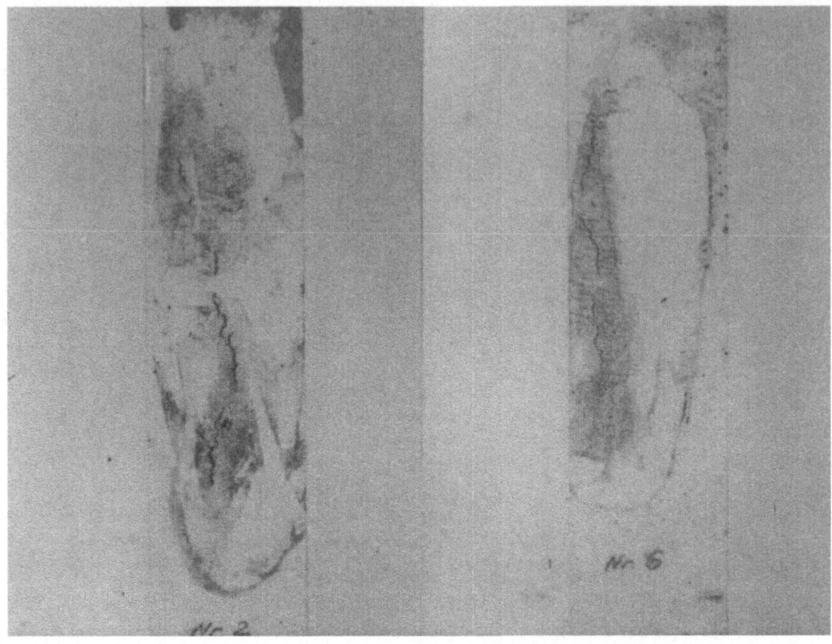

Bei der Ultraschallprüfung im Bereich eines Kernstopfens wurden
Anzeigen geortet, die sich nach Durchstrahlungsaufnahmen mit
Kobalt 60 als Risse bestätigten.
Ein dem Kernstopfenbereich entnommener Keil zeigt einen Riß mit
ca. 50 mm Länge. Die Ausdehnung in Tiefenrichtung betrug ca.
25 mm.

Wie aufwendig die Prüfungen waren, illustriert am besten die Tatsache, daß an einem Tag von mir 2 1/2 Plexiglassohlen von
Prüfköpfen abgearbeitet wurden. Die Prüfoberfläche wirkt trotz
geschliffener Oberfläche wie feines Sandpapier.

Um die Fertigungsschweißungen, die unter Vorwärmtemperaturen von
ca 300°C durchgeführt werden mußten, wesentlich zu erleich-
tern, wurden nach Verfahrensschweißungen und -prüfungen schließlich die Elektroden SH Chromo 2 KS unter 300 - 250°C Vorwärmung
als Pufferelektrode und der Elektrode SH Kupfer 1K sowie der

Drahtelektrode Fluxofil 36 unter Vorwärmung von 150°C eingesetzt.

7. Traversenringe

Die Traversenringe mit einem Durchmesser von 5180 mm, 13 Schaufeln, einem Gießgewicht von 240 t und einem Fertiggewicht von 100 t stellten die Gießerei ebenfalls vor schwierige form- und gießtechnische Probleme.

Wenn man bedenkt, daß in den Kanälen eine Toleranz von + 2 % und $\pm$ 0 ^{O}C sowie eine zulässige Welligkeit von 1,5 mm auf 300 mm Länge der Schnittfläche gefordert wurde, die schlecht zugänglichen Kanäle (1,5 - 1,8 m lang), auf dieses Maß geschliffen werden mußten, erkennt jeder die enormen Anforderungen, die an die Gießereien gestellt werden.

Beim 1.Traversenring deformierten sich durch die Gewichtsmassen die schlauchartigen Kerne während der Erstarrung. Ein erheblicher Mehraufwand war in der Gußputzerei die Folge.

Für den 2.Traversenring wurde ein Teilabguß des Ringes mit einer neuen Kerntechnik bei gutem Erfolg erprobt.

Die Kerndeformation konnte dadurch vermieden werden. An den Innenkanten der Kernpartien aber traten durch die hohe thermische Belastung und das ungünstige Verhältnis Volumen zur Oberfläche starke Vererzungen des Kernmaterials im Kanalbereich auf. Risse und in schwer zugänglichen Bereichen der Kanäle Schlackenablagerungen

waren die Folge. Nach dem Ausschleifen der Fehlstellen war ein
Beischleifen mit großem Radius auch strömungstechnisch nicht
möglich. Es waren daher bei einigen Kanälen Fertigungsschweißungen notwendig. Mit der TVFA vereinbart wurden vorerst - als Ver-
fahrensprobe gewissermaßen - zwei Kanäle geschweißt. Die Vorwärmung betrug wieder 300° bis 250°C. Es wurde mit Strichnähten,
maximale Länge 200 mm, zuerst an den Flanken, dann im Grund, um
weitgehendst Spannungen zu vermeiden, geschweißt.

Die spezielle Stromstärke war möglichst hoch mit 250 - 300 A/mm^2
gewählt, um die Schlacke dünnflüssig zu halten und einen guten
Abfluß zu gewährleisten. Die Schweißstellen wurden überhöht geschweißt und anschließend beigeschliffen.

Nach der Spannungsarmglühung aus der Vorwärmtemperatur wurden
bei der Abnahme bei den zerstörungsfreien Prüfungen, speziell
bei der Farbeindringprüfung, die Kanäle für in Ordnung befunden.

Alle diese Maßnahmen waren in dem vorgegebenen Zeitraum absolut
notwendig. Die Reparatur von Fehlern an dem bereits auf dem Traversenring aufgeschrumpften Gehäuse - das Aufschrumpfen war wegen
der Begrenzung des Transportgewichtes erst auf der Baustelle möglich - führt zu Schwierigkeiten, da eine Wärmebehandlung dann
zumindest erschwert und ein nachträgliches Lösen des Sitzes nicht
vorstellbar ist.

Die Auslieferung des 2. Spiralgehäuses erfolgte Mitte 1977. Die
erste Abbildung auf der folgenden Seite zeigt die Montage der
Spirale.

8. Düsenringleitungen

Nach umfangreichen Prüfungen der Einzelgußteile für die Düsen-
ringleitungen wurde die Fertigung der Rundschweißnähte unter
Verwendung einer innenseitig gelegenen Lasche unter induktivem
Vorwärmen der Stirnflächen auf 300°C von außen geschweißt.

Nach Beendigung der Schweißung wurde direkt aus der Schweißhitze
induktiv auf die Entspannungstemperatur erwärmt und diese unter
Asbestmattenabdeckung 6 Stunden gehalten. Anschließend erfolgte
langsames Abkühlen auf Raumtemperatur.

Die Schweißnahtprüfungen ergaben einwandfreie, zufriedenstellende
Ergebnisse.

Die Pumpenturbinen weisen bis Oktober heurigen Jahres etwa gemeinsam 2200 Stunden Betriebsdauer auf. Revisionen haben keine besondere Beanstandungen ergeben.

9. Anforderungen an eine Gießerei bei der Herstellung schwerer Stahlgußstücke

Besondere Anforderungen ergaben sich durch die schwierigen metallurgischen Aufgaben, vor allem infolge der Größe und dem Gießgewicht der Gußstücke.

Dafür müssen die notwendigen Anlagen wie Hebevorrichtungen (Krane), Glühöfen mit den entsprechenden Abmessungen vorhanden sein.

Ebenso sind die innerbetrieblichen Transportmöglichkeiten ausschlaggebend.

Bei den Schweißungen werden enorme Anforderungen an den Schweißer gestellt, vor allem bei Arbeiten in Zwangslage und bei hohen Vorwärmtemperaturen. Das für Ausbesserungen notwendige fachlich geeignete und charakterlich einwandfreie Personal sollte, und das ist eigentlich selbstverständlich, vorhanden sein.

Für die werksinternen zerstörungsfreien Prüfungen und für die Abnahme soll auch stets die Gießzeichnung beigestellt werden.

Weiters verursacht der Schichtbetrieb manchmal beim zuständigen Personal Fehlverhalten und Mißverständnisse. Vor allem ist die Arbeitsübergabe dabei häufig mangelhaft. Die Folgen sind, daß Fehler übersehen und Ausbesserungen nicht oder nicht entsprechend vorgenommen werden.

10. Zusammenfassung

Zusammenfassend ist festzustellen, daß durch gezielte Maßnahmen, wie an einigen wenigen Beispielen gezeigt, eine geeignete Qualitätssicherung auch in speziellen Fällen bei schweren Gußstücken zu erreichen ist. Die Qualitätssicherung ist gerade dabei im verstärkten Ausmaß notwendig. Wie an den dargelegten Beispielen gezeigt werden konnte, sieht die TVFA eine wesentliche Aufgabe darin, auch die Fertigungsbetriebe beratend zu unterstützen und in gemeinsamer Anstrengung die Schwierigkeiten zu überwinden und zu meistern, um das Produkt einer dauerhaften Bewährung zuzuführen.

Erfahrungen mit der Methode der thermodynamischen
Wirkungsgradmessungen in Wasserkraftanlagen

J. Schedelberger

1. Geschichtliches

Durch den Bau immer größerer Maschineneinheiten ist die Bedeutung des Wirkungsgrades von Wasserkraftanlagen stark gestiegen,
sodaß heute praktisch an jeder neuen Anlage mit nennenswerter
Leistung durch den Lieferanten ein Wirkungsgradnachweis verlangt
wird. Es kann nämlich beispielsweise bei einer Turbine größerer
Leistung ein um nur wenige Promille-Punkte beserer Wirkungsgrad
einen jährlichen Mehrertrag von Millionen von Schillingen be-
deuten.

Bei hydraulischen Strömungen bewirken die unvermeidlichen Strö-
mungsverluste eine Erhöhung der Entropie und damit einen Temperaturanstieg des strömenden Mediums. Zu dieser Erkenntnis kamen
bereits vor über hundert Jahren Robert Mayer und James Presscott
Joule. Beide waren bestrebt, das mechanische Wärmeäquivalent
nachzuweisen. Joule und William Thomson (ab 1894 Lord Kelvin) ver-
suchten dabei auch gemeinsam mit Hilfe eines Quecksilberthermo-
meters die Temperaturerhöhung des Wassers an Wasserfällen zu untersuchen.

Robert Mayer, der die ersten Überlegungen über das Energieprinzip
als Schiffsarzt auf einem holländischen Handelsschiff im Jahre
1840 anstellte, führte mit einer nach seinen Angaben gebauten
Apparatur einen recht einfachen aber doch die fundamentalen Vorgänge erfassenden Versuch durch, dessen Ergebnisse er 1849 ver-
öffentlichte. Diese Versuche enthielten bereits die wichtigsten
Faktoren des "thermodynamischen Meßverfahrens". Er schrieb bereits 1851

 "Neuerdings ist es mir auch gelungen, zur direkten Bestimmung des Äquivalentes der Wärme einen sehr einfachen Wärme-
 bewegungsmesser in kleinerem Maßstab zu konstruieren ....
 und ich habe Grund zu glauben, daß mittels eines solchen

kalorimetrischen Apparates auch der Nutzeffekt von Wasser-
werken und Dampfmaschinen leicht und vorteilhaft gemessen
werden kann".

Der erste Schritt zu einem in der Praxis anwendbaren thermodynamischen Verfahren wurde von Poirson und Barbillion getan, die
im Jahre 1920 Wirkungsgradmessungen in drei Wasserturbinenanla-
gen durchführten, wobei sie sich Quecksilberthermometer mit einer 1/20 ^{o}C-Teilung bedienten.

Die Methode kam lange Zeit über das Experimentierstadium nicht
hinaus und geriet zwischendurch auch wieder in Vergessenheit.
Den beiden Ingenieuren Willm und Campmas bei dem französischen
Unternehmen "Elektricité de France" ist es zu verdanken, daß die
"thermodynamische Methode" gegen Ende der fünfziger Jahre zum
Durchbruch kam, indem sie die physikalischen Vorgänge bei der
thermodynamischen Wirkungsgradmessung aus den Gesetzmäßigkeiten
der beiden Hauptsätze der Thermodynamik ableiteten und die mechanischen und thermometrischen Geräte soweit vervollkommneten, daß
sie in Serie gefertigt werden konnten.

Es ist noch erwähnenswert, daß im Zusammenhang mit dem thermodynamischen Verfahren zur Wirkungsgradbestimmung keine nennens-
werten Patente erteilt wurden. Alle mit dieser Methode beschäf-
tigten Personen und Stellen haben sich von Anfang an bemüht,
durch Bekanntgabe ihrer Ergebnisse und Konstruktionen die Verbreitung dieses Verfahrens zu unterstützen.

2. Physikalische Grundlagen des thermodynamischen Meßverfahrens

Die hydraulischen Verluste einer Turbine oder Pumpe ergeben eine
Temperaturerhöhung des Triebwassers. Entsprechend dem mechanischen Wärmeäquivalent bedeutet bei Wasser eine Verlusthöhe von
427 m einen Temperaturanstieg um 1° C, d.h. der Verlusthöhe von
1 m entspricht eine Temperaturerhöhung von rund 2,3 Milligrad.

Der thermodynamische Vorgang in einer Turbine bzw. einer Pumpe
kann sehr anschaulich dem folgenden Enthalpie-Entropie-Diagramm
entnommen werden.

Die Indizes e und a bezeichnen allgemein den Zustand am Ein- und
Austritt der Maschine. Demnach kommt es bei der Turbine bei der
Entspannung vom Druck p_e auf p_a und bei der Pumpe bei der Druckerhöhung von p_e auf p_a jeweils zu einem Temperaturanstieg von
T_e auf T_a. Bei verlustlos arbeitenden hydraulischen Maschinen

müßte der Druckabbau bzw. die Druckerhöhung entlang einer Isentrope vor sich gehen (gestrichelte Linien in Bild 1), wobei es im Falle der Turbine, den thermodynamischen Eigenschaften des Wassers zufolge, zu einer geringfügigen Abkühlung des Wassers kommen müßte.

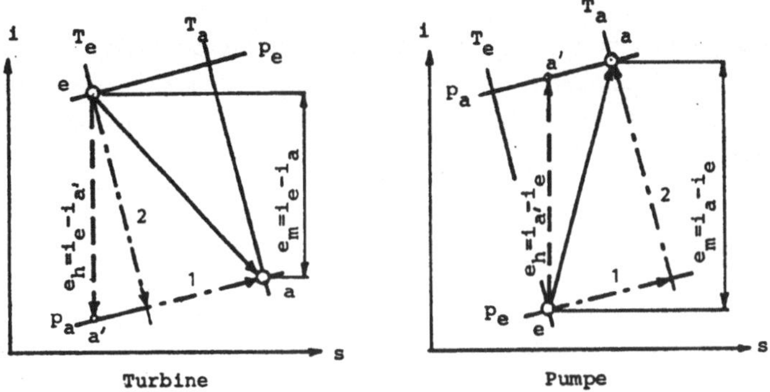

Bild 1: Thermodynamische Zustandsgrößen

Der Wirkungsgrad η_T für die Turbine und η_P für die Pumpe errechnet sich damit zu

$$\eta_T = \frac{e_m}{e_h} \quad , \quad \eta_P = \frac{e_h}{e_m}$$

wobei e_h bzw. e_m in J/kg die Energien je Masseneinheit darstellen, welche an der Maschine hydraulisch zur Verfügung stehen bzw. von der Maschine in mechanische Energie umgesetzt werden können (Turbine) bzw. der Maschine als mechanische Energie zugeführt werden müssen (Pumpe). Es ist nicht notwendig, die Leistung der Maschine oder den Wasserstrom selbst zu messen. Wird die Leistung jedoch zusätzlich gemessen, kann der jeweilige Wasserstrom $\dot{V}$ errechnet werden zu

$$\dot{V}_T = \frac{P_T}{\rho \cdot g \cdot H \cdot \eta_T} \qquad \dot{V}_P = \frac{P_P \cdot \eta_P}{\rho \cdot g \cdot H}$$

Der auf diese Weise ermittelte Wirkungsgrad berücksichtigt alle jene Verluste der hydraulischen Maschine, welche sich dem Triebwasser in Form von Wärme mitteilen. Dieser Wirkungsgrad wird in der Literatur vielfach auch als innerer Wirkungsgrad bezeichnet. Dabei ist Voraussetzung, daß es über das Gehäuse der Maschinen weder zu einer Wärmezufuhr noch zu einer Wärmeabfuhr kommt bzw. der Energieaustausch mit der Umgebung vernachlässigbar gering bleibt. Um den üblicherweise garantierten Gesamtwirkungsgrad einer Maschine zu erhalten, sind die äußeren Verluste, wie Lager-,

Kupplungs-, Ventilationsverluste etc. getrennt zu ermitteln
und in Rechnung zu stellen. Da diese äußeren Verluste insbesondere bei größeren Maschinen im Wirkungsgrad meist nur wenige
Promille ausmachen, können sie häufig auch vernachlässigt bleiben.

Die thermodynamischen Gesetzmäßigkeiten von Wasser wurden vor
allem in den vergangenen 10 Jahren intensiv sowohl theoretisch
als auch praktisch untersucht und stehen heute mit hinreichender
Genauigkeit zur Verfügung.

3. Praktische Durchführung von Wirkungsgradmessungen

3.1 Meßverfahren

Aus meßtechnischen Gründen wird im allgemeinen die Temperatur
nicht direkt im Wasserstrom gemessen, sondern es wird vor bzw.
nach der Maschine an den Stellen der Meßquerschnitte eine geringe Wassermenge - ca 10 l/min - entnommen und den Durchfluß-
kalorimetern 1 bzw. 2 zugeführt, in denen dann der Druck und die
Temperatur des durchfließenden Wassers gemessen wird (Bild 2).
Handelt es sich um einen Zu- bzw. Abfluß mit freiem Wasserspiegel,
wird das entsprechende Thermometer in das Wasser einfach einge-
taucht (2-1).

Je nach dem Drosselgrad der beiden Drosseln D1 und D2 im Zulauf
zu den beiden Kalorimetern unterscheidet man im wesentlichen
3 bewährte Meßverfahren

    a. Verfahren ohne Entspannung
       Die Drosselung durch die Entnahmesonden und die Drosseln
       D1 und D2 ist sehr gering, d.h. die in den Kalorimetern
       gemessenen Werte für Druck und Temperatur p_1, p_2, T_1, T_2
       entsprechen weitgehend den Werten in der Rohrleitung

    b. Verfahren mit partieller Entspannung (Nullmethode)
       Die verstellbare Drossel D1 wird im Falle einer Turbine
       so eingestellt, daß die an ihr abfallenden Drosselver-
       luste identisch sind mit den Energieverlusten in der Ma-
       schine, sodaß in den beiden Kalorimetern Temperaturgleich-
       heit besteht $T_1 = T_2$

    c. Verfahren mit Totalentspannung
       Die Drosseln D1' und D2' am Ablauf der beiden Kalorimeter
       1 und 2 werden soweit geöffnet bzw. gänzlich entfernt, daß

das Wasser ohne nennenswerte Verluste frei abzufließen vermag, d.h. in den beiden Kalorimetern herrscht Atmosphärendruck $p_1 = p_2 = 1$.

Bei thermodynamischen Messungen an Turbinen wird in der Regel der Null-Methode (Verfahren b) der Vorzug gegeben, weil dabei keine eigentliche Temperaturmessung notwendig ist, sondern nur die Temperaturgleichheit an den beiden Meßstellen festgestellt werden muß, was mit Hilfe von Brückenschaltungen sehr genau möglich ist.

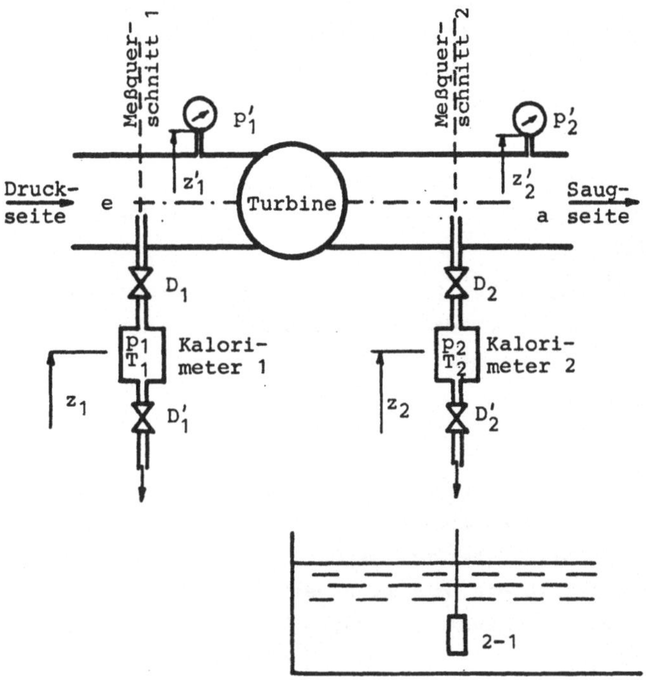

Bild 2: Anordnung der Meßgeräte bei thermodynamischen Wirkungsgradmessungen

3.2 Berechnung des Wirkungsgrades

Die an der Maschine anstehende hydraulische Energie je Masseneinheit errechnet sich aus der Energiedifferenz zwischen Ein- und Austritt lt. Bild 2 zu

$$e_h = \bar{\nu} \cdot (p_1' - p_2') + \frac{v_{1'}^2 - v_{2'}^2}{2} + g \cdot (z_1' - z_2')$$

dabei stellt $\bar{\nu}$ die auf den mittleren Druck $\bar{p} = (p_1' + p_2')/2$ bezogene spezifische Masse dar.

Die mechanische Energie an der Maschine kann gemäß Bild 2 ermittelt werden zu

$$e_m = \bar{a} \cdot (p_1 - p_2) + \bar{c}_p \cdot (T_1 - T_2) + \frac{v_1^2 - v_2^2}{2} + g \cdot (z_1 - z_2) \pm \Delta e_m$$

wobei $\bar{a}$ den auf den mittleren Druck $\bar{p} = (p_1 + p_2)/2$ bezogenen
Isothermenfaktor und $\bar{c}_p$ die auf die mittlere Temperatur $\bar{T} =$
$(T_1 + T_2)/2$ bezogene spezifische Wärme bei konstantem Druck darstellt. Der notwendige thermodynamische Vorgang, um vom Zustand
am Eintritt der Maschine (Punkt e) zum Zustand am Austritt der
Maschine (Punkt a) zu gelangen, wird dadurch in zwei getrennte
Schritte, nämlich bei konstantem Druck (strichpunktierte Linie 1
in Bild 1) und konstanter Temperatur (strichpunktierte Linie 2
ind Bild 1) zerlegt.

Bei der Nullmethode werden die beiden Drücke p_1 und p_2 in den
Kalorimetern so gewählt, daß $T_1 = T_2$, sodaß der Term $\bar{c}_p (T_1 - T_2)$
verschwindet.

Δe_m stellt ein mögliches Korrekturglied dar, um Sekundäreinflüsse
wie eine eventuelle Wärmezufuhr von außen, Ventilationsverluste,
Lagerreibungsverluste etc. zu berücksichtigen.

3.3   Meßgeräte

3.3.1 Kalorimeter

Das am Institut für Wasserkraftmaschinen und Pumpen der Technischen Universität Wien entwickelte Kalorimeter samt Entnahmesonde geht aus Bild 3 hervor. Demnach wird das durch die gegen
die Strömung gerichtete Bohrung B der in die Rohrleitung ein-
tauchenden Sonde S entnommene Wasser über die von außen verstell-
bare Drossel D teilweise entspannt und am Thermometer T vorbeigeführt, bis es schließlich am oberen Ende des Kalorimeters über
einen Schlauch einer zweiten Drossel D' zugeleitet wird, von
wo es frei abfließt. Der rechte obere Schlauchanschluß dient
zur Messung der Drücke p_1 bzw. p_2 am Thermometer.

Das Thermometer selbst steckt in einer druckfesten Tasche A, sodaß es nicht den u.U. hohen Drücken p_1 bzw. p_2 ausgesetzt ist.

Die Sonde samt Kalorimeter ist als Doppelmantel ausgeführt, sodaß das durch die beiden seitlichen Bohrungen Sp1 der Sonde entnommene Sperrwasser den innen liegenden Meßkreis umspült und
über die Öffnung Sp2 eine weitere Drossel und einen Schlauch abfließt. Dadurch ist unter den in Kraftwerken normalerweise

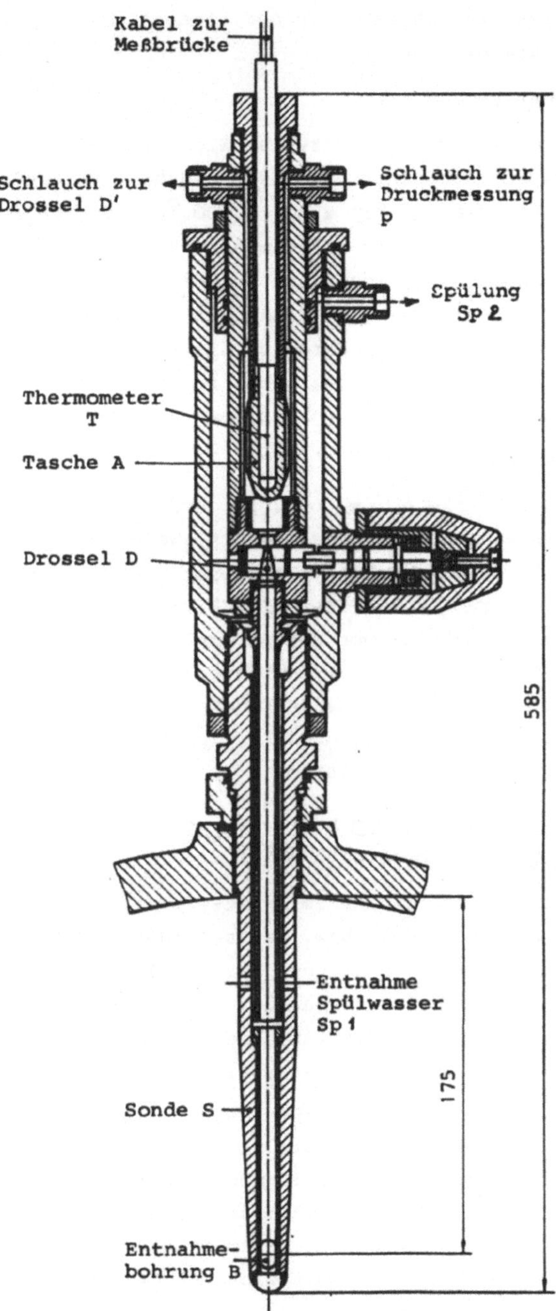

Bild 3: Kalorimeter mit Entnahmesonde

herrschenden Bedingungen hinreichend sichergestellt, daß es zu
keinem Energieaustausch zwischen dem eigentlichen Meßkreis und
der Umgebung kommen kann.

3.3.2 Thermometer

Als Thermometer werden normalerweise Widerstandsthermometer in
Verbindung mit einer Wheatston'schen Meßbrücke verwendet, welche
eine Temperaturdifferenz bis zu 1/10.000 ^{o}C aufzulösen vermögen.
In letzter Zeit werden auch immer wieder Versuche mit Quar -
thermometern angestellt, wobei die Temperaturabhängigkeit der
Eigenfrequenz eines Schwingquarzes als Meßgröße dient. Mit solchen Thermometern kann üblicherweise die Absoluttemperatur auf
1/100 ^{o}C genau gemessen werden, wobei im Falle einer Temperaturdifferenzmessung eine Auflösung bis auf 1/10.000 ^{o}C möglich ist.

3.3.3. Druckmessung

Die Messung der Drücke p_1, p_2 bzw. p_1' und p_2' erfolgt im allgemeinen mittels eines Gewichtsmanometers, welches die Messung der
Drücke auf $\pm$ 10 cm Wassersäule (WS) absolut gestattet (Bild 4).
Der zu messende Druck wirkt über eine Ölvorlage auf den Kolben 4,
welcher einen Querschnitt von genau 1 cm^2 besitzt. Durch Auf-
legen entsprechender geeichter Gewichte 12 bis zum Gleichge-
wichtszustand kann der anstehende Druck direkt in m WS abgelesen
werden, wobei einem Gewicht von 1 kg 10 m WS entsprechen.
Die Feder 6 wirkt als Stabilisator.

3.4 Aufbau der Meßgeräte im Kraftwerk und
Durchführung der Messungen

Der Einbau der Entnahmesonden im Kraftwerk erfolgt zweckmäßiger-
weise im Schutze der druck- bzw. saugseitigen Turbinen bzw. Pumpen-
verschlüsse wie Kugelschieber oder Drosselklappe. Bei freiem Unter-
wasserspiegel kann auf den Einbau der Entnahmesonde verzichtet
werden. Es genügt, den Temperaturfühler mittels einer Stange oder
eines Meßrahmens in das Unterwasser einzutauchen.

Nach dem Einbau der Sonden, welcher bei Stillstand der Maschine
1 bis 2 Stunden in Anspruch nimmt, steht die Maschine für den Betrieb wieder ungehindert zur Verfügung. Der Meßvorgang selbst
dauert, stationäre Betriebsverhältnisse vorausgesetzt, für einen
Betriebspunkt ca 10 Minuten. Die rechnerische Ermittlung des zugehörigen Wirkungsgrades kann unmittelbar an Ort und Stelle geschehen
und dauert unter Zuhilfenahme eines kleinen Tischcomputers nur wenige Minuten.

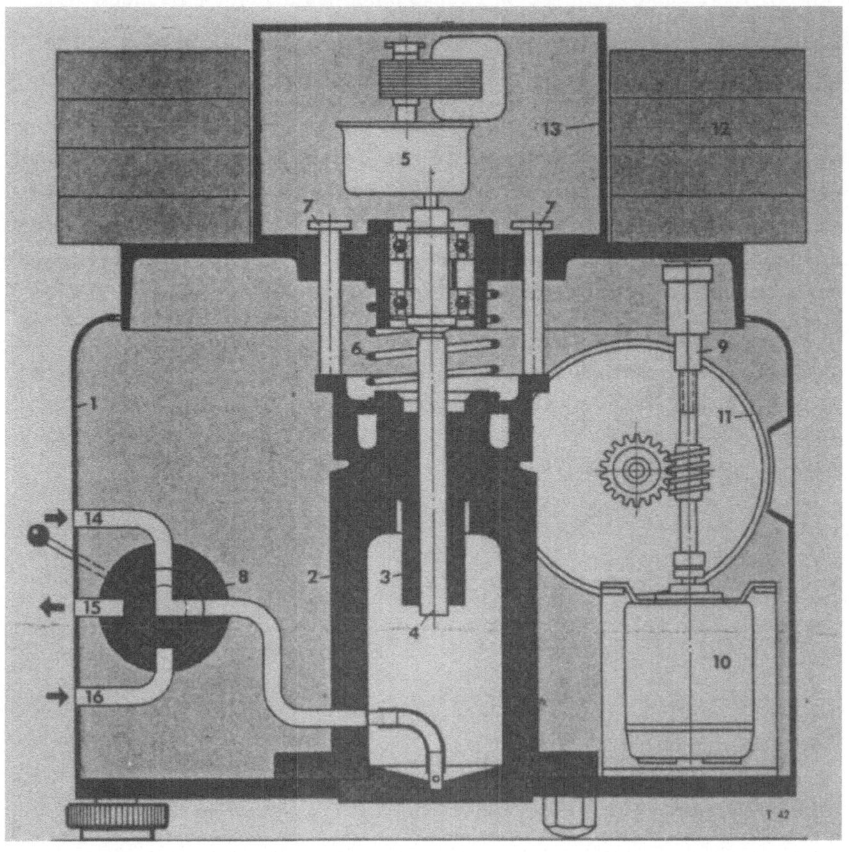

1 Gehäuse	5 Antriebsmotor	9 Taster für Feinanzeige	13 Abdeckung
2 Ölvorlage	6 Stabilisierungsfeder	10 Antrieb für Tasten	14 Anschluß Meßdruck A
3 Zylinder	7 Anschläge	11 Skalenscheibe	15 Entlüftung
4 Kolben	8 Vierweg-Ventil	12 Geeichte Gewichte	16 Anschluß Meßdruck B

Bild 4: Aufbau eines Gewichtsmanometers

Somit stellt die thermodynamische Methode im Vergleich zu allen
anderen Möglichkeiten der Wirkungsgradmessung jene Methode dar,
welche den Betriebsablauf in einem Kraftwerk am wenigsten stört.

3.4.1 Meßunsicherheit

Die tatsächliche Meßunsicherheit kann üblicherweise erst nach
Durchführung der Messungen und Vorliegen der Meßergebnisse abgeschätzt werden. In den meisten Fällen wird darüber jedoch bereits bei der schlußbrieflichen Bestellung entschieden, sodaß es
dann Aufgabe des Maschinenlieferanten ist, für eine entsprechend
genaue Messung schon beim Bau alle möglichen Vorkehrungen zu
treffen.

Der Wirkungsgrad wurde definiert als das Verhältnis der Energien
$\eta_T = e_m/e_h$ für die Turbine bzw. $\eta_P = e_h/e_m$ für die Pumpe.
Der zu erwartende wahrscheinliche Meßfehler ergibt sich dem "quadratischen Fehlerfortpflanzungsgesetz" zufolge

$$f_\eta = \sqrt{f_{e_m}^2 + f_{e_h}^2}$$

Als Einzelmeßfehler kommen in Betracht:

		%
Messung der Druckdifferenz $p_1' - p_2'$ bzw.		
$P_1 - P_2$	f_p	0,2
Bestimmung des Isothermenfaktor a	f_a	0,2
Bestimmung der spez. Wärme c_p	f_{c_p}	0,5
Messung der Temperaturdifferenz $T_1 - T_2$	f_T	$6/P_1 - P_2)$

Werden die einschlägigen Regeln eingehalten und sind die sonstigen Voraussetzungen, wie gleichmäßige Temperaturverteilung in den
Meßquerschnitten, geringe Druckschwankungen, möglichst konstante
Temperatur des Triebwassers während der einzelnen Meßzyklen etc.
gut, kann mit den oben angeführten Einzelmeßfehlern in % absolut
gerechnet werden, wobei die Druckdifferenz $p_1 - p_2$ in bar einzusetzen ist. Damit errechnet sich der zu erwartende Gesamtmeßfehler
für die mechanische Energie an der Maschine zu

$$f_{e_m} = \sqrt{f_p^2 + f_a^2 + f_T^2}$$

Damit ist beispielsweise bei einer Fallhöhe von 200 m und guten
Meßbedingungen mit einem mittleren Meßfehler von ca. 6 ‰ zu
rechnen.

Um den in einem Kraftwerk vorhandenen Sekundäreinflüssen gerecht
zu werden und weil die Meßbedingungen und die Meßunsicherheit

im jeweiligen Kraftwerk nicht vorhergesagt werden können, erscheint es mir aus der Erfahrung heraus zweckmäßig, schlußbrieflich keine Meßunsicherheit kleiner als 1% festzulegen.

4. Erfahrungen am Institut für Wasserkraftmaschinen und Pumpen

Das Institut für Wasserkraftmaschinen und Pumpen der Technischen Universität Wien befaßt sich seit 1958 schwerpunktmäßig mit der thermodynamischen Methode der Wirkungsgradmessungen an Wasserturbinen und Speicherpumpen. 1959 erfolgte der Ankauf eines Meßgerätesatzes von dem französischen Unternehmen "Electricité de France". Seither wurden über 50 Messungen an Anlagen mit vollem Erfolg durchgeführt, wobei es sich dabei häufig um Abnahmemessungen handelte.

Wenngleich von den ersten Messungen an seitens des Institutes kein Zweifel an der Richtigkeit und Zuverläßigkeit dieser Methode der Wirkungsgradmessungen bestand, so wurden doch am Institut die Meßgeräte ständig weiterentwickelt. Während die ursprüngliche Meßausrüstung noch so voluminös und schwer war, daß zum Transport in das Kraftwerk ein kleiner Transportbus notwendig war, kann die derzeit in Verwendung stehende Apparatur spielend im Kofferraum eines mittleren Personenkraftwagens Platz finden.

Ausgehend von der Überlegung, daß Temperaturgleichheit exakter festgestellt werden kann als eine bestimmte Temperaturdifferenz, wird seitens des Institutes praktisch ausschließlich nach der Methode der Teilentspannung (Nullmethode) gemessen. Die Reproduzierbarkeit ist praktisch immer besser als 0,5 %.
Die absolute Meßunsicherheit von $\pm$ 1 %, die heute für Abnahmemessungen immer häufiger schlußbrieflich vereinbart wird, wird in den meisten Fällen nicht in Anspruch genommen. Nur in Einzelfällen, beispielsweise bei geringen Fall- bzw. Förderhöhen von 150 m und darunter sowie bei nicht genügend stabilen Betriebsverhältnissen an der Maschine sowie einer ungenügenden Temperaturkonstanz des Triebwassers während des Meßvorganges – alles Einflüsse die außerhalb der zum Einsatz kommenden Meßapparatur liegen – kann es erforderlich sein, die vereinbarte Meßunsicherheit nach Vorliegen der Meßergebnisse zu erhöhen.

5. Internationaler Erfahrungsaustausch innerhalb der GPMT

Die "Groupe des Praticiens de la methode thermodynamique" (GPMT) stellt eine international besetzte Expertengruppe dar, welche sich mit Problemen der Wirkungsgradmessungen nach der thermodynamischen Methode an Strömungsmaschinen befaßt. Die Gruppe besteht vornehmlich aus Mitgliedern, die nicht nur theoretisch, sondern insbesonders auch persönliche praktische Erfahrungen in der Anwendung dieser Methode besitzen. Da diese Expertengruppe, gemessen an sonstigen internationalen Fachtagungen, relativ klein ist - die Zahl der Teilnehmer schwankt zwischen 20 und 30 - , sind die alle zwei Jahre wiederkehrenden Tagungen auch zu einer Pflege der persönlichen Beziehungen der Mitglieder untereinander geworden. Die Vertreter kommen vornehmlich aus den europäischen Ländern (Deutschland, Frankreich, Großbritannien, Italien, Nowegen, Österreich, Schweden, Schweiz und Spanien) aber auch vielfach von Afrika, Australien, Kanada und den USA. Ich persönlich gehöre dieser Gruppe seit 1972 an und bin seit 1978 Mitglied des Führungsausschusses.

Die schriftlich von den einzelnen Teilnehmern vorgelegten und bei den Arbeitssitzungen diskutierten Tagungsbeiträge. behandeln vornehmlich folgende Themen:

Gesetzmäßige Erfassung der thermodynamischen Koeffizienten des Wassers

Abhängigkeit der thermodynamischen Koeffizienten von der Wasserqualität

Beeinflussung des Meßergebnisses durch Wärmeaustausch mit der Umgebung (externe Energiezufuhr)

Vergleichmessungen mit anderen Methoden

Detailfragen der Meßausrüstung

Erweiterung der Anwendungsgebiete

Mitarbeit in internationalen Normen usw.

6. Internationale Anerkennung für Abnahmemessungen an Turbinen und Pumpen

Die thermodynamische Methode zur Wirkungsgradbestimmung an hydraulischen Maschinen wurde erstmals 1963 in die "International Electrotechnical Commission (IEC), Publikation 41", als eine der möglichen Methoden der Wirkungsgradbestimmung an Wasserturbinen für Fallhöhen größer als 150 m aufgenommen, wobei darin darauf hingewiesen wird, daß unter günstigen Bedingungen und entsprechendem Einvernehmen der Beteiligten zufriedenstellende Wirkungsgradmessungen bis zu 100 m Fallhöhe möglich sind. Außerdem sind einige Verhaltensregeln angegeben, so z.B. was die richtige Wahl des Meßquerschnittes und die Schwankungen der Absoluttemperatur des Wassers betrifft.

1978 wurde seitens der IEC die erste Ausgabe der Publikation 607 "Die thermodynamische Methode zur Messung des Wirkungsgrades an Wasserturbinen, Speicherpumpen und Pumpturbinen" herausgegeben. Diese umfangreiche, nur der thermodynamischen Methode gewidmete Publikation, herausgegeben als IEC-Standard, wurde im wesentlichen von Mitgliedern der GPMT erarbeitet. Sie wurde bislang von 21 Ländern, darunter alle europäischen Länder mit nennenswerter Wasserkraft, als verbindliche Regel für Abnahmemessungen anerkannt. Darin wird die Grenzfallhöhe mit 100 m angegeben. Diese Publikation enthält neben der Definition der wesentlichsten Begriffe eine genaue Darstellung der verschiedenen Meßmethoden, der notwendigen apparativen Ausrüstung, der Lage der Meßquerschnitte sowie Angaben über die zu erwartende Meßunsicherheit.

Diese Norm soll 1981 in Deutschland als DIN IEC 607 erscheinen.

7. Weitere Einsatzmöglichkeiten der thermodynamischen Methode, Entwicklungstendenzen

7.1 Anwendung bei Fall- bzw. Förderhöhen < 100 m

Je kleiner die Energiehöhen einer hydraulischen Maschine sind, desto kleiner werden auch die Verlusthöhen und somit die zu messenden Temperaturdifferenzen. Da aber mit modernen Meßgeräten Temperaturdifferenzen von 1/1000 $^\circ$C sicher gemessen werden können, werden die Grenzen der Anwendung i.a. nicht durch die Genauigkeit der Meßgeräte sondern durch die ungleichmäßige Temperaturverteilung in den Meßquerschnitten vorgegeben, und zwar dann, wenn die Temperaturschwankungen innerhalb der Meßquerschnitte von derselben Größenordnung sind als die zu messenden Temperaturdifferenzen zufolge der Verluste der Maschine. Da außerdem die Meßquerschnitte in der Regel umso größer werden, je kleiner die Förder- bzw. Fallhöhe ist, gelingt es dann auch nicht mehr durch die gleichzeitige Messung an mehreren Stellen des Meßquerschnittes einen repräsentativen Mittelwert zu erfassen.

Durch die Entwicklung und Erprobung von Entnahmesonden, welche auch bei größeren Meßquerschnitten die Messung der Temperaturdifferenz in möglichst vielen Punkten erlaubt, wird es wahrscheinlich in Zukunft möglich sein, in Einzelfällen und bei Inanspruchnahme einer etwas größeren Meßunsicherheit bis zu Energiehöhen von 50 m WS thermodynamische Wirkungsgradmessungen durchzuführen.

7.2 Thermodynamische Wirkungsgradmessungen an Kesselspeisepumpen

Die Methode der Bestimmung des hydraulischen Wirkungsgrades mittels des thermodynamischen Verfahrens kann in gleicher Weise vorteilhaft auch an Kesselspeisepumpen von Wärmekraftwerken angewendet werden. Die Bedeutung eines optimalen Wirkungsgrades dieser Pumpen hat in der Vergangenheit durch die immer größer werdenden Leistungseinheiten kalorischer Kraftwerke stark zugenommen, da beispielsweise die notwendige Antriebsleistung der Speisewasserversorgung eines 600 MW-Blockes 25 MW erreicht, sodaß der Wirkungsgrad dieser Pumpen nicht immer auf den Prüfständen der Lieferfirmen nachgewiesen werden kann. So wurden beispielsweise in der Bundesrepublik Deutschland in den letzten 10 Jahren in den größeren kalorischen Kraftwerken wie Niederaußem, Neurath und Meppen mit Erfolg thermodynamische Wirkungsgradmessungen in der Anlage durchgeführt.

In Österreich, wo bislang an Kesselspeisepumpen in der Anlage praktisch keine Wirkungsgradmessungen durchgeführt wurden, wird die Bedeutung solcher Messungen sicherlich zunehmen.

7.1.3 Sonstige Anwendungsgebiete

Die thermodynamische Methode eignet sich ganz allgemein bei Strömungsvorgängen zur Bestimmung sämtlicher hydraulischer Verluste, welche das strömende Medium soweit erwärmen, daß eine meßbare Temperaturdifferenz auftritt. So ist es bei Francisturbinen bzw. Kreiselpumpen denkbar, den Wirkungsgrad einzelner "Stromröhren"zu bestimmen.

In der Ölhydraulik, wo i.a. mit sehr hohen Drücken bis 250 bar gearbeitet wird, zeigt die Druckflüssigkeit bei einem vorgegebenen Betriebspunkt dem Gesamtwirkungsgrad des Systems entsprechend zwischen dem Ein- und Austritt eine Temperaturdifferenz. Verschlechtert sich nun während der Betriebszeit der "Gesundheitszustand" d.h. wird der Wirkungsgrad und somit oft auch die Betriebssicherheit schlechter, ergibt die Temperaturdifferenzmessung erhöhte Werte. Somit ist eine einfache laufende Betriebsüberwachung von Bauelementen in der Ölhydraulik denkbar.

Literatur:

/1/ Brand, F.: Die Geschichte des Thermodynamischen Verfahrens
zur Messung des Wirkungsgrades von hydraulischen Maschinen,
Technikgeschichte VDI Bd. 39, 1972.

/2/ International Electrotechnical Commission, Publication 41,
1963.

/3/ International Electrotechnical Commission, Publication 607,
1978.

Diskussion:

O.Prof. Dr. *Gerhard Ziegler*, Graz:
Die Genauigkeit der thermodynamischen Wirkungsgradmessung steht
und fällt mit der völligen Durchmischung des Wassers vor der Ent-
nahmestelle. Es sei darauf hingewiesen, daß z.B. bei der Francis-
Turbine aus dem Außenspalt stark aufgeheiztes Wasser austritt.

Durch welche Kontrollen überzeugt man sich bei der praktischen
Durchführung der Messung davon, daß das entnommene Wasser tat-
sächlich eine repräsentative Temperatur entsprechend völliger
Durchmischung aufweist?

Antwort des Autors: An der Eintrittseite einer hydraulischen Maschine (Turbine oder Pumpe) liegt wegen der davorliegenden, mehr
oder minder langen Druckrohrleitung praktisch immer eine hinreichend ausgeglichene Temperaturverteilung im Meßquerschnitt vor,
wie die Erfahrung zeigt. Daher genügt an der Eintrittseite i.a.
ein Meßpunkt. Lediglich bei sehr großen Rohrdurchmessern ($> 2,5$ m)
wird nach IEC 607 die Messung in zwei Meßpunkten vorgeschlagen.

An der Austrittseite liegen die Verhältnisse ungünstiger, weil
der gesamte Wasserstrom nicht mit dem gleichen Wirkungsgrad
abgearbeitet wird, wobei sich das abgedrosselte Spaltwasser besonders unangenehm bemerkbar macht. Die Erfahrung zeigt allerdings auch hier, daß sich das Wasser mit zunehmender Entfernung
von der Maschine sehr rasch durchmischt, sodaß man diesem Umstand
durch entsprechende Lage des Meßquerschnittes Rechnung tragen
kann. Darüberhinaus schreibt der einschlägige IEC-Code 607, je
nach Größe des Meßquerschnittes, die "Abtastung" in mehreren
Punkten vor, wobei die dabei auftretenden Differenzen ein Maß für
die Meßunsicherheit darstellen.

<u>Dipl.-Ing. Adolf Weiß, OKA.:</u>

1) Einfluß der Temperatur an der Druckrohroberfläche (Sonneneinstrahlung, Nacht ...)

2) Gibt es einen einfachen Zusammenhang zwischen Fallhöhe und Genauigkeit?

<u>Antwort des Autors:</u> Bei frei liegenden Druckrohrleitungen kann es bei starker Sonneneinstrahlung zu einer ungleichmäßigen Temperaturverteilung an der Eintrittseite einer Turbine kommen, was sich in einer starken Streuung der Meßwerte bemerkbar macht. In solchen Fällen konnten bislang die Wirkungsgradmessungen während der Nacht erfolgreich durchgeführt werden.

Von den in Betracht kommenden Einzelmeßfehlern ist i.a. nur der Meßfehler bei der Bestimmung der Temperaturdifferenz von der Fallhöhe abhängig, wobei der zu erwartende Meßfehler umso geringer ist, je größer die zur Verfügung stehende Fall- bzw. Förderhöhe ist. Ein ursprünglich vorgesehener Vorschlag für die Revision des Kapitels "Thermodynamische Methode" der Internationalen Regeln für Abnahmemessungen an Wasserturbinen sah die Darstellung des Gesamtmeßfehlers von der Wassertemperatur und Fallhöhe vor, wobei der zu erwartende Meßfehler mit steigender Absoluttemperatur des Triebwassers bei Fallhöhen unter 200 m WS zunahm. Dieser Vorschlag wurde jedoch wieder fallen gelassen, sodaß es Aufgabe des Meßingenieurs ist, in jedem Einzelfall eine Meßfehleranalyse durchzuführen.

<u>Dipl.-Ing. Kratschmer, VOITH, St. Pölten:</u>
Welche Methoden bzw. Meßanordnungen zum Abtasten der Temperaturverhältnisse in den Meßquerschnitten kennt man derzeit?
<u>Antwort des Autors:</u> Das "Abtasten" der Temperaturverteilung in einer Rohrleitung kann in der Praxis in folgender Weise vorgenommen werden:

1. Einbau mehrerer Kalorimeter mit unterschiedlich langen Entnahmesonden

2. Einbau von Spezialsonden, welche den Meßquerschnitt entlang eines Rohrdurchmessers erfassen, indem mittels eines Doppelrohrsystems durch einfaches Verdrehen der Sonde während der Messung entlang der Sonde unterschiedliche Entnahmebohrungen für den Meßwasserstrom freigegeben werden.(S. Schedelberger und K. Randa, Untersuchungen an einer Entnahmesonde für thermodynamische Wirkungsgradmessungen, ATM Januar 1974)

3. Einbau eines Meßkreuzes, mit Hilfe dessen Wasser an einer
   größeren Anzahl von Meßpunkten durch Bohrungen eines Rohr-
   systems entnommen und einer gemeinsamen Meßkammer, in der
   das Thermometer sitzt, zugeführt wird.

Hydraulische Auslegungskriterien für Kleinwasserkraftanlagen und ihre Einsatzmöglichkeiten in der zukünftigen Energieversorgung

W. König

1. Einleitung

Schon seit frühester Zeit wurde in Österreich die Wasserkraft
von den Menschen genützt; sie war die Grundlage des Wohlstandes
vieler Gebiete, trieben die Wasserräder doch Mühlen wie Schmie-
dehämmer, und das nicht nur im Gebirge, auch in Wien nützte man
mit "Schiffsmühlen" die Wasserkraft der Donau.

Mit dem Fortschritt der Technik und dem Wandel vom Gewerbe- zum
Industriebetrieb stieg der Energiebedarf stark an und neben der
Wärmekraft wurde um die Jahrhundertwende die Wasserkraft forciert
ausgebaut. Die Entwicklungen von Howd, Pelton und Kaplan führten
zu den auch heute gebräuchlichen und hochentwickelten Turbinentypen. Die Turbinen wurden früher oft direkt oder über Trans-
missionen mit den Arbeitsmaschinen gekoppelt, mit zunehmendem
Einsatz der elektrischen Energie entstanden nach und nach viele
regionale Versorgungsnetze.

Ein großer Teil dieser in den ersten beiden Jahrzehnten unseres
Jahrhunderts erbauten kleineren Wasserkraftwerke ist heute noch
mit den Originalmaschinen in Betrieb, sehr viele aber wurden
stillgelegt und deren Energiepotential liegt brach, da große
Kraftwerksanlagen mittels überregionaler Verbundnetze elektrische
Energie in ausreichender Menge bereitstellten.
Mit dem Sprung in die Gegenwart und damit in eine Zeit interna-
tionaler politischer Unsicherheit, rasch steigender Preise für
Primärenergie und latenter Versorgungskrise ist die Frage nach
der Bedeutung der Kleinwasserkraftwerke wieder aktuell geworden

  - von vielen totgesagt, von machen als Lösung der Energie-
    krise gepriesen, nur von wenigen kritisch akzeptiert -
    was bringen die Kleinwasserkraftwerke nun wirklich ?

In den folgenden Ausführungen soll versucht werden, nach einer
Standortbestimmung für die Kleinwasserkraftwerke im Rahmen der
Energieversorgung Österreichs aufgrund der Bestandsstatistik 1974
sowie einer Kostenbetrachtung einige Konzepte für derartige Anlagen aufzuzeigen. Neben konventionellen Bauarten sollen auch
einige ungewöhnliche Maschinen besprochen werden. Überlegungen
zur Modernisierung von Altanlagen werden durch Beispiele aus dem
oberen Traisental ergänzt.

2. Kleinkraftwerke und ihr Beitrag zur Energieversorgung

Ein sehr bekanntes Diagramm zeigt <u>Bild 1</u>, nämlich die Entwicklung des Stromverbrauches in Österreich, der durch Erzeugung in
hydraulischen und kalorischen Kraftwerken sowie durch Importe
gedeckt werden muß.

Um einen möglichst großen Anteil durch die Erzeugung aus heimi-
scher Wasserkraft aufzubringen, wurde das hydraulische Potential
untersucht und mehrmals revidiert. Das theoretische Nieder-
schlagsvolumen von ca 252 TWh sowie das Bruttoabflußpotential
von etwa 75 bis 152 TWh ist mit ungefähr 62 TWh technisch ausbau-
fähig, wird aber durch ökonomische Restriktionen auf das ausbau-
würdige Wasserkraftpotential reduziert, welches unter anderem
vom Stand der Technik, von der Entwicklung von Kapitalzinsen und
Inflation und sehr wesentlich von der Kostenentwicklung für Kon-
kurrenzenergieträger abhängt. <u>Bild 2</u> verdeutlicht die Entwicklung
des ausbauwürdigen Wasserkraftpotentials, für das Jahr 1978 wurde
es mit 49,2 TWh ermittelt, wovon ca 57 % ausgebaut sind. /9, 13,
14, 15/.

Um den Anteil der Kleinwasserkraftwerke zu untersuchen, ist vorerst dieser Begriff genauer zu umreißen; es ist heute in der Literatur allgemein üblich geworden, als Kleinkraftanlagen solche in
einem Leistungsbereich von 100 bis 5000 kW zu betrachten. Die
Grenzen sind hier verschwommen, da es einerseits zahllose Kleinst-
anlagen mit einigen Dutzend kW Leistung gibt, andererseits in
Amerika Kraftwerke mit 15 MW Leistung durchaus als Kleinkraftwerke
angesehen werden.

Analysiert man die letztverfügbare Bestandsstatistik der Unternehmen und Kraftwerke Österreichs für das Jahr 1974, so zeigt
sich im Bereich der Kleinwasserkraftwerke folgende Situation:

Leistungsgruppen: kW	Anzahl - / %	Leistung kW	%	RAV GWh	%
10 - 100	692/55,2	30.415	/ 8,5	173,6	/ 9,0
101 - 1000	475/37,9	144.970	/40,8	815,9	/ 42,3
1001 - 2000	53/ 4,2	76.755	/21,6	426,8	/ 22,1
2001 - 5000	34/ 2,7	103.275	/29,1	512,5	/ 26,6
Summe:	1254/100	355.415/100		1928,8 /100	

Die 1254 Kleinwasserkraftwerke mit zusammen 355.415 kW repräsentieren ein Regelarbeitsvermögen von 1928,8 GWh. Ihr Anteil an der Gesamtstromerzeugung betrug etwa 5,9 %, bezogen auf die hydraulische Erzeugung 8,6 %, ein Leistungsanteil von 5,8 % und jener am Regelarbeitsvermögen mit 7,7 % wurden ermittelt - <u>Bild 3</u>. Dies mag vielleicht gering erscheinen, dazu aber noch zwei absolute Vergleichszahlen.

Setzt man den durchschnittlichen Haushaltstarif in Rechnung, so repräsentiert die Erzeugung der Kleinkraftwerke einen Wert von 1,5 Milliarden Schilligen. Als zweite Größe seien die Übertragungsverluste im Verbundnetz erwähnt. Diese betrugen im Jahre 1974 ca. 2300 GWh, das waren 7,4 % des Gesamtstromverbrauches; etwa 88 % dieser Verluste wurden durch die Erzeugung der Kleinwasserkraftwerke aufgewogen.

Nachdem zweifellos feststeht, daß die Kleinkraftanlagen eine doch nicht zu vernachlässigende Größe darstellen, muß man sich die Frage stellen, wie dieses Potential optimal ausgenützt werden kann. Die Optimierungsfragen werden vor allem durch die hydraulischen Gegebenheiten und die beabsichtigte Betriebsführung bestimmt, daraus resultieren Turbinentype, Ausbaugrad, bauliche Anlagen sowie erforderliche Regel- und Sicherheitseinrichtungen. Die zu erwartenden Kosten für den Ausbau der Kleinwasserkraft werden von den genannten Gesichtspunkten beeinflußt; eine wesentliche Rolle spielt auch der Umstand, ob es sich um einen vollständigen Neubau oder eine Revitalisierung, Erweiterung und Automatisierung einer bestehenden Altanlage handelt.

Um die Kosten in den Griff zu bekommen, ist so weit als möglich eine Standardisierung der maschinellen Einrichtungen und der Bauwerke anzustreben. Es zeigt sich aber, daß mit relativ geringem Aufwand auch alte Anlagen durch gezielte Maßnahmen wirtschaftlich genützt werden können. Dazu ein Beispiel im letzten Abschnitt dieses Beitrages.

3. Untersuchung nach Leistungsklassen

Die häufig gestellte Frage, ab welcher Ausbauleistung ein Wasserkraftpotential wirtschaftlich erschlossen werden kann, ist nicht
allgemeingültig zu beantworten, da zu stark die örtlichen Bedingungen in die Betrachtungen eingehen. Die folgenden statistischen
Auswertungen sollen jedoch zeigen, in welchen Leistungsklassen
die Schwerpunkte von Regelarbeitsvermögen und Leistung liegen.
Die im 2. Abschnitt angeführte Übersicht über Kraftwerke mit einer
Leistung von 10 bis 5000 kW ist im Bild 4 graphisch dargestellt.
55,2 % der Kraftwerke (10 kW < P < 100 kW) erbringen 8,5 % der Gesamtleistung und 9,0 % des RAV, während 42,1 % der Anlagen (101 <
P < 2000 kW)   62,4 % der Gesamtleistung und 64,4 % des RAV der
Kleinkraftwerke erbringen.

Bild 5 zeigt die Bestandsänderungen im Zeitraum von 1959 bis 1974.
Die große Zahl von Stillegungen betraf hauptsächlich die niedrig-
ste Leistungsklasse mit 84,4 % der Anlagen. Im selben Zeitraum
wurden aber auch 274 Kleinwasserkraftwerke neu erbaut und 173 Anlagen erweitert und ausgebaut. Der Zuwachs an Regelarbeitsvermögen überwiegt dabei den Verlust durch Stillegungen um 288,6 GWh,
der Leistungszuwachs betrug 56,1 MW.

Schlüsselt man Neu- und Umbauten wiederum nach Leistungsklassen
auf, Bild 6, so stellt man im Bereich von 100 kW bis 2000 kW den
Schwerpunkt des Zuwachses fest - 40,2 % der Anlagen erbringen
68,4 % des RAV-Zuwachses; zieht man Anlagen bis 5 MW in Betracht,
so erbringen 42,9% der Gesamtzahl 88,2 % des RAV-Zuwachses. Diese
Aufschlüsselung wird später nochmals Ausgangspunkt verschiedener
Überlegungen sein.

Bild 7 zeigt eine Aufteilung der Kraftwerke nach Turbinentypen,
Leistungsklasse und Fallhöhe. Der weit überwiegende Teil der Maschinen arbeitet unter Fallhöhen kleiner als 20 m. Diese Aufstellung wurde bewußt aus der Bestandsstatistik 1959 genommen, da
die Kleinkraftwerke meist kleinere Gefälle abarbeiten und diese
nach Stillegungen heute zum Teil brachliegen.

4. Kostenstruktur von Kleinwasserkraftwerken

In Kleinwasserkraftwerken werden heute die drei gebräuchlichsten
Turbinentypen Pelton-, Francis- und Kaplanturbine verwendet, ver-
einzelt kommen auch Durchströmturbinen zum Einsatz.
In verschiedenen Arbeiten werden die Kosten von Kleinkraftwerken
untersucht und Kostenfunktionen angegeben /2, 3, 6, 7, 16/.
Bild 8 zeigt die spezifischen Kosten von Turbinen je kW installier-

ter Leistung in Abhängigkeit von Fallhöhe und Triebwassermenge.
Bei konstanter Fallhöhe sinken die spezifischen Kosten mit steigender Wassermenge und damit größeren Leistungen, bei konstanter
Wassermenge mit zunehmender Fallhöhe. Berücksichtigt man die Ge-
neratorkosten, welche leistungs- und drehzahlabhängig sind, so
ergibt sich ein gleichartiges Bild mit höheren Kosten. <u>Bild 9</u> stellt
einen Schnitt längs einer Linie P = const = 200 kW dar. Interessant ist dabei, daß beim Übergang von einer spezifisch langsamer
laufenden Maschine auf die schnellaufende die spzifischen Kosten
zunächst auf etwa die Hälfte absinken. Mit zunehmender Ausbauleistung steigen die Kosten jedoch bei schnellaufenden Turbinen
wesentlich schneller als bei langsam laufenden an.
Die Montagekosten sind in diesen Bildern nicht berücksichtigt,
es wird in /16/ ein Satz von 8 - 12 % der Maschinenkosten angegeben.
Der elektrotechnische Anlagenteil bringt verschiedene Probleme
mit sich, soll aber hier nicht weiter behandelt werden. Die Kosten-
anteile der elektrischen Überwachungs- und Schalteinrichtungen
richten sich hauptsächlich nach der gewünschten Betriebsführung.
Die Schutzeinrichtungen in Kleinkraftwerken müssen gewährleisten,
daß beim Betrieb der Anlage das übergeordnete Netz nicht gestört
wird und die Kraftwerkskomponenten bei Störfällen zuverlässig
geschützt werden, d.h. der Maschinensatz vom Netz getrennt und
stillgelegt wird.

Betrachtet man das gesamte Kraftwerk, so kommen die am schwierig-
sten zu erfassenden Baukosten hinzu, weiters müssen die je nach
Kraftwerkstype stark differierenden Kosten für die Triebwasser-
führung, Wehre, Rechenreinigungsmaschinen und Hochwasserentlastungs-
einrichtungen kalkuliert werden.

Bezieht man die Gesamtkosten auf jene des elektromaschinellen An-
lagenteils, so ergeben sich nach /6/ folgende durchschnittliche
Multiplikationsfaktoren:

	mit Rohrleitung	ohne	neue Maschine in existierendem Krafthaus
P > 500 kW	5,1	2,6	1,5
P < 500 kW	5,5	3,7	1,5

Diese Werte gelten für Anlagen an vorhandenen Staudämmen. Ist es
notwendig, die Triebwasserfassung neu zu erstellen oder sind grös-
sere Verlegungskosten für eine Druckrohrleitung zu erwarten, so
können die Faktoren beträchtlich ansteigen.

Die ungefähre prozentuelle Aufteilung der Kosten auf die einzelnen Anlagenteile zeigt <u>Bild 10</u>. Bei großen Fallhöhen sinken zwar
die Maschinenkosten, infolge der teuren Rohrleitung steigen die
Gesamtkosten jedoch wieder an.

Diese Kostenbetrachtung spielt auch für die hydraulische Auslegung der Turbine eine bedeutende Rolle. Die Anlagenkosten steigen
vor allem bei Niederdruckkraftwerken sehr stark mit steigendem
Ausbaugrad an.

Man muß nun grundsätzlich unterscheiden, ob man ein Kleinwasser-
kraftwerk ausschließlich für die Stromlieferung ins öffentliche
Netz bzw. für die Versorgung eines entsprechend großen Betriebes
konzipiert, oder aber ob es für einen kleineren Gewerbebetrieb
Strom liefern soll. Im ersteren Fall wird man sicherlich eine
optimale Lösung hinsichtlich Ausbaugrad, erreichbarer Jahresar-
beit und technischer Ausführung im Hinblick auf den Wirkungsgrad
anstreben. Bei kleineren Betrieben wird die bei Kraftwerksanlagen
langfristige Kapitalbindung oft nicht möglich sein, eine Eigen-
stromversorgung aber trotzdem Vorteile bringen; man wird daher
Zugeständnisse bei der Ausbauleistung und der technischen Ausführung machen, d.h. die Maschinen eher kleiner auslegen und ein-
fachere Konstruktionen anstreben. In Zeiten schwacher Wasser-
führung wird dann die Beaufschlagung und damit der Wirkungsgrad
nicht so stark abfallen. Die Konstruktion wird wegen des kleineren Bauvolumens aber auch durch Wegfall aufwendiger Regeleinrichtungen billiger, z.B. nur Laufschaufelregelung bei Rohrturbinen.

Im <u>Bild 11</u> ist der Wirkungsgradverlauf verschiedener Turbinentypen dargestellt.

5. Standardisierung von Kleinturbinen

Um die Kosten der hydraulischen Maschinen selbst in den Griff zu
bekommen, haben die verschiedenen Turbinenhersteller Standardprogramme in sinnvoller Abstufung der Baugrößen entwickelt.

Für diese Standardisierung ist besonders der Leistungsbereich
zwischen 100 und 2000 kW prädestiniert. In diesem Bereich sind,
wie im Abschnitt 3 ausgeführt, einerseits sehr viele Anlagen zu
finden, was die Fertigung in Kleinserien erlaubt, andererseits
ist auch das entsprechende wirtschaftlich nutzbare Potential
vorhanden.

<u>Bild 12</u> zeigt den Einsatzbereich der verschiedenen Turbinentypen

in Abhängigkeit von Fallhöhe und Triebwassermenge /1/. Da ein
Großteil der Turbinen unter Fallhöhen bis 20 m arbeitet, war es
naheliegend, zuerst die Niederdruckturbinen zu standardisieren.
Bild 13 zeigt ein Auslegungsbild für ein Axialturbinenprogramm
/1/. Das entsprechende Q-H-Feld wird auf eine bestimmte Anzahl
von Laufraddurchmessern mit verschiedenen Profiltypen aufge-
teilt. Man kann auch die zulässige Saughöhe entnehmen - aus bau-
lichen Gründen wäre eine Aufstellung des Maschinensatzes über
dem Unterwasserniveau vorteilhaft.

Neben dem rein elektromaschinellen Teil wurde auch die Gestaltung
des Triebwasserweges und des Krafthauses in die Überlegungen mit-
einbezogen und weitestgehend mit dem Laufraddurchmesser normiert.
Bild 14 zeigt verschiedene Dispositionsmöglichkeiten für Axialturbinen.
Für Francis- und Peltonturbinen können Typenreihen in ähnlicher
Art aufgestellt werden, sie sind auch besonders für kompakten
Zusammenbau mit Getriebe und Generator geeignet - Bild 15 - und
werden für größere Fallhöhen eingesetzt. Gerade in letzter Zeit
wurden Kleinkraftwerke zur Nutzung von Gefällestufen bis zu einigen hundert Metern gebaut.

Sondermaschinen

Neben den bekannten und eingeführten Turbinenarten gibt es aber
auch interessante unkonventionelle Ideen zur Senkung der Maschinenkosten, indem für die verschiedensten Zwecke in Serie herge-
stellte hydraulische Maschinen für den Turbinenbetrieb verwendet werden.
Schubpropeller für Bohrinseln, Tankschiffe und dergleichen, welche zur Erhöhung deren Manövrierfähigkeit eingesetzt und in
großer Stückzahl hergestellt werden, wurden mit Erfolg als Niederdruckturbinen angewendet. Im Bild 16 ist eine derartige Maschine mit festen Leit- und Laufschaufeln gezeigt, die Drehzahlregelung erfolgt über eine Wirbelstrombremse. Der an sich bekannte Abtrieb über ein Kegelradgetriebe ermöglicht eine wirtschaftliche Generatordrehzahl und ungestörte Strömungsverhält-
nisse im Saugrohr.

Die Verwendung von Normkreiselpumpen als Turbinen kann aufgrund
der fein abgestuften Leistungsbereiche und der wegen Serien-
produktion in größten Stückzahlen günstigen Kosten für Kleinkraftanlagen wirtschaftlich interessant sein.

Untersuchungen in /5/ setzen konstante Betriebsbedingungen hin-

sichtlich Q und H voraus - dies aufgrund von Anwendungsfällen
in der Verfahrenstechnik, wo Kreiselpumpen als Entspannungstur-
binen eingesetzt werden.

Bild 17 zeigt das Kennfeld einer Spiralgehäusepumpe im Pumpen-
und Turbinenbereich. Der Betriebsbereich als Turbine wird durch
Widerstandskennlinie (definiert durch n = 0) und Leerlaufkenn-
linie (M_d = 0) begrenzt. Der maximal erreichbare Wirkungsgrad
ist dabei gleich oder etwas größer als im Pumpenbetrieb; dies
ist vor allem auf die geringere Totraumbildung infolge der beschleunigten Strömung im Turbinenbetrieb zurückzuführen. Das
Wirkungsgradmaximum liegt im Turbinenbetrieb, bei gleicher Drehzahl, bei größeren Volumenströmen als im Pumpenbetrieb, die Maschine verarbeitet dabei ein wesentlich größeres Gefälle als
die Pumpe erzeugt. Die Punkte besten Wirkungsgrades liegen in der
Nähe der Widerstandskennlinie; im Gegensatz zum Pumpbetrieb, wo
der Wirkungsgrad im Überlastgebiet steil abfällt, ergibt sich beim
Turbinenbetrieb ein sehr flacher und günstiger Verlauf. Die ver-
gleichsweise schlechteren Teillastwirkungsgrade könnten durch eine
knappe Auslegung der Maschine und damit einer Tendenz zum Überlastbereich ausgeglichen werden. Umrechnungsfaktoren vom Pump-
zum Turbinenbetrieb als Funktion der spezifischen Drehzahl zeigt
Bild 18. Einen wesentlichen Einfluß auf die Betriebseigenschaften
hat der Laufraddurchmesser; stärkeres Abdrehen erbringt bessere
Teillastwirkungsgrade und ermöglicht in gewissem Rahmen eine Anpassung an die Einsatzbedingungen.

Von besonderem Interesse ist die Verwendung geeigneter Regelorgane,
wodurch den Kreiselpumpen ein weiterer Anwendungsbereich für
Kleinkraftanlagen erschlossen werden könnte. Dies wird auch am
Institut für Wasserkraftmaschinen und Pumpen Gegenstand eingehen-
der Untersuchungen sein.

Rohrleitungen

Bei der Errichtung von Kleinkraftwerken mit größeren Fallhöhen
stellt die Druckrohrleitung einen maßgeblichen Kostananteil dar.
Eine deutliche Kosteneinsparung kann hier durch die Verwendung
von Muffenrohren aus duktilem Guß erreicht werden. Die VRS -
Muffenkonstruktion - Bild 19 - ist schub- und zuggesichert sowie
bis zu 6° abwinkelbar. Dadurch können ganze Rohrstränge über
Hänge gezogen oder abgeseilt und kurze Montagezeiten selbst ohne
hochqualifizierte Fachkräfte erreicht werden. Infolge der Ab-
winkelbarkeit ist eine gute Anpassung an das Gelände möglich.

Zur Kosteneinsparung trägt auch das Entfallen von aufwendigen Prüfungen, wie sie z.B. bei geschweißten Stahlrohrleitungen notwendig sind, sowie von Korrosionsschutzmaßnahmen an der Baustelle wesentlich bei. Beide Arbeiten werden im Herstellerwerk rationell durchgeführt.

6. Modernisierung von Altanlagen

Sehr viele Kleinwasserkraftwerke sind bereits 50, 60, ja bis zu 80 Jahren in Betrieb, sie sind oft in schlechtem Zustand und entsprechen nicht mehr den heutigen Sicherheitsanforderungen. Die manuelle Bedienung macht sie zudem unwirtschaftlich, da heute die Lohn- und Lohnnebenkosten i. a. den maßgeblichen Anteil an den Produktionskosten haben.

Wie durch zahlreiche Beispiele gezeigt werden kann, ist es bei entsprechendem Bauzustand möglich, derartige Kraftwerke mit verhältnismäßig günstigem Aufwand zu modernisieren und zu automatisieren und damit neben Kostensenkung auch eine beträchtliche Mehrerzeugung zu erreichen.

Der <u>Einbau neuer Turbinen</u> in eine gut erhaltene Bausubstanz wird in <u>Bild 20</u> gezeigt. Vor allem bei Niederdruckkraftwerken, welche hauptsächlich mit Francis-Schachtturbinen ausgerüstet waren, bietet sich der Umbau auf Kaplan-Rohrturbinen wegen der günstigen Einbauverhältnisse an. Die doppelt geregelte Rohrturbine weist einen wesentlich besseren Wirkungsgradverlauf als die früher verwendeten schnelläufigen und oft als Zwillings- oder Mehrfachturbinen ausgeführten Francisräder auf.

Bei der <u>Sanierung von älteren Maschinen</u>, welche für einen weiteren Einsatz geeignet sind, ist vor allem auf Egalisieren der Spaltflächen, Entfernen von oft sehr starkem Wassersteinbelag und Ersatz ausgeschlagener Buchsen im Leitapparat zu achten. Ein Austausch des Laufrades gegen ein solches mit besserer hydraulischer Formgebung ist in Sonderfällen möglich, Grenzen sind vor allem durch den Leitapparatdurchmesser gesetzt.

Bei Anlagen mit offenen Turbinenkammern wird wegen zu geringer Wasserüberdeckung oft Luft eingezogen und dadurch ein Leistungsverlust bedingt. Abhilfe ist durch Einbau einer Tauchnase oder einer Schwimmdecke möglich - desgleichen müssen Undichtheiten im Saugbereich der Turbine behoben werden. Der meist kubisch ausgeführten Turbineneinlaufkammer kann durch Einbauten eine günstigere hydraulische Form gegeben werden, wodurch der Wirkungsgrad um 2 bis 4 % verbessert wird.

Automatisierung

Bei der Umstellung eines Kleinkraftwerkes auf wärterlosen Betrieb
wird grundsätzlich zwischen Halb- und Vollautomatisierung unterschieden. Für die folgenden Betrachtungen sei vorausgesetzt, daß
die Kleinkraftanlage in ein übergeordnetes Betriebs- oder öffent-
liches Netz liefere. Die Turbinenöffnung wird dabei i. a. nach
dem Oberwasserspiegel geregelt, um das vorhandene Wasserdargebot
optimal auszunützen.

Halbautomatischer Betrieb

Im Störungsfall stellt sich die Maschinenanlage durch Auslösen
von Fallschützen oder Drosselklappen entweder selbsttätig ab oder
wird auf Leerlaufdrehzahl zurückgenommen und ein Nebenauslaß geöffnet. In neueren Anlagen wird die letztere Methode bevorzugt angewendet, da zum Beispiel durch die Verwendung von Fallschützen
bei Ausleitungskraftwerken infolge der langen Zeitdauer für das
Auffüllen des Restgerinnes der Betrieb der Unterliegerkraftwerke
empfindlich gestört werden kann.

Nach der Wiederkehr der Netzspannung müssen halbautomatisierte
Anlagen manuell angefahren werden, ebenso wenn ein Inselbetrieb
aufgenommen werden soll; in diesem Fall ist neben dem Wasser-
stands- auch ein Drehzahlregler notwendig.

Vollautomatischer Betrieb

Bei vollautomatisierten Anlagen erfolgt beim Ausfall des übergeordneten Netzes entweder Übergang auf Inselbetrieb, unwichtige
Verbraucher werden dabei meist weggeschaltet, oder der Maschinensatz wird auf Leerlaufdrehzahl zurückgenommen.
Bei Rückkehr der Netzspannung wird zeitverzögert selbsttätig syn-
chronisiert und zum Netz geschaltet.

Sowohl bei halb- als auch bei vollautomatischem Betrieb sind die
wichtigsten Aggregate wie Lager, Getriebe, elektrische Einrichtungen und dergleichen ständig zu überwachen.

Beispiel "Oberes Traisental"

An einem Beispiel aus dem oberen Traisental soll die erfolgreiche
Modernisierung von Kleinkraftwerken gezeigt werden.

Eine Gruppe von 4 Kleinwasserkraftwerken der VOEST ALPINE Werk-
zeug und Draht AG (VAWD-St.Egyder) in St.Aegyd a.N. ist über ein
10 kV-Erdkabel verbunden und mit dem öffentlichen Netz parallel-
geschaltet. Bild 21 zeigt einen Situationsplan. Die Anlagen wur-

den im Zeitraum von 1909 bis 1941 erbaut und im Schichtbetrieb
manuell gefahren. In den Jahren ab 1969 wurde nach und nach auf
wärterlosen Betrieb umgestellt und aus Kostengründen ein halb-
automatischer Betrieb gewählt. Betrachtet man z.B. das E-Werk
"Mauthof", so ergab sich wegen der günstigen Anlagenverhältnisse
eine Kapitalrückflußzeit von nur 7 Monaten, die Steigerung der
Erzeugung um ca 13 % des langjährigen Durchschnitts infolge
optimaler Wasserausnützung spricht für sich. <u>Bild 22</u> zeigt die
Bruttoerzeugung der Kraftwerke. Durch die Rationalisierung konnte
eine bedeutende Kostensenkung erreicht werden. <u>Bild 23</u> stellt die
Entwicklung der Eigenstromkosten bezogen auf die Fremstromkosten
dar. Die gegenüber einer Vollautomatisierung wesentlich billi-
gere Halbautomatisierung bringt betrieblich keine wesentlichen
Nachteile, da bei Netzausfall durch die Betriebselektriker kurzfristig ein Inselbetrieb zur Versorgung der wichtigsten Verbraucher (Glühofen etc) aufgebaut werden kann. In diesem Fall
wird vom KW "Mauthof" die Netzregelung durchgeführt, während die
anderen Kraftwerke nach dem Wasserdargebot gefahren werden.

7. Zusammenfassung

Die in der Bestandsstatistik 1974 ausgewiesenen Kraftwerke mit
Leistungen zwischen 10 kW und 5000 kW stellen einen Anteil von
7.7 % des Gesamtregelarbeitsvermögens der österreichischen Kraftwerke dar, wobei die Leistungsklasse von 100 kW bis 2000 kW den
Schwerpunkt bildet und auch für eine Anlagenstandardisierung prädestiniert erscheint. Eine Kostenbetrachtung zeigt steigende spezifische Kosten bei kleineren Leistungen und bei konstanter Leistung mit zunehmender Triebwassermenge. Die gesamten Kraftwerks-
kosten können als Vielfaches der Maschinenkosten abgeschätzt werden. Neben den konventionellen, meist in Standardprogramme zusam-
mengefaßten Turbinentypen können z.B. auch Normkreiselpumpen als
Kleinturbinen eingesetzt werden - genauere Untersuchungen des Be-
triebsverhaltens sind am Institut für Wasserkraftmaschinen geplant.
Die Erstellung von Druckrohrleitungen kann durch Verwendung von
zug- und schubgesicherten Muffenrohren vereinfacht werden. Die
Modernisierung und Automatisierung von Altanlagen erbringt neben
Kosteneinsparungen auch eine beträchtliche Mehrerzeugung.
Die Kleinwasserkraftwerke helfen mit, Devisen einzusparen und kön-
nen vor allem bei Gewerbe- und Industriebetrieben zur Verbesserung
der Konkurrenzfähigkeit durch Senkung der Energiekosten führen.
Diese Ausführungen erheben bei weitem keinen Anspruch auf eine voll-

ständige Darstellung des Problemkreises Kleinwasserkraftwerke,
sondern wollen nur einige Gedanken zur wirtschaftlichen Nutzung
vorhandener Ressourcen aufzeigen.

<u>Literatur</u>

/1/ Bachmann J.: "Standardisierte Kleinturbinen - eine wirtschaftliche Lösung zur Nutzung kleiner Wasserläufe" Escher Wyss Mitteilungen 52. Jhg., 1979, Heft 2.

/2/ Brown R.S. u.a.: "Small hydro studies in New York state"
Water Power & Dam Constr. April 1979.

/3/ Cotillon J.: "Micropower: an old idea for a new problem"
Water Power & Dam Constr. Jan. 1979.

/4/ Dichtl H.J., Stehno G., Platzer H.: "Berstuntersuchungen an
duktilen Druckrohren mit der schubgesicherten VRS-Steckmuffen-
verbindung" Sonderdruck aus "Mitteilungen aus dem Institut für
Baustofflehre + Materialprüfung an der Universität Innsbruck"

/5/ Diderich H.: "Verwendung von Kreiselpumpen als Turbinen" KSB-
Technische Berichte, Heft 12.

/6/ Gordon J.L., Penman A.E.: "Quick estimating techniques for
small hydroptential" Water Power & Dam Constr., Sept. 1979.

/7/ King R.M.: "Mini hydrodevelopements for small areas" Water
Power & Dam Constr., Jan. 1979.

/8/ Kössler E.: "Moderne Ausrüstungen für Kleinwasserkraftwerke"

/9/ Lang E., Partl R.: "Das Wasserkraftpotential Österreichs"
ÖZE, 18. Jhg., Heft 12.

/10/ Partl R.: "Wieviel wiegen die Kleinkraftwerke?" Energiewirtschaft EW 51, 1979.

/11/ Partl R., Knauer K.: "Das Wasserkrafpotential Österreichs"
ÖZE, 23. Jhg., Heft 4.

/12/ Partl R., Knauer K.: detto -Stand 1975, ÖZE, 28.Jhg., Heft 5

/13/ Partl R., Knauer K.: detto -Stand 1978, ÖZE, 32.Jhg., Heft 4

/14/ Priewasser, G.: "Kleinwasserkraftwerke - Kostenstruktur und
energiewirtschaftliche Bedeutung" Dipl.-Arb., TU Wien, 1979.

/15/ "Voith Standardturbinenprogramm"

/16/ "Bestandsstatistik der Unternehmen und Kraftwerke in Österreich, Stichtag 1.Jänner 1959"; hrsg.vom BMf.H.G.u.I.

/17/ "Bestandsstatistik der Unternehmen und Kraftwerke in Österreich, Stichtag 1.Jänner 1974"; hrsg.vom BMf.H.G.u.I.

/18/ Taschenbuch für Energiestatistik, Berichtsjahr 1978,
hrsg.vom BMf.H.G.u.I.

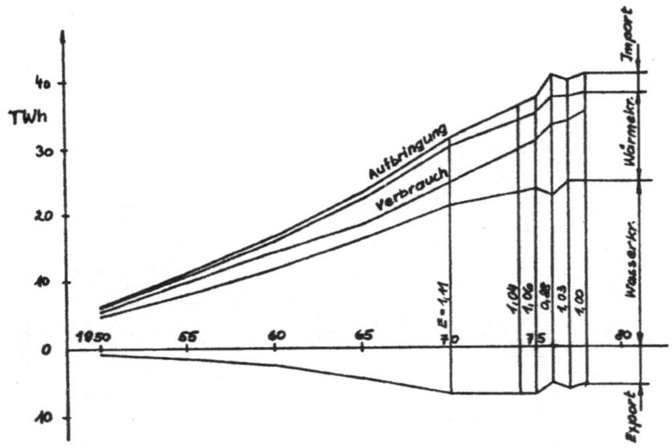

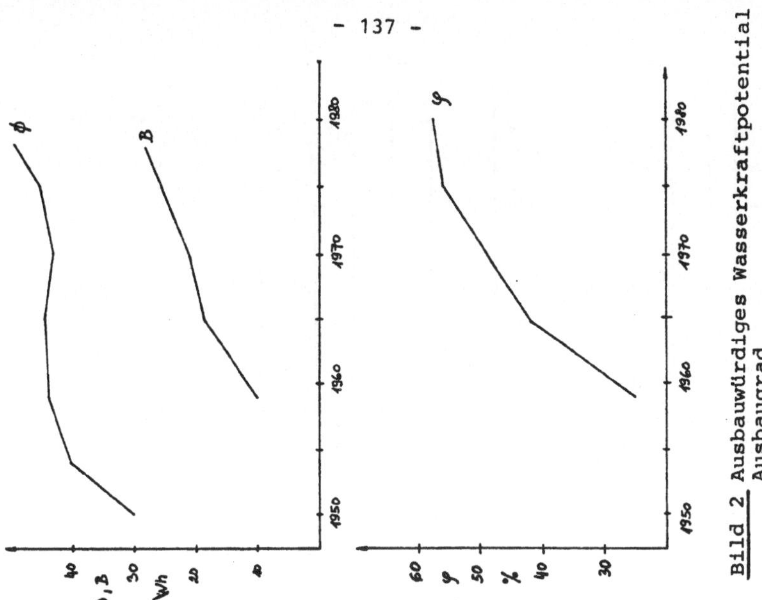

Bild 2 Ausbauwürdiges Wasserkraftpotential Ausbaugrad

Bild 1 Entwicklung d.Stromverbrauches in Österreich

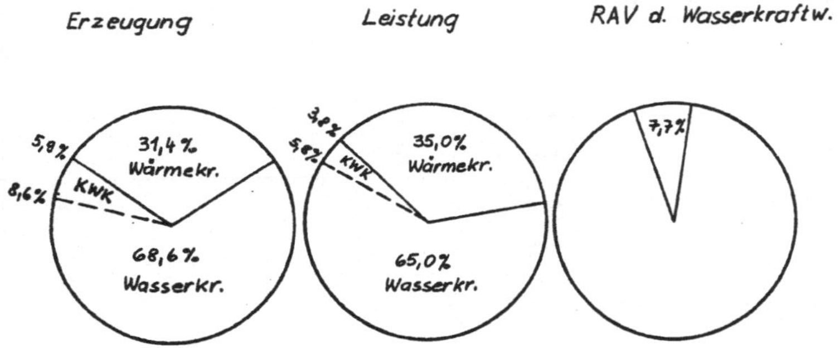

Bild 3 Anteil der Kleinwasserkraftwerke

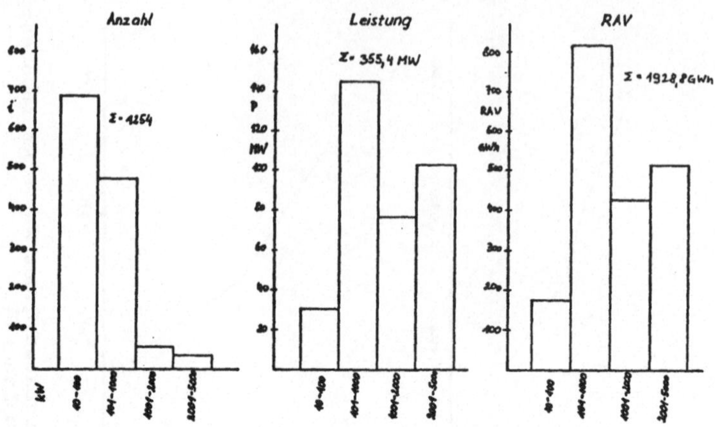

Bild 4 Bestand an Kleinwasserkraftwerken 1974

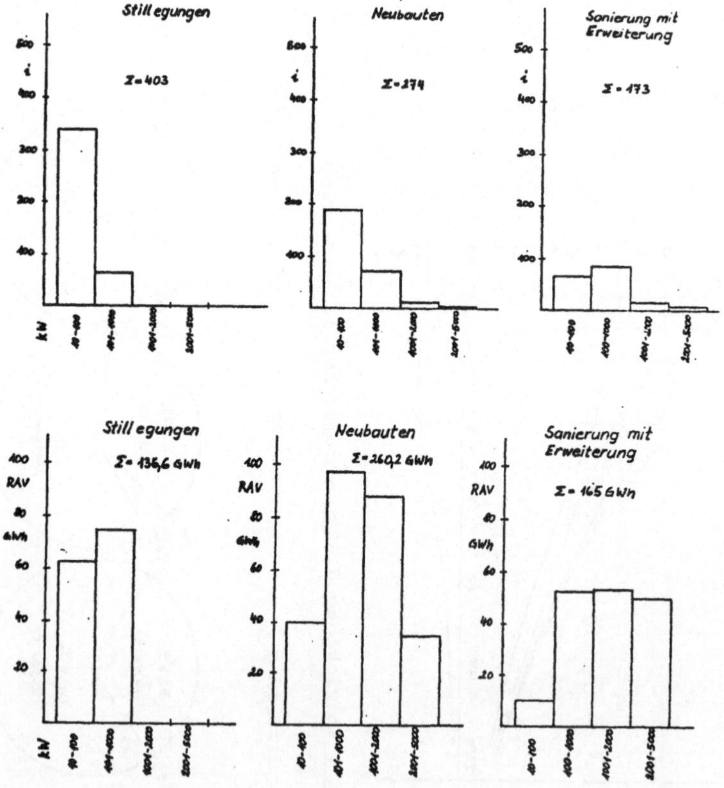

Bild 5 Bestandsveränderungen 1959 – 1974

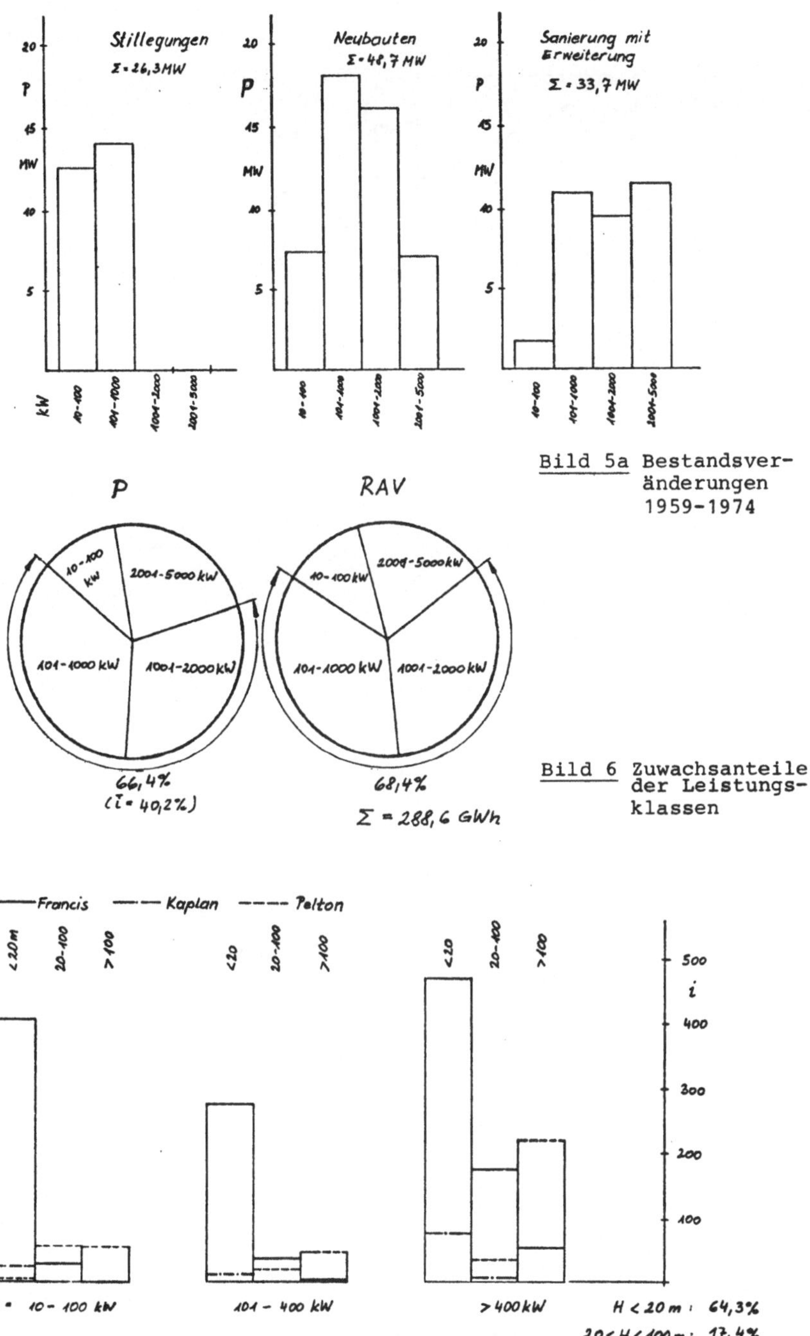

Bild 5a Bestandsver-
änderungen
1959-1974

Bild 6 Zuwachsanteile
der Leistungs-
klassen

Bild 7 Turbinenarten - Fallhöhen -
Leistungsklassen

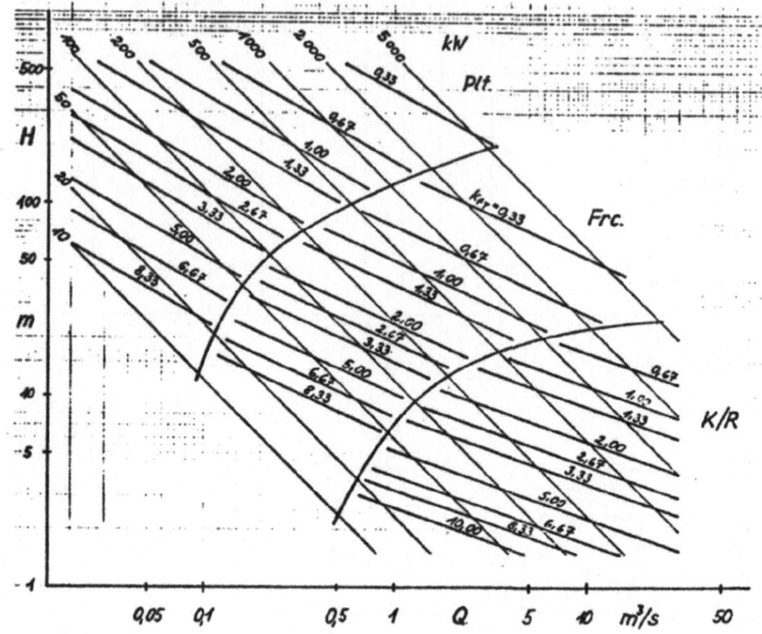

Bild 8 Bezogene spezifische Turbinenkosten

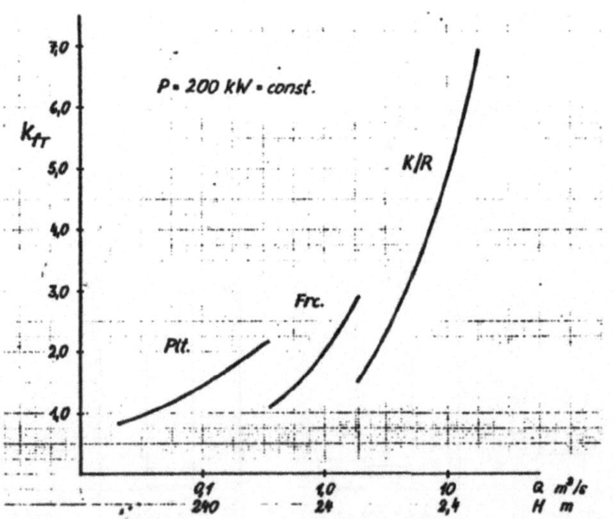

Bild 9 Bezogene spezifische Turbinenkosten bei
konstanter Leistung

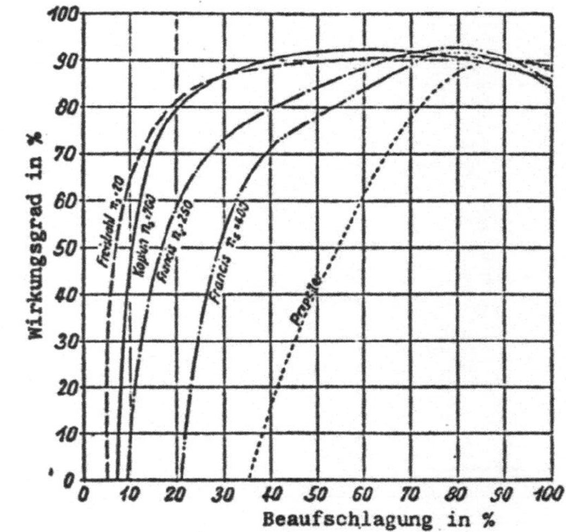

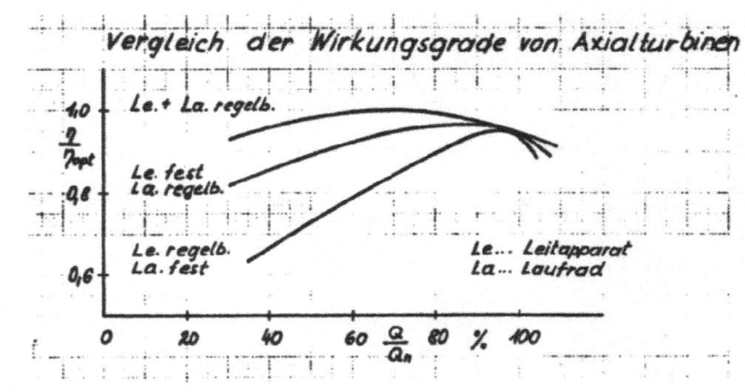

Vergleich der Wirkungsgrade von Axialturbinen

Bild 11 Wirkungsgradverlauf verschiedener Turbinentypen

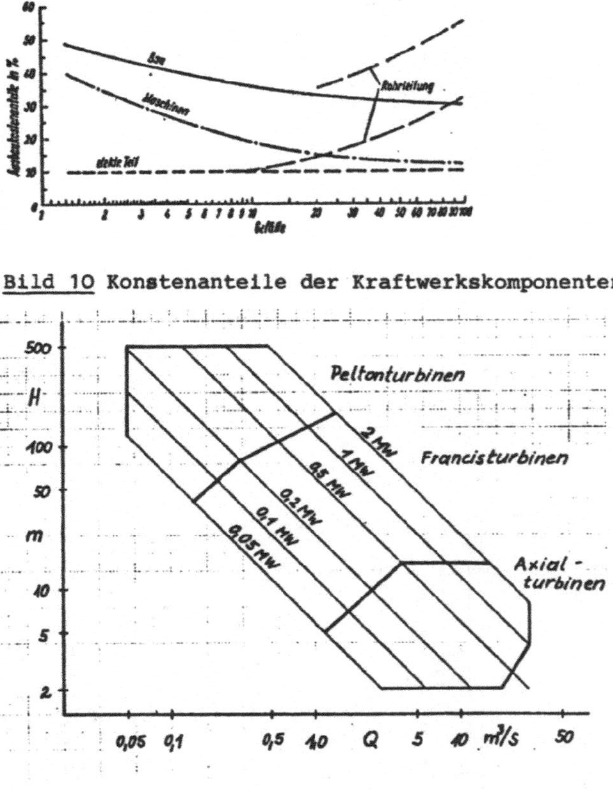

Bild 10 Konstenanteile der Kraftwerkskomponenten

Bild 12 Einsatzbereiche von Wasserturbinen

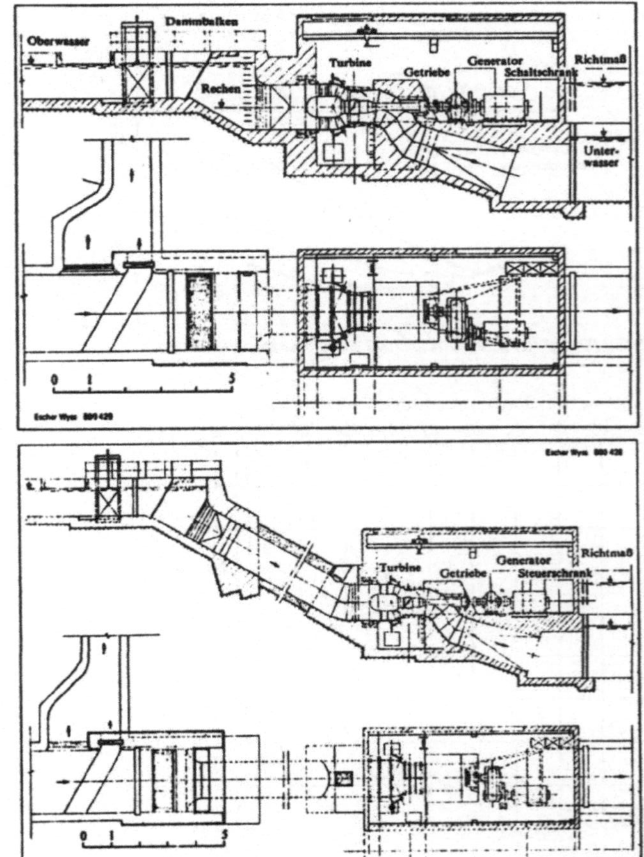

Bild 13 Auslegungsdiagramm für Axialturbinen /1/

D_1 Laufraddurchmesser H Fallhöhe P Leistung n Drehzahl
H_s Aufstellungskote

Bild 14

Dispositionsmöglichkeiten für Axialturbinen /1/

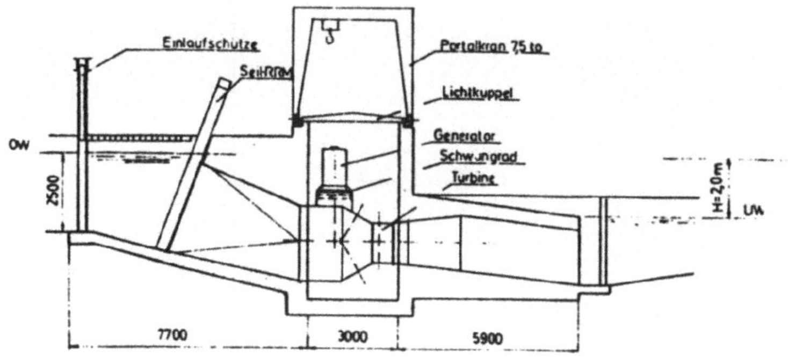

Bild 14a   Axialturbine mit Winkelabtrieb ("A-Turbine") /8/

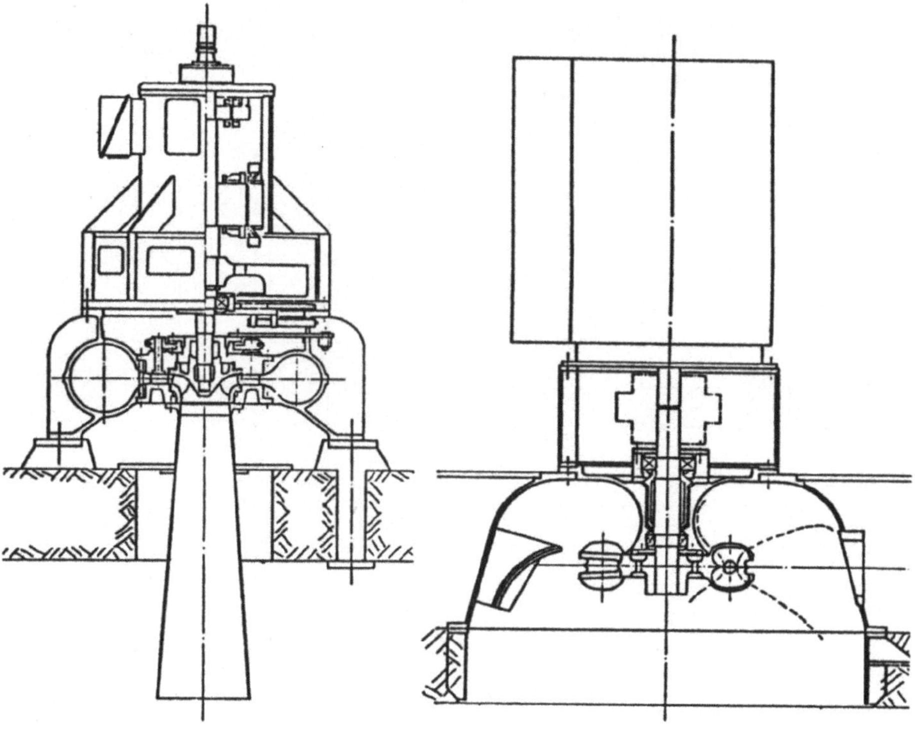

Bild 15   Turbinen in Kompaktbauweise /8/

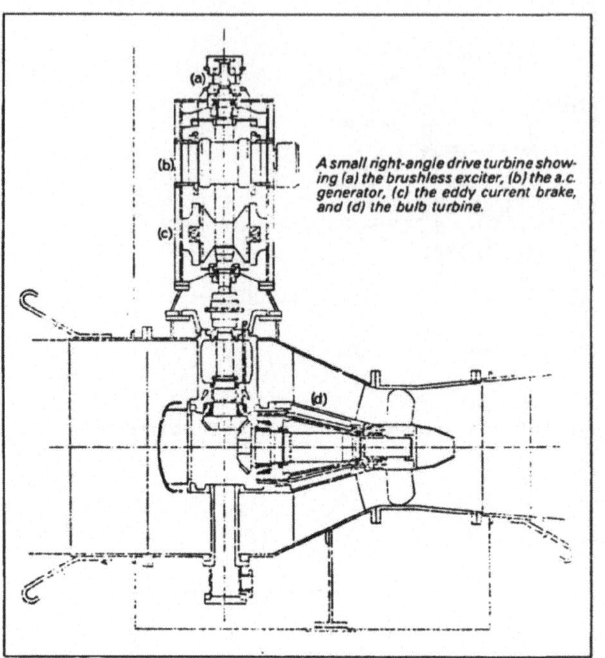

Bild 16 Schubpropeller als Kleinturbine

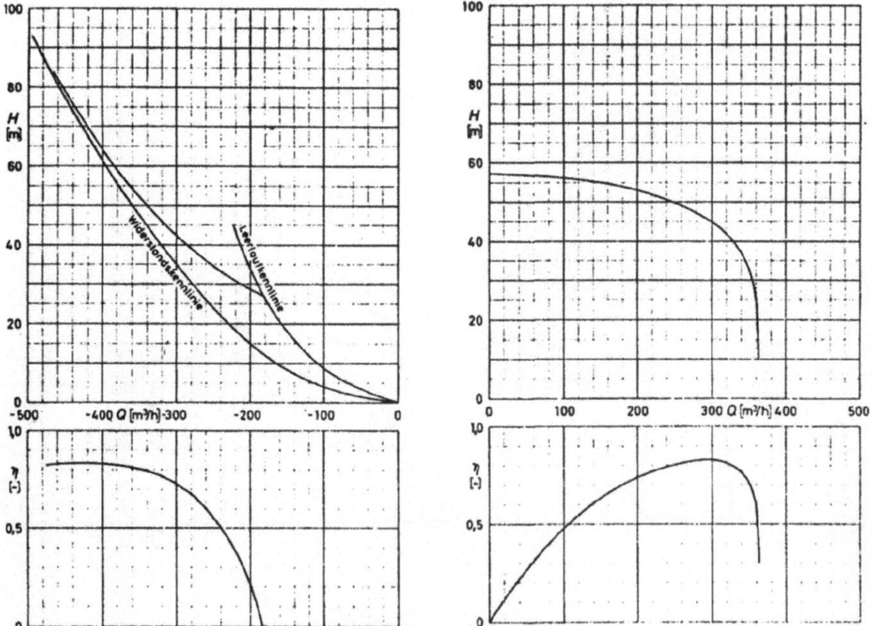

Bild 17 Kennlinien einer Spiralgehäusepumpe

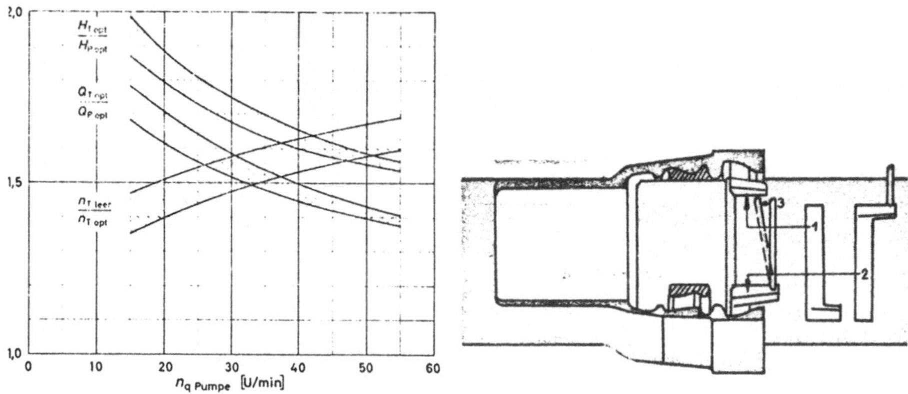

Bild 18 Umrechnungsfaktoren Pumpen-
Turbinenbetrieb /5/

Bild 19 Schub-und zuggesicherte
VRS-Muffenverbindung /4/

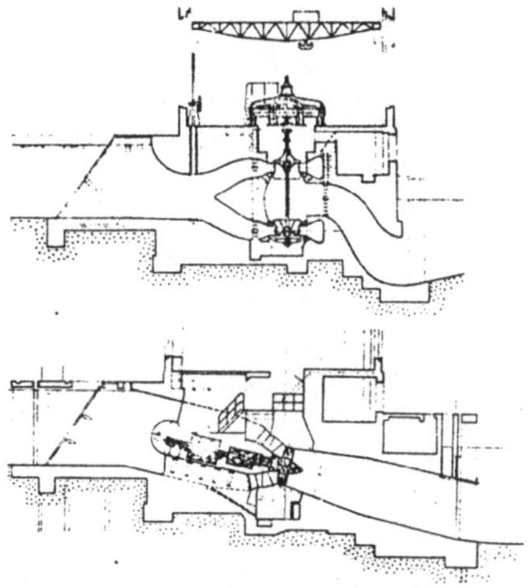

*Section through the powerhouse of the old and renovated
Aue plant. The old twin Francis units (1907) were replaced
by bulb turbines, increasing the capacity from 2960 kW to
3900 kW.*

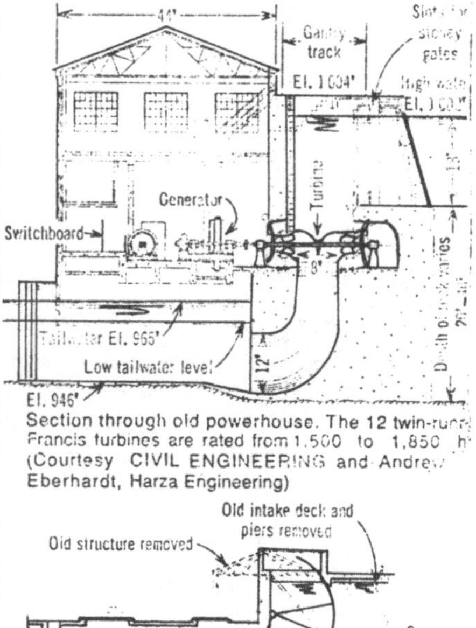

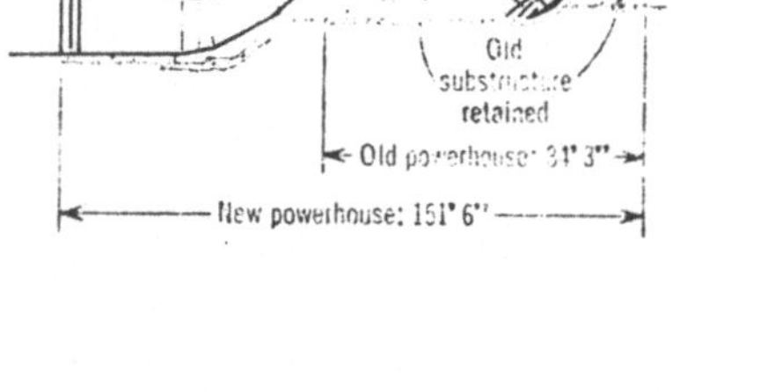

Bild 20 Einbau neuer Turbinen in
bestehende Anlagen

Section through old powerhouse. The 12 twin-runner
Francis turbines are rated from 1,500 to 1,850 h
(Courtesy CIVIL ENGINEERING and Andrew
Eberhardt, Harza Engineering)

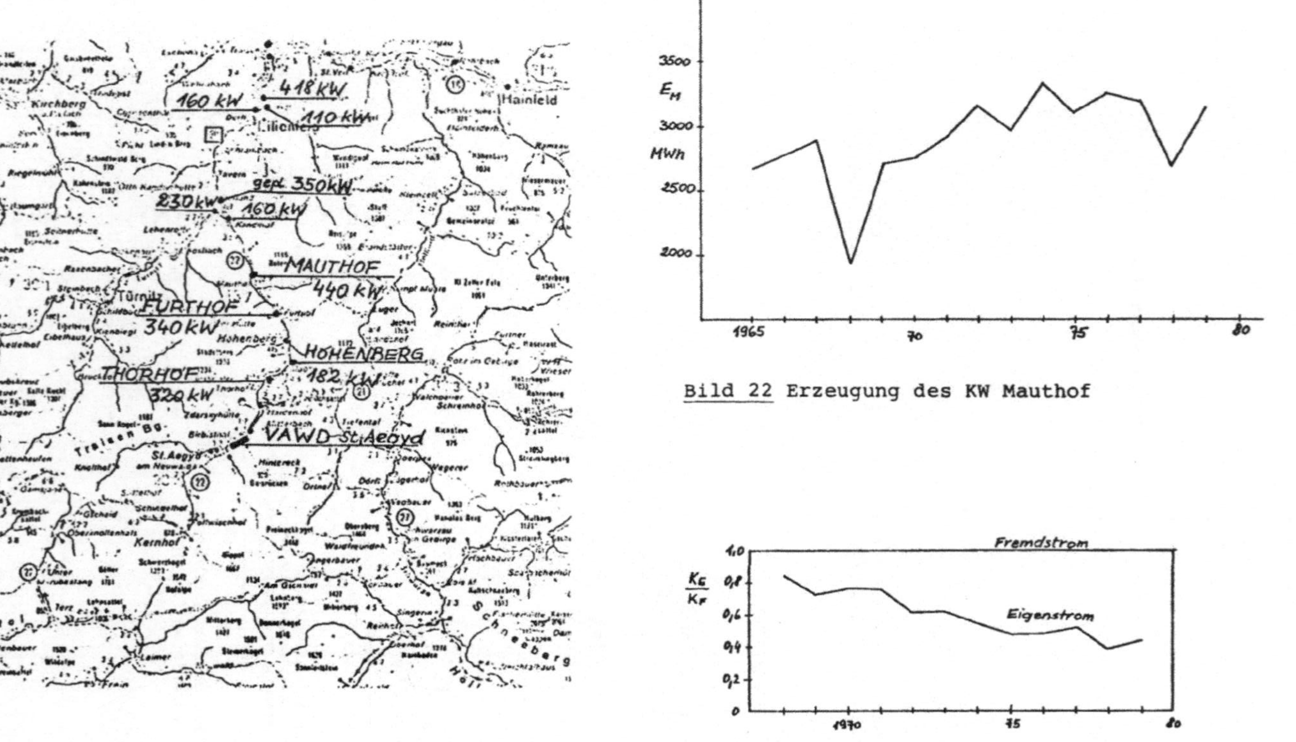

Bild 21 Kleinwasserkraftwerke im oberen Traisental

Bild 22 Erzeugung des KW Mauthof

Bild 23 Entwicklung der Eigenstromkosten

Diskussion:

Dipl.Ing. *K. Wolkerstorfer*, Linz:
Durch dei vorhandenen Wasserkraftwerke werden gesamtheitlich gesehen die Ausbauchancen für einen Wasserlauf eingeschränkt, da die
die vorhandenen Kraftwerke das Wasserdargebot nicht optimal, sondern für die einzelne Stufe wirtschaftlich, d.h. mit möglichst
kleiner Leistung und hoher Benutzungsdauer (7000-8000 Stunden)
nutzen. Damit sind für einen gesamten Flußlauf gesehen die billigen Fallhöhen mit zu kleiner Leistung (d.h. langer Benutzungsdauer) ausgebaut. Für Neubauten bleiben nur jene Stufen, die
höhere Ausbaukosten erfordern, übrig und diese sind gegenüber den
vorhandenen Stufen wirtschaftlicher.

Auch sind die Projektierungskosten für gesamte Flußläufe nicht
zu vernachlässigen, da sie wesentlich höher liegen als für einzelne Stufen, die von vorneherein an günstigen Stellen projek-
tiert werden.

Antwort des Autors: Auch von den genannten Anlagen, welche die
"billigen" Fallhöhen abarbeiten und durch ihren Standort den
etwaigen Gesamtausbau eines Flußlaufes unwirtschaftlich machen,
wurden viele stillgelegt. Ein Ausbau dieser Kraftwerke in Zusammenhang mit einer enzsprechenden Optimierung der installierten Leistung sowie Neubau ausgewählter Stufen ohne hundertpro-
zentige Ausnützung eines Flusses wären sicher wirtschaftlich
tragbar.

Dr. *F. Strohmer*, Linz:
Ergänzend zu den Bemerkungen von Prof. Matthias, daß hinsichtlich des wirtschaftlichen Einsatzes von Kleinkraftwerken auch
an andere Länder wie z.B. USA gedacht werden muß, möchte ich
kurz folgendes bemerken:
Die Untersuchungen im Beitrag von Herrn König haben sich auf Anlagen zwischen 100kW bis max. 2000kW bezogen. Der wirtschaftliche Einsatz an kleinen Wasserläufen in Österreich wurde in
einem anschließenden Diskussionsbeitrag schon alleine aufgrund
der hohen Projektierungskosten als nicht gegeben bezeichnet.

In den USA werden jedoch unter dem Begriff Kleinturbinen solche
bis zu einer Leistung von 15MW bezeichnet, wodurch sich ein
anderer wirtschaftlicher Gesichtspunkt ergibt und aufgrund der
derzeitigen Energiesituation ein starker und gezielter Einsatz
betrieben wird.

<u>Antwort des Autors:</u> Wie schon im ersten Diskussionsbeitrag
festgestellt, kann man Kleiwasserkraftwerke durchaus wirtschaftlich erneuern. Die Frage,bis zu welcher Leistung man eine Anlage als "Kleinkraftwerk" bezeichnet (z.B. 15MW in den USA),
müßte man in Relation zur installierten Gesamtleistung im je-
weiligem Netz eines Landes sehen.

<u>Direktor Dipl.Ing. *Susan*, Wien:</u>
Die Bestrebungen, Kleiwasserkraftanlagen zu propagieren, sind
durchaus zu begrüßen. Der Vortrag befasste sich in anerkennens-
werter Weise mit dem Komplex der Turbinen, ihrer Kosten und dgl.
Für einen eine Gesamtbetrachtung wären die elektrische Anlage,
die Netzverhältnisse usw. zu brücksichtigen. Der Verwirklichung
von Kleinwasserkraftanlagen steht vor allem die Schwierigkeit,
billiges Geld auf dem Kapitalmarkt zu beschaffen, entgegen.

<u>Antwort des Autors:</u> Der Ausbau von Kleinkraftwerken ist der-
zeit vielfach an Privatinitiative gebunden; mit dem Anstieg der
Preise für Primärenergieträger dürfte aber die Finanzierung solcher Anlagen erleichtert werden.

<u>OR. Dipl.Ing. *H. Feist*, Innsbruck:</u>
Die Optimierung des maschinenbaulichen Teiles (Maschinensatz +
Druckrohrleitung) bei Kleinwasserkraftwerken durch den Turbinenhersteller wird begrüßt. Andererseits wird jedoch in verwal-
tungstechnischer Hinsicht, wobei ich hier aus Tiroler Sicht
spreche, in letzter Zeit vermehrt festgestellt, daß Turbinenhersteller von Kleinwasserkraftwerken die <u>Gesamt</u>projektierung
einschließlich Planung der Wasserfassung, Erhebung der hydrologischen Daten usw. vornehmen und dabei dem Bauherrn <u>keine</u>
Projektierungskosten verrechnen, wenn dieser den Auftrag zur
Herstellung des Turbinenlaufrades dem betreffenden Turbinenhersteller erteilt. Dabei möchte ich nicht die Fachkundigkeit des
Turbinenherstellers anzweifeln, leider sind aber diese Projekte
zumeist im hydrologischen und wasserbautechnischem Teil mangelhaft. Eigentlich fachlich zuständige Zivilingenieurbüros für
Bauwesen und andere Technische Büros werden, da sie natürlich
<u>Projektierungskosten</u> verrechnen, damit ausgeschaltet.
Es wird vorgeschlagen, daß diese Turbinenhersteller durch Bei-
ziehung von Wasserbautechnikern und Hydrologen technisch aus-
gereifte Projekte erbringen. Es könnte auch an eine (noch aus-
ständige) Präzisierung des Begriffes "Fachkundiger", der laut
österr. Wasserrechtsgesetz Projekte für die wasserrechtliche

Bewilligung zu erstellen hat, gedacht werden, um dieses Problem der Mangelhaftigkeit von Projekten zu lösen.

Antwort des Autors: Im Sinne einer maximalen Betriebssicherheit der gesamten Anlage wird dieser Standpunkt begrüßt, wobei man aber die effektive Anlagengröße berücksichtigen sollte.

Dr. J. Schedelberger, Wien:
Wie ist es zu erklären, daß bei Umstellung eines Kleinkraftwerkes auf wärterlosen Betrieb der Energieoutput steigt.

Antwort des Autors: Erfahrungsgemäß wird bei manueller Reinigung des Rechens dieser, vor allem im Herbst, zu wenig geputzt und während der Nachtschicht meist generell mit etwas geringerer Turbinenöffnung gefahren, um auch ohne ständige Beobachtung ein zu starkes Absinken des OW-Spiegels zu vermeiden, wobei nicht unwesentliche Wassermengen ungenützt abfließen. Durch den Einsatz z.B. differenzdruckgesteuerter Rechenreinigungsmaschinen und einer Wasserstandsregelung wird das Wasserdargebot optimal genützt.

Dipl.Ing. G. Reimer, Wien:
Wie hoch sind die Kosten in S/kW von Kleinwasserkraftanlagen die im Niederdruckbereich arbeiten.

Antwort des Autors: Greift man aus /14/ das konkrete Beispiel einer Rohrturbine für H=6m und Q=4m^3/s (P ca.200kW) heraus, so ergeben sich Turbinenkosten von ca S 8000.- je kW. Diese Zahl ist aber sicherlich auf ein spezielles Produktionsprogramm abgestimmt.

Werkstoffschäden in Wasserkraftanlagen

W. Kratzel

Unter dem Titel des ursprünglich geplanten Vortrages wird nachfolgend aus aktuellem Anlaß über Dauerschwingversuche berichtet,
die erst kürzlich im Zusammenhang mit einem Druckrohrleitungs-
schaden an Probestäben aus zwei Schweißprobeplatten durchgeführt
worden sind.

Die im Zuge der Fertigung von Bauteilen für Wasserkraftanlagen
auftretenden Werkstoffschädigungen in Form von relativ groben
Fehlern werden bei den zerstörenden und zerstörungsfreien Abnahmeprüfungen zum größten Teil entdeckt und dort, wo nötig, auch
beseitigt. Die im Verhältnis zu den Werkstückabmessungen kleinen
Werkstoffehler werden zumeist nicht gefunden oder toleriert.

Mit dem in letzter Zeit zunehmenden Streben nach einer optimalen
Werkstoffausnutzung werden die Sicherheitszuschläge knapper gehalten, es treten vermehrt schwingende Beanspruchungen der Konstruktionsteile auf und damit gewinnt das Ermüdungsverhalten der
Werkstoffe und der Schweißverbindungen stark an Bedeutung. Für
die Dauerfestigkeit der Werkstoffe und der Schweißverbindungen
sind allerdings schon wesentlich kleinere Fehler als bei statischer Beanspruchung maßgebend. Die Größenordnung dieser Fehler,
die sowohl die Dauerfestigkeit als auch die Zeitfestigkeit in
mehr oder minder hohem Maße beeinflussen, kann durch die üblichen
Abnahmeprüfungen nur zum Teil erfaßt werden. Es muß folglich durch
eine entsprechende Fertigungsüberwachung die Bildung bestimmter
Fehlerarten weitgehend ausgeschlossen und allenfalls mit einer
ergänzenden Dauerprüfung der Nachweis einer ausreichend hohen
Zeit- oder Dauerfestigkeit erbracht werden. Außerdem sind zur
Neufestlegung der Fehlertoleranzen und zur Bestimmung der Schweiß-
verfahrensspezifikationen in nächster Zeit Weiterentwicklungen
und Verfeinerungen der Werkstoffbewertung vorzunehmen.

Das Ausmaß der Dauerfestigkeitsminderung durch kleine Fehler,
die bei den jeweils vereinbarten zerstörungsfreien Prüfungen to-

leriert oder gar nicht gefunden werden, soll an Hand der Ergebnisse von kürzlich durchgeführten Zugschwellversuchen mit Proben aus einer Schweißverbindung aufgezeigt werden.

In Zusammenhang mit der Reparatur eines Druckrohrleitungsschadens wurden der TVFA drei in Zwangslagen ohne Schrumpfungsbehinderung geschweißte Probeplatten mit je einer Laschennaht zugesandt. Der Werkstoff der verschweißten Blechstreifen von 200 mm Breite und 29 mm Dicke, die an der Schadenstelle der Druckrohrleitung entnommen worden sind, ist Stahl Aldur 58/72. Die Viellagenschweissung der Probeplatten erfolgte mit kalkbasischen Elektroden in den Schweißpositionen senkrecht steigend, horizontal an stehender Wand und überkopf. Die Probeplatten wurden nach der Schweissung nicht wärmebehandelt.

Bei der Ultraschallprüfung der drei Schweißnähte mit 45°-, 60°- und 70°-Winkelprüfköpfen wurden außer Anzeigen in den Laschenluftbereichen keine Fehler festgestellt. Die Röntgenprüfung ergab nur einige sehr feine bis mittelfeine Schlackenzeilen in der Zwischenlage der Steignaht und ein kleines aufgelockertes Porennest in der Decklage der überkopf geschweißten Laschennaht. An drei Flachzugproben, die aus der Probeplatte mit der Steignaht quer zur Schweißnaht entnommen worden waren und beim Zugversuch in der Schweißnaht brachen, wurden Zugfestigkeitswerte von 766 bis 773 N/mm^2 ermittelt. Auch die Kerbschlagbiegeversuche bei Raumtemperatur, O und - 20 $^{\circ}$C mit ISO-V-Proben aus derselben Probeplatte mit dem Spitzkerb in der Schweißnahtmitte bzw. an der Nahtflanke lieferten völlig befriedigende Resultate. Die verbrauchte Schlagarbeit der bei Raumtemperatur geprüften Proben war 87 bis 114 J, jene der bei - 20 $^{\circ}$C geschlagenen Proben 43 bis 77 J.

Zu völlig überraschenden Ergebnissen führten jedoch die ergänzend vorgenommenen Zugschwellversuche mit Flachproben und Rundproben aus den Probeplatten mit der Quernaht und der überkopf geschweißten Laschennaht. Diese Zugschwellversuche konnten wegen des starken Schweißverzuges nicht an Probestäben mit dem vollen Schweißnahtquerschnitt, sondern nur an verkleinerten Proben durchgeführt werden, deren Form und Abmessungen die beiden Skizzen im Bild 1 zeigen. Die Dauerprüfung der Proben erfolgte in einem 100-kN-Hochfrequenzpulsator, Bauart Amsler, bei Prüffrequenzen von 150 bis 200 Hz.

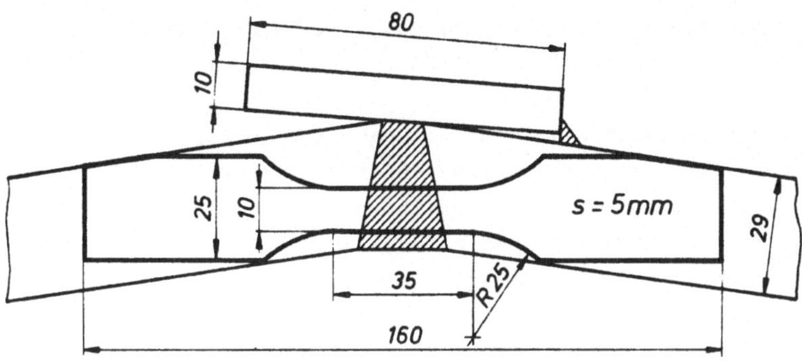

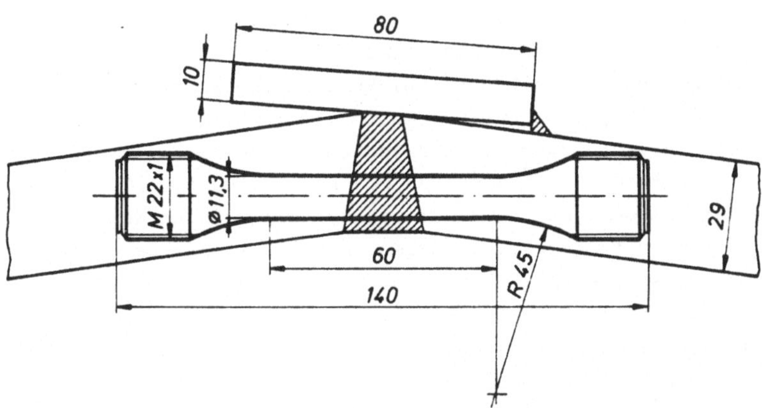

Bild 1. Form und Hauptabmessungen der Flachproben und Rundproben,
die aus den Probeplatten mit einer horizontal an stehender Wand
bzw. überkopf geschweißten Laschennaht entnommen worden sind.

Da im Hinblick auf das Ergebnis der Zugversuche die Zugschwellfestigkeit des Schweißgutes mit rund 350 N/mm^2 geschätzt worden
war und auch der obere Teil des Zeitfestigkeitsbereiches mit einigen Versuchspunkten erfaßt werden sollte, wurden die ersten beiden Zugschwellversuche (Flachproben F1 und F2) mit den hohen
Schwingamplituden σ_a von 300 und 250 N/mm^2 angesetzt, alle übrigen Versuche von der Laststufe σ_a = 200 N/mm^2 abwärts bis σ_a =
100 N/mm^2 mit Laststufenabständen von je 25 N/mm^2, wie aus dem
Schaubild (Bild 2) zu ersehen ist. Die ersten fünf Flachproben F1

bis F5 zeigten wider Erwarten schon nach 69.000 bis 580.000
Lastspielen je einen Anriß in der Schweißnaht, und zwar im völlig
gleichen Probenquerschnitt. Nach dem Aufbrechen der angerissenen
fünf Proben stellte sich heraus, daß eine feine Schlackenzeile,
die bei der zerstörungsfreien Prüfung der Probeplatte nicht gefunden worden ist, die Ursache der Daueranrisse war. Es wurden
hierauf die restlichen 15 roh vorgearbeiteten Flachproben aus
der Probeplatte mit der Quernaht einer Röntgenprüfung unterzogen
und nach dem Befund der Röntgenfilme neun Proben (F6 bis F14)
für die Fortsetzung der Dauerprüfung ausgewählt. Die Röntgenauf-
nahme der Flachproben F6 bis F10 ließ einige kleine Fehler, jene
der Flachproben F11 und F12 nur sehr kleine Fehler im Schweißgut
erkennen. Die Flachproben F13 und F14 wurden bei der Röntgenprüfung als "fast fehlerfrei" beurteilt.

Die Dauerprüfung der ausgewählten neun Flachproben F6 bis F14
nach ihrer Fertigbearbeitung ergab, wie aus dem Schaubild (Bild 2)
hervorgeht, folgendes: Nur die Proben F7 und F12 haben die Grenz-
Lastspielzahl von 10 Millionen bei Spannungsausschlägen σ_a von
150 bzw. 100 N/mm^2 ohne Anriß erreicht. Die übrigen sieben Flachproben sind bei den Zugschwellversuchen mit Schwingungsamplituden
σ_a von 125 bis 200 N/mm^2 nach 237.000 bis rund 2,500.000 Lastspielen angerissen. Wie nach dem vollständigen Bruch der angerissenen Proben festgestellt werden konnte, ist der Daueranriß
bei vier Proben (F6 und F8 bis F10) von einem kleinen Schlackeneinschluß ausgegangen..Bei der Probe F11 war eine Pore mit 0,45 mm
Durchmesser die Ursache des Daueranrisses und bei der Probe F14
ein Fischauge mit 0,8 mm Durchmesser. Diese Probe F14 war bei der
Röntgenprüfung als "fast fehlerfrei" bewertet worden. Die Bruchfläche der ebenfalls so beurteilten Probe F13 ließ tatsächlich
keinen Fehler erkennen.

Um zu kontrollieren, ob die Dauerprüfung von Proben mit dem
doppelten Querschnitt der zuerst geprüften Flachproben zu den
gleichen Resultaten gelangt, wurden noch sechs Rundproben R1
bis R6 mit 11,3 mm Durchmesser aus der Probeplatte mit der Quernaht und vier gleichartige Rundproben R7 bis R10 aus der Probeplatte mit der überkopf geschweißten Laschennaht herausgearbeitet.
Von diesen zehn Rundproben haben je zwei Stück die Zugschwell-
beanspruchung mit Spannungsamplituden σ_a = 125 und 100 N/mm^2 bis
zu 10 Millionen Lastspiele ohne Anriß ertragen (Proben R3, R5,
R7 und R10, siehe Bild 2). Die übrigen sechs Rundproben sind bei

annähernd gleichen Lastspielzahlen wie die Flachproben angerissen, desgleichen auch die mit erhöhten Schwingamplituden ein
zweites Mal geprüften drei Durchläufer R5, R7 und R10. Die Pro-
benbezeichnung dieser drei Durchläufer wurde im Diagramm (Bild 2)
bei den Versuchspunkten der zweiten Prüfung mit einem Stern gekennzeichnet.

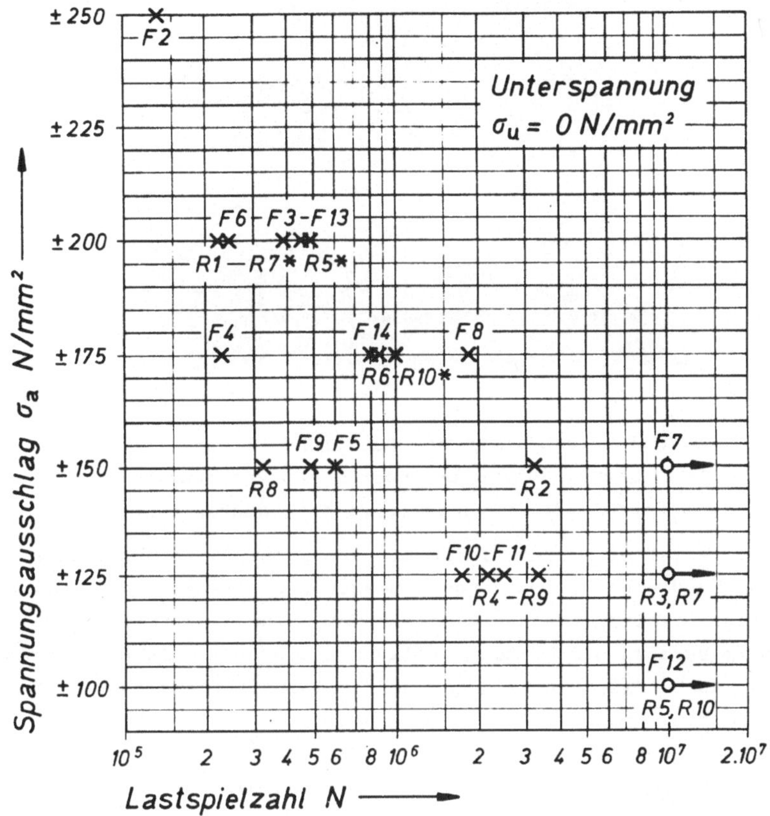

Bild 2. Ergebnis der Zugschwellversuche mit 14 Flachproben
(F1 bis F14) und 10 Rundproben (R1 bis R10) in graphischer Darstellung. Der Versuchspunkt der mit einem Spannungsausschlag σ_a
= ± 300 N/mm² geprüften und nach 69.000 Lastspielen angerissenen
Flachprobe F1 liegt außerhalb des Schaubildes.

Die nach der selbsttätigen Abschaltung des Hochfrequenzpulsators
teils durch statische Biegung, teils durch eine weitere Zug-

schwellbeanspruchung vollständig gebrochenen Rundproben ließen
an den Bruchflächen folgendes erkennen: Je ein etwa 0,4 bis
0,5 mm^2 großer Schlackeneinschluß in 3 bzw. 2 mm Entfernung vom
Probenrand war die Ausgangsstelle des Daueranrisses bei den Rundproben R2 und R6. Das Bild 3 zeigt eine Bruchfläche der Probe R2.

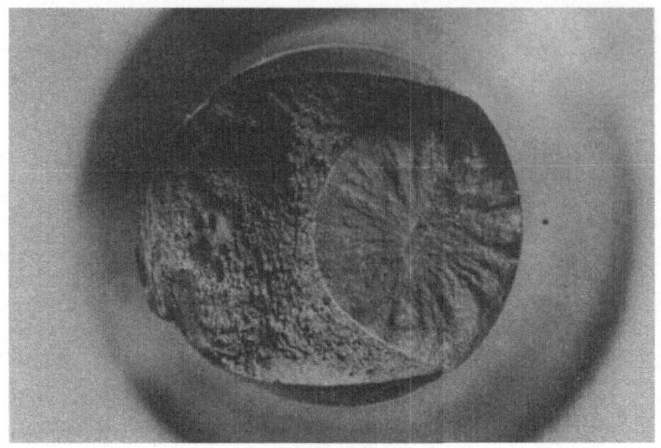

Bild 3. Bruchfläche der Rundprobe R2 mit einem
Schlackeneinschluß im Inneren des Probenquer-
schnittes als Ausgangsstelle des Daueranrisses.

Im Bild 4 ist eine Bruchfläche der Rundprobe R9 wiedergegeben,
die am Rand eine 1,7 mm lange Schlauchpore aufweist, von der der
Daueranriß seinen Ausgang genommen hat. Eine gleichartige Schlauchpore im Bereich der Probenoberfläche als Ursache des Daueranrisses
zeigen auch beide Bruchflächen der bei einer nochmaligen Prüfung
mit erhöhter Spannungsamplitude angerissenen Rundprobe R10. Eine
in der Randzone liegende Pore eines Porennestes hat bei der Probe
R4 zum Anriß geführt (Bild 5) und nur eine einzelne Pore mit
0,3 mm^2 Durchmesser ebenfalls in der Randzone bei der zweiten Prüfung des Durchläufers R5.

Jeweils ein "Fischauge" in Nähe der Probenoberfläche ist schließlich für die Daueranrisse der Rundproben R7 und R8, bei ersterer
allerdings im zweiten Versuch, das auslösende Moment gewesen
(Bilder 6 und 7). Die Bruchfläche der Probe R7 (Bild 6) zeigt
drei und jene der Probe R8 (Bild 7) zwei "Fischaugen". Diese weisen auf einen erhöhten Wasserstoffgehalt des Schweißgutes hin.

Bild 4. Bruchfläche der Rundprobe R9 mit einer Schlauchpore am Rand, von der der
Daueranriß seinen Ausgang
genommen hat.

Bild 5. Bruchfläche der Rundprobe R4 mit einem Porennest.
Eine Pore am Rand des Bruch-
querschnittes hat den Anriß
der Probe verursacht.

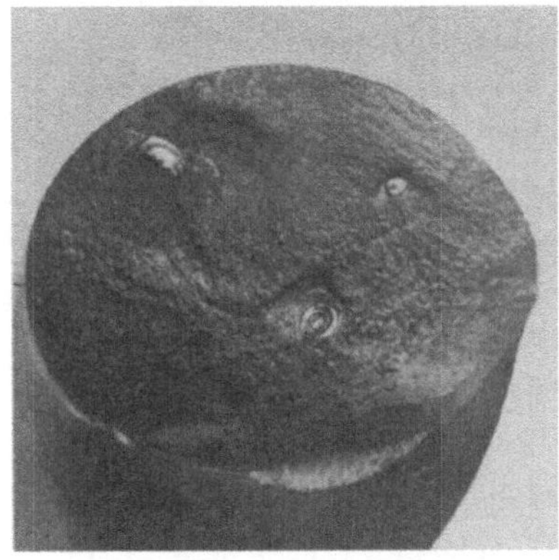

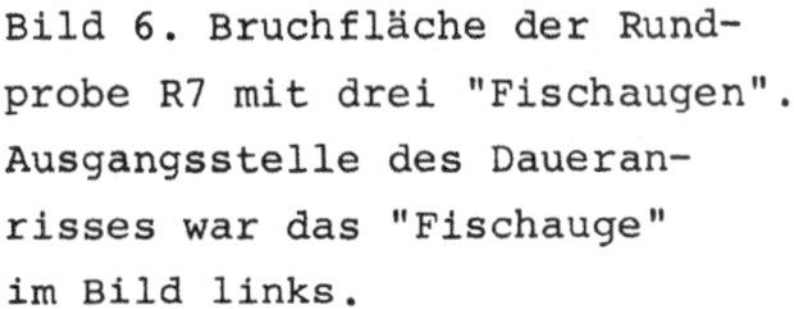

Bild 6. Bruchfläche der Rundprobe R7 mit drei "Fischaugen".
Ausgangsstelle des Daueranrisses war das "Fischauge"
im Bild links.

Bild 7. Bruchfläche der Rundprobe R8 mit zwei "Fischaugen".
Der Daueranriß ist vom "Fischauge" am rechten Rand der Bruchfläche ausgegangen.

Zusammenfassend hat die Dauerprüfung von 14 Flachproben und 10
Rundproben aus zwei Probeplatten mit in Zwangslagen geschweißten
Laschennähten ergeben, daß schon kleine Fehler im Schweißgut, die
bei der zerstörungsfreien Prüfung nicht gefunden oder noch toleriert werden, zu einer wesentlichen Abminderung der Dauerfestigkeit führen können. Die in den beschriebenen Versuchen ermittelte Zugschwellfestigkeit des Schweißgutes der Laschennähte beträgt, wie das Schaubild (Bild 2) zeigt, nur etwa 200 N/mm^2, hin-
gegen der in Erfahrung gebrachte Richtwert für Schweißungen mit
dem verwendeten Elektrodentyp rund 350 N/mm^2. Inwieweit die wesentlich unter den Erwartungen liegende Zugschwellfestigkeit der
mit üblichen Methoden nach den gewohnten Kriterien geprüften und
als gut befundenen Schweißverbindungen mit den Schweißbedingungen
in Zwangslage in Zusammenhang steht oder von sonstigen Einflußgrößen abhängt, wird derzeit abgeklärt. Der drohende Blick des
Bruchgesichtes mit zwei "Fischaugen" (Bild 7) kann deshalb vor-
läufig nur symbolhaften Charakter haben.

Diskussion:

Dipl.-Ing. H. *Wieser*, Graz:

Gemäß gebrachter Skizze (Bild 1) waren die Probeplatten stark
verzogen (abgewinkelt), sodaß auf einen stark ausgeprägten
Eigenspannungszustand mit über den Querschnitt mehrmals wechselnden Vorzeichen geschlossen werden kann. Dieser Zustand wurde
durch die (notwendige) asymmetrische Herausarbeitung der Probestäbe quer durch die Spannungslinien sicher verändert und eventuell sogar verstärkt.

Fragen: 1. Wurden die Probeplatten bzw. die Probestäbe spannungs-
armgeglüht? 2. Kann eine Aussage über den Eigenspannungszustand
gemacht werden? 3. Wurden Geradheitsmessungen an den herausgearbeiteten Probestäben gemacht? 4. Wurden Kontrollproben in
Nahtlängsrichtung gemacht?

Vermutung: Wenn ein Eigenspannungszustand mit fast $\pm\ \sigma_F$ vorhanden war, kann auch eine geringe Spannungsamplitude die Zeitfestigkeit bzw. die Dauerfestigkeit stark beeinflussen.

Antwort des Autors: Zu Frage 1: Eine Spannungsarmglühung der
angelieferten Probeplatten sowie der entnommenen Probestäbe
wurde an der TVFA nicht vorgenommen. Es wurden allerdings nachträglich noch Zugschwellversuche mit je drei Rundproben durchgeführt, die aus spannungsarmgeglühten Abschnitten der Probe-

platten mit der horizontal an stehender Wand bzw. überkopf geschweißten Laschennaht herausgearbeitet worden sind. Die Probestäbe hatten dieselben Abmessungen wie die im ungeglühten Zustand
geprüften Rundproben (siehe Bild 1). Die Zugschwellversuche mit
den Rundproben im spannungsarmgeglühten Zustand (Proben Q1 bis
Q3 aus der Probeplatte mit der Quernaht und Proben Ü1 bis Ü3 aus
der Probeplatte mit der überkopf geschweißten Laschennaht) führten zu folgendem Ergebnis:

Proben-bezchg.	Spannungsausschlag σ_a N/mm^2	Lastspielzahl N	Lage des Anrisses
Ü1	175	260.000	Schweißnaht
Q1	175	614.000	Schweißnaht
Q3	150	1,475.000	Schweißnaht
Ü3	150	10,000.000	Durchläufer
Q2	125	6,136.000	Schweißnaht
Ü2	125	8,048.000	Schweißnaht

Die Ausgangsstelle des Daueranrisses war bei den drei Proben Q1
bis Q3 je ein kleiner Schlackeneinschluß (Größe 0,2 bis 0,3 mm^2)
in der Probenrandzone bzw. in Nähe derselben, bei der Probe Ü1
ein kleiner Bindefehler des Schweißgutes in der Probenrandzone
und bei der Probe Ü2 ein "Fischauge" mit 1,5 mm Durchmesser in
1,5 mm Entfernung von der Probenoberfläche.

Ein Vergleich der vorstehend angeführten Versuchsergebnisse mit
den im Bild 2 graphisch dargestellten zeigt, daß die Versuchs-
punkte der spannungsarmgeglühten Rundproben innerhalb des Streu-
bereiches der Zugschwellversuche mit den nicht geglühten Flach-
und Rundproben liegen. Die Spannungsarmglühung hat somit bei den
nachträglich geprüften sechs Rundproben zu keiner erkennbaren
Erhöhung der Zeit- und Dauerfestigkeit geführt.

Zu Frage 2: Eine Aussage über den Eigenspannungszustand der Probeplatten im Bereich der Schweißnähte kann nicht gemacht werden,
weil keine diesbezüglichen Messungen durchgeführt worden sind.
Zweifelsfrei waren Eigenspannungen in den ohne Schrumpfungsbehinderung geschweißten Probeplatten sowohl in Längsrichtung als
auch in Querrichtung der Laschennähte vorhanden. Diese Eigenspannungen können allerdings das Ergebnis der Zugschwellversuche mit
den ungeglühten Flach- und Rundproben nicht wesentlich beeinflußt

haben, denn sonst müßte dieser Einfluß im Ergebnis der nachträg-
lichen Zugschwellversuche mit den spannungsarmgeglühten Rundproben
eindeutig erkennbar sein.

Zu Frage 3: An den herausgearbeiteten Probestäben wurden keine
Geradheitsmessungen vorgenommen. Für derartige Messungen bestand kein Anlaß. Ein Verzug der Flachproben wäre nämlich bei
ihrer Vorbereitung für die Röntgenprüfung aufgefallen. Die Proben wurden dabei dicht nebeneinander auf eine plangeschliffene
Stahlplatte gelegt. Danach wurden die Zwischenräume zwischen den
Probeschäften mit Woodmetall ausgegossen, um die Streustrahlung
bei der Röntgenprüfung zu verhindern. Der Schaft der Rundproben
wurde auf einer Rundschleifmaschine geschliffen und war einwandfrei gerade.

Zu Frage 4: Die Prüfung von Proben in Längsrichtung der Laschennähte wurde bisher nicht durchgeführt, sie ist jedoch geplant.

Bruchsicherheitsnachweis an Pumpen und Turbinen

T. Varga

1. Einleitung

Zum Nachweis der Bruchsicherheit von Pumpen- und Turbinenteilen,
insbesondere von deren Gehäusen, ist vorerst die Spannungsanalyse
durchzuführen. Als Beispiel /1/ soll eine seinerzeit mit relativ
großem Aufwand durchgeführte Spannungsanalyse dienen.

Das Stahlgußgehäuse einer großen Pumpe mit angeschraubtem, geschmiedetem Deckel ist in Bild 1 dargestellt. Das zur Festigkeitsrechnung erstellte Finite-Elementnetz mit der Verbindung des
Gehäuses zur geschmiedeten Deckelplatte ist in Bild 2 ersichtlich.
Speziell die Probleme, die sich durch Schraubenkräfte sowie der
Reibung ergeben, machten die Einführung spezieller Elemente notwendig.
Im Bild 3 wird die erfreuliche Übereinstimmung zwischen Rechnung
und Messung offenkundig: Eine Meßuhr, angebracht am Gehäuse, mißt
die Verschiebung des Deckels gegen das Gußgehäuse. Bei Be- und
Entlastung ergab sich eine geringe Abweichung.
Damit kommen wir wieder zur Frage, die schon gestern gestellt
wurde, ob die Festigkeitsrechnung zum Nachweis der Bruchsicherheit alleine genügt. Wir kamen zum Schluß, daß die Festigkeitsrechnung ohne Kenntnis des Werkstoffverhaltens keine genügende
Bruchsicherheit ergeben kann. Dazu ist eine hinreichende Verformbarkeit nötig; die Frage ist nun, wie wir den fehlenden Nachweis für das Bauteil erbringen.

2. Systematisches Vorgehen zum Nachweis der nötigen Verformbarkeit

Dieser Nachweis erfordert zerstörende Werkstoffprüfungen. Als er-
stes Verfahren kann die übliche Kerbschlagbiegeprobe eingesetzt
werden: Wie in Bild 4, die ISO-V-Probe, die ja inzwischen für die
meisten Anwendungen vorgeschrieben ist. Diese Probe gibt uns aber,
weil sie ja das Bauteil nicht genügend genau repräsentieren kann,
für viele heiklere Anwendungen keine hinreichende Sicherheit ge-

gen den spröden Bruch.

Auf die ursprüngliche Vorgehensweise von Professor Uhlir zurück-
greifend, habe ich ein stufenweises Vorgehen /2/ entwickelt, in
welchem die Kerbschlagprüfung die erste Stufe darstellt. Wenn die
Ergebnisse dieser Prüfung oder die Aussagefähigkeit des Verfahrens an sich nicht befriedigend sind, ist die nächste Stufe,
durch Grenzwertverfahren dargestellt, einzusetzen. Die Grenzwertverfahren müssen alle Risiken des Bauteilbruchs abdecken; damit
sind sie den strengsten Beanspruchungen mindestens gleichzusetzen.
Damit im Zusammenhang ist zu betonen, daß für verschiedene Bauteile verschiedene Grenzwertverfahren einzusetzen sind. Zum Beispiel ist für eine Druckrohrleitung anerkannterweise ein Fallgewichtsprüfung nach Pellini, vgl. Bild 5, eine Grenzprüfung. Hin-
gegen ist sie für eine pneumatisch belastete Rohrleitung oder
für einen solchen Behälter keine gültige Grenzwertprüfung.
Man muß also eine geeignete, dem Bauteil angepaßte Grenzwertprüfung suchen und diese anwenden. Wenn ein genügendes Ergebnis
vorliegt und auch eine genügende Aussage des Verfahrens nachgewiesen werden kann, so wird man zur Fertigung des Bauteils schrei-
ten können. Nun, die Fallgewichtsprüfung ist nach den letzten
Veröffentlichungen von Pellini auf diesem Gebiet in 1968 /3/ für
größere Wanddicken erweitert worden und die Sicherheitsabstände,
die wir ab 16 $^{\circ}$C für kleine Wanddicken ansetzen, vgl. Bild 6,
für große Wanddicken bis zu 75 oder sogar 100 $^{\circ}$C ausgedehnt worden. Damit wird ein Grenzwertverfahren unter Umständen nicht mehr
wirtschaftlich anwendbar, wenn sie 70, 80 oder 100 $^{\circ}$C unter der
tiefsten Belastungstemperatur eine NDT-Temperatur erfordert. In
diesem Fall kann man auf die <u>angepaßten Verfahren</u> übergehen,
d.h. auf die Anpassung der Probe in der Wanddicke, in der Belastungsgeschwindigkeit, in der Art der Fehler, um nur die wichtigsten Aspekte zu nennen, an die im Bauteil vorkommenden un-
günstigsten Fälle. Diese angepaßten Verfahren ergeben eine genauere, aber mehr bauteilspezifische Aussage.

3. Die wichtigsten Prüfverfahren

Die Stufenfolge der Verfahren, vgl. Bild 7, die hier in Frage
kommen, wollen wir nun näher betrachten. Sie beginnt mit der
Kerbschlagprüfung. Diese ergibt Steilabfälle (a_k-T-Kurven). Für
die Sprödbruchgefahr ist die Temperatur des Übergangs, gewöhnlich
an eine Brucharbeit oder Kerbschlagzähigkeit gebunden, maßgebend.
Wenn wir im Gebirge neben einem Geschützrohr stehen und die

Außentemperatur - 20 $^{\circ}$C beträgt, so wählen wir lieber nicht jenes Rohr, das bei Raumtemperatur die besten Kerbschlagwerte hat, sondern den Werkstoff, der die tiefste Übergangstemperatur aufweist, vergleiche Bild 8.

Daß die Hochlage auch wichtig sein kann, wird aus der Untersuchung von Verformungsbrüchen an Pipelines offensichtlich; selbst bei sehr hoher Energiefreisetzungsrate kann in hochfesten Stählen kleiner Wanddicken ein Riß auch bei duktilem Werkstoffzustand laufen, falls die Brucharbeit pro Längeneinheit des Rißfortschritts zu gering ist.

Die nächste Prüfstufe bietet mit Grenzprüfungen Sicherheit selbst gegen die schärfste Lastbedingung des zu prüfenden Bauteils. Die Fallgewichtsprobe nach Pellini z. B. besteht aus einem Plättchen versehen mit einer spröden Schweißraupe, das einen eingebrachten Sägeschnitt aufweist. Die Probe wird mit der spröden Auftragsscheißung nach unten, siehe Bild 5, aufgelegt und, abgestuft nach der Streckgrenze, mit unterschiedlicher Fallhöhe und angepaßtem Fallgewicht geschlagen. Bei jener höchsten Temperatur, bei welcher gerade der Umschlag in den vollkommen spröden Bruch erfolgt, liegt die Nil Ductility Transition-(NDT-)Temperatur.

Zur Bestimmung müssen zwei Proben den Riß aufgehalten haben; 5 $^{\circ}$C tiefer liegt die NDT-Temperatur. Rund 16 $^{\circ}$C über der NDT-Temperatur kann bei sehr guter, fehlerarmer Fertigung die tiefste Belastungstemperatur statisch beanspruchter Konstruktionen bei Wanddicken bis rund 70 mm festgelegt werden. Gewöhnlich ist der Temperaturabstand höher anzusetzen. Das Pellini-Diagramm, Bild 6, zeigt die ungefähren Fehlergrößen, die Temperaturabstände und die zugehörigen Lastspannungen an. Das Diagramm gilt nur von 25 bis rund 70 mm Wanddicke und für niederfeste schweißbare Baustähle. Je nach Belastungshöhe wählen wir unterschiedliche Temperaturabstände entsprechend diesem Diagramm.

Als nächste Prüfstufe ist die angepaßte Prüfung zu erläutern: Von Kihara und Mitarbeiter /4/ wurden für den Schiffsbau Probeplatten mit großen Außenschlitzen, vergleiche Bild 9, eingeführt; bei echter Wanddicke, tiefster Belastungstemperatur und größtmöglicher Belastungsgeschwindigkeit werden diese Proben geprüft (die großen Schlitze sind nur für den Schiffsbau von Bedeutung). Fließgrenzen und Zugfestigkeiten über der Temperatur sind in Bild 10 dargestellt. Im spröden Bereich erfolgen die Niederspannungsbrüche; über einer bestimmten Temperatur, hier

90 ^{o}C, treten Brüche jeweils oberhalb der auf den Nettoquerschnitt berechneten Streckgrenze auf.

Die von Wells /5/ eingeführte Probe, vergleiche Bild 11, ist mit einem Sägeschnitt in der Wärmeeinflußzone versehen. Der Sägeschnitt ist in einem Fall 5 mm tief und 0,15 mm weit und wird in einer Variante dieser Probe quer überschweißt. Damit erzeugt man einen thermischen und mechanischen Zyklus am Sägeschnitt, der der größten möglichen Schädigung in einer Schweißung mit Kantenfehlern entsprechen soll. Diese Probe wird variiert für verschiedene Nahtgeometrien und -anordnungen sowie für verschiedene Schweißfolgen.

Die letzte Stufe der Prüfungen ist der Bauteilversuch: Nachfolgend sollen einige Berstversuche bei verschiedenen Bruchverhalten gezeigt werden. Druckbehälter mit 75 mm Wanddicke wurden im Rahmen des HSST-(Heavy Section Steel Technology-)Programms geprüft. In Bild 12 ist ein spröder Bruch unterhalb der NDT-Temperatur (spröde Bruchfläche mit vielen Meßkabeln), in Bild 13 ein Bruch im sprödzähen Übergangsbereich und im Bild 14 ein solcher bei duktilem Verhalten ersichtlich. Die Tiefe der angebrachten Außenkerbe war jeweils über 80 % der Wanddicke ! Der starke Einfluß der Abpreßtemperatur ist offensichtlich; der Rißstop nach kurzer, duktiler Rißausbreitung im letzten Bild eindrücklich.

4. Quantitative Verfahren

Die bisher betrachteten Verfahren geben uns lediglich Temperaturgrenzen. Wir müssen aber oft den Einfluß von Fehlern quantitativ berücksichtigen. Das erfordert eine bruchmechanische Bewertung. Zuerst, d.h. als erste Stufe verwenden wir die linear elastische Bruchmechanik, wobei wir als Grenzwert die dynamische Rißeinleitungs-Bruchzähigkeit einsetzen. Wir verwenden dazu Kerbschlagproben, in die ein Ermüdungsanriß zur Simulation eines scharfkantigen Fehlers eingeschwungen wird. Anschließend prüfen wir diese Kerbschlagproben mit einem zur Aufnahme von Kraft-Zeit- sowie Kraft-Weg-Verläufen instrumentiertem Pendelschlagwerk und können daraus dynamische Rißeinleitungs-Bruchzähigkeiten ableiten. Deren Anwendung ist unter bestimmten Bedingungen /6, 7/ ähnlich der Anwendung der statisch gemessenen linear elastischen Bruchzähigkeiten, das nachher gezeigt wird.

Die nächste Stufe wäre hier die linear elastische Bruchmechanik mit größeren, statisch belasteten Proben. Größere Proben ergeben

eine höhere Verformungsbehinderung und daher gültige, d. h. dem
spröden Verhalten entsprechende Bruchzähigkeitswerte bis zu höheren Temperaturen als Kleinproben. Allerdings ist es unstatthaft,
zu diesem Zweck Proben größerer Abmessungen zu verwenden als sie
das Bauteil aufweist. Die Prüfung erfolgt hier nach /8/ .

Die letzte Stufe in dieser Beziehung stellt die elasto-plastische
Bruchmechanik mit Proben, die der tatsächlichen Wanddicke der
Bauteile nahekommen, dar. Verwendete Verfahren sind die Rißöff-
nung COD (Crack Opening Displacement) bzw. dessen kritischer
Wert δ_c sowie das wegunabhängige Arbeitssignal J /9, 10, 11/ .

Der Einfluß der Temperatur tritt bei der Bruchmechanikerprüfung
auch auf. Dieser Effekt ist aber nun quantitativ bewertbar, da
wir den temperaturabhängigen Bruchzähigkeitswert einsetzen und
mit Hilfe der bruchmechanischen Formalismen den Zusammenhang
zwischen der angelegten Zugspannung, der Abmessung des Fehlers
und der Bruchzähigkeit als Werkstoffkennwert benützen können.
In einem Diagramm, siehe Bild 15, kann für die Tiefe langer,
bruchkritischer Oberflächenfehler z. B. die wirkende Zugspannung
(alle Zugspannungen, inbegriffen Temperatur- und Eigenspannungen)
eingetragen werden. Ist nun die Bruchzähigkeit bekannt, so kann
die Tiefe des langen, kritischen Oberflächenfehlers im Diagramm
abgelesen werden. In Kenntnis zweier Kennwerte ist der dritte
jeweils zu bestimmen. Im konkreten Fall wird man von der Summe
der Zugspannungen ausgehend rechts bis zum Schnittpunkt mit der
Bruchzähigkeit des Werkstoffs (schräge Linien) fahren und anschließend den Schnittpunkt auf die Abszisse loten.

Diese, hier nur in ihren Grundzügen skizzierte Methode ist fast
beliebig zu verfeinern. Schon in ihrer einfachsten Form hat sie
aber in vielen praktischen Fällen mitgeholfen, eine Information
über die Sicherheitsmargen bei Vorhandensein von Fehlern zu bekommen. Selbstverständlich müssen dabei auch die Fehler in den
Bauteilen größenmäßig bekannt sein oder abgeschätzt werden können. Dazu wird heute nachmittag ein Kurzvortrag unseres Herrn
Bauer einige Aspekte aufzeigen.

Fast für alle Fehlerarten kann heute auf folgende Art und Weise
eine Abschätzung der maßgebenden Größe vorgenommen werden:
Das Volumen, welches den Fehler enthält, wird in den drei Haupt-
richtungen bestimmt; es wird angenommen, daß der Fehler in der
Ebene größter Ausdehnung flach und scharfkantig ist; die größte
Zugspannung wirke senkrecht auf die Fehlerebene. Verfeinerungen

sind zumeist ohne allzugroßen Aufwand möglich; damit wird eine
unbekannte und damit unnötige Strenge vermieden.

Die Überführung von Fehlern verschiedener Konturen in die mit
bruchmechanischen Methoden einfach bewertbare kreisrunde, ellip-
tische oder gerade Kontur erfolgt mit Hilfe des Bildes 16.

Es ist dann ein schönes Erlebnis, wenn man für einen Stahl, z. B.
den schon vorerwähnten GS 20 Mo 4, für verschiedene Temperaturen
in Funktion der Zug-Last-Spannung die kritischen Fehlergrößen
aus dem Nomogramm und aus dem Bild 17 entnehmen kann. Eine Sicherheitsmarge ist selbstverständlich gegenüber den kritischen Fehlern nötig, wenn man zulässige Fehlergrößen ableiten will. Die
Sicherheitsmargen nach ASME-Code Section XI sind in der Größenordnung in 10fach, bezogen auf die Fehlergrößenverhältnisse zwischen kritischem und tolerierbarem Fehler. Die von uns angewende-
ten Sicherheitsbeiwerte liegen zwischen 2 und 20.

Am Stahlguß 18 MnNi 6 /12/ wurden auch Rißfortpflanzungsmessungen
durchgeführt, und zwar für das Gehäuse einer Pumpe in einer großen
Speicheranlage. Die Rißfortpflanzungsrate (d. h. das Rißwachstum
pro Lastspiel) an der Ordinate und die Amplitude der Spannungsintensität an der Abszisse erlaubt uns das Rißwachstum pro Lastwechsel zu verfolgen, vgl. Bild 17. Wenn wir das Ergebnis solcher
Untersuchungen für die wechselnde, d. h. Ermüdungsbelastung, nach
einer bestimmten Lebensdauer ansehen wollen, dann können wir z. B.
für diesen Werkstoff bei Raumtemperatur für bestimmte Oberflächen-
risse dies darstellen, wie das in Bild 18 geschehen ist. Falls die
Anfangsrißtiefe für ein gegebenes Tiefen-Längenverhältnis an der
Oberfläche 2, 5 oder 8 mm ist, kann die Anzahl Lastspiele bestimmt
werden, bei welcher der Riß eine bestimmte Größe erreicht hat
(bei dieser Untersuchung haben wir bei extrem hoher Spannungsamplitude das Verhältnis Tiefe zu Länge des Oberflächenrisses konstant
gehalten).

Komplizierte Rechnungen erlauben uns auch Änderungen in der Kontur des Risses während des Ermüdungsrißwachstums näherungsweise
zu berücksichtigen.

5. Zusammenfassung

Entsprechend den wenigen Streiflichtern auf ein sehr großes Gebiet kann ich froh sein, wenn Sie sich vergegenwärtigen, daß

- Spannungsrechnungen zur Gewährleistung der Bruchsicherheit von

überschlägigen bis zu sehr genauen Spannungsrechnungen reichen
können, je nachdem wie genau das Ergebnis sein muß

- zum Nachweis der nötigen Verformbarkeit verschiedene Prüfstufen
  anwendbar sind
- wenn Fehler im Bauteil gefunden wurden und diese bewertet werden müssen, Verfahren bestehen, die sowohl für die statische
  als auch für die wechselnde Belastung anwendbar sind.

Selbstverständlich kann man je nach Lastfall und je nach Anzahl
der Amplituden auch die Rißausbreitungsrechnung fast beliebig
weit verfeinern. Ich möchte aber auch den Gegensatz aufzeigen:
Manchmal können wir ohne komplizierte Spannungsanalyse, aufgrund
einfacher Abschätzungen mit Hilfe typischer Werkstoffkennwerte
Auskünfte geben, die zumindest grobe Abschätzungen zulässiger
Belastungen und Fehler erlauben. In anderen Fällen wiederum ist
nur mit einem beträchtlichen Aufwand eine Aussage zu treffen.
Wie in allen Bereichen fortgeschrittener Technik genügt nicht
allein die Kenntnis der Verfahren, vielmehr ist eine langjährige
Vertrautheit in deren Anwendung unerläßlich.

Literatur:

/1/ Stumpp, W., Varga, T.: Betrachtungen zur Spannungsanalyse
    und zum Bruchverhalten geschweißter dickwandiger Druckbe-
    hälter. Schweiz. Bauzeitung 90 (1972) Nr. 31, S 729 - 737.
/2/ Varga, T.: Ein Bewertungssystem der Bruchsicherheit.
    Schweiz. Bauzeitung 90 (1972) Nr. 41, S. 1007 - 1024,
    91 (1973) Nr. 4, S. 69 - 83, Nr. 6, S. 125 - 132.
/3/ Pellini, W.S.: Advances in Fracture Toughness Character-
    ization Procedures. NRL Rep. 6713 v. 3. April 1968.
/4/ Ikeda, K. Akita, Y. und Kihara, H.: The deep notch test
    and brittle fracture initiation. Welding J. 46 (1967)
    Nr. 46, S. 133s - 144 s.
/5/ Wells, A.A.: The mechanics of notch brittle fracture Welding
    J., WR, 7 (1963) Nr. 2, S. 34-r - 56-r.
/6/ Varga, T., Junker, M., Njo, D.H., Prantl, G.: Prüfricht-
    linie Abt. f. die Sicherheit der Kernanlagen (ASK) Nr. 425
    Rev. 1.
/7/ Varga, T., Njo, D.H., Prantl, G.: ASK procedure for instru-
    mented precracked Charpy-type tests. Electric Power Research
    Inst. (EPRI) Symp. Palo Alto Calif. Dec. 1980.
/8/ ASTM E 399-78

/ 9/ Varga, T., Njo, D.H., Prantl, G.: Richtlinie zur COD-
Prüfung, ASK AN 220 Rev. 1.

/10/ BSI 5762/79.

/11/ ASTM E 24 Draft for J_{Ic} measurement.

/12/ Varga,T. und Grein,H.: Schwingfestigkeitsprobleme bei
Korrosionseinfluss in Pumpspeicherwerken. Material und
Technik, 7(1979), H.3, S.107-113.

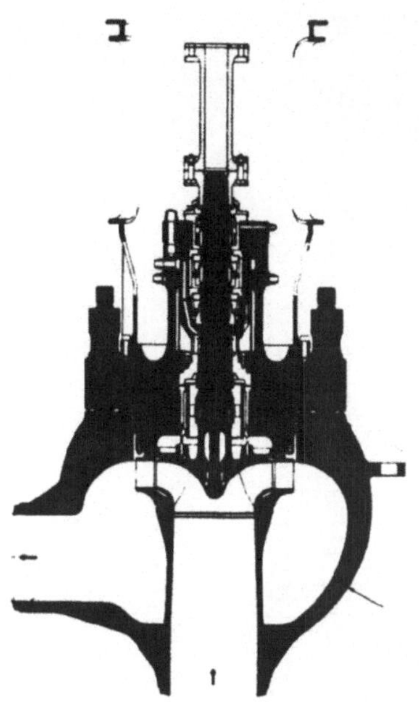

Bild 1.
Schnitt einer großen
Pumpe mit Gußgehäuse in
Verbundkonstruktion und
geschmiedetem,angeschraub-
tem Deckel /1/.

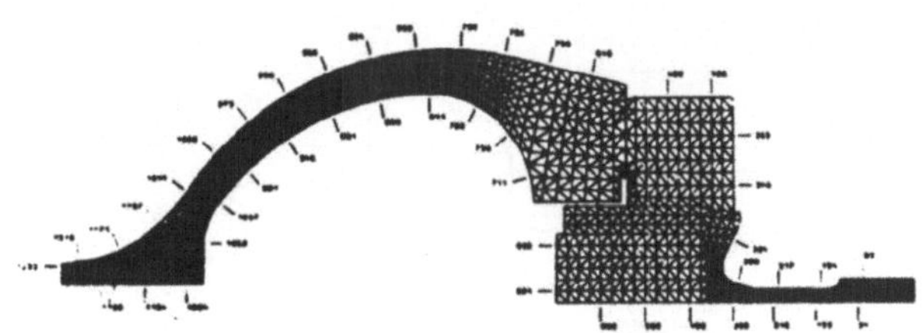

Figure 9 -   Analyse, par éléments finis, du corps et du couvercle.

Bild 2.   Finite-Element-Netz mit der Verbindung des
Gehäuses mit der Deckelplatte /1/.

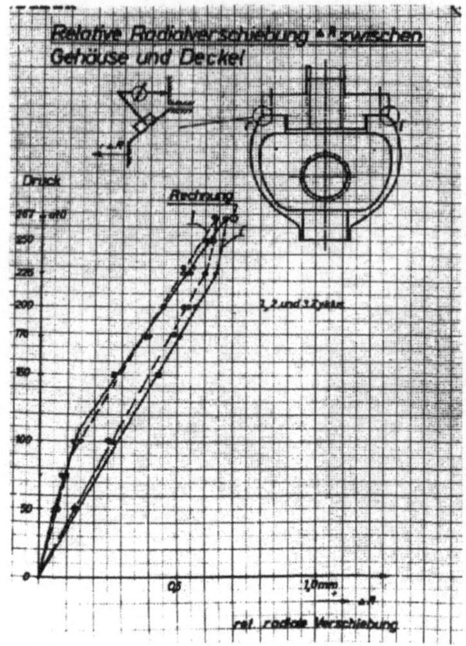

Bild 3. Verschiebung des Deckels gegenüber dem Gehäuse
während des Abpressens; Messung und Rechnung /1/.

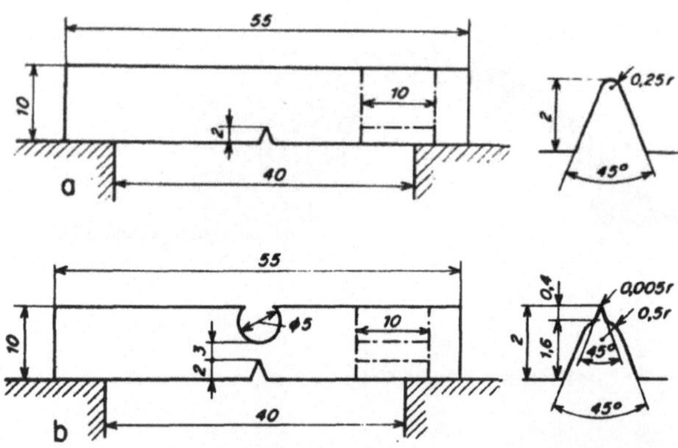

Bild 4. ISO-V-Proben und Schnadt-A_o- Probe, hauptsächliche
Maße.

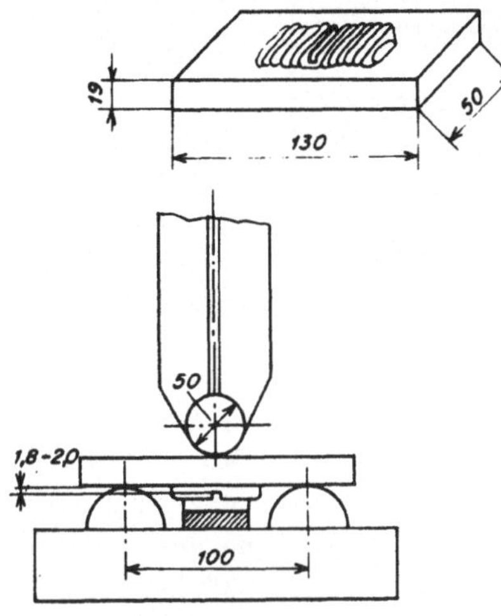

Bild 5.

Fallgewichtsprüfung nach Pellini (ASTM E 208-66), Probe P2.

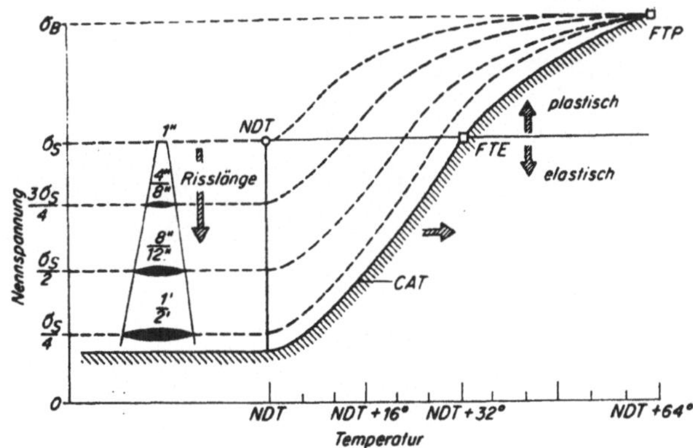

Bild 6. Die Darstellung der Bruchsicherheit in Abhängigkeit des Verhältnisses Lastspannung zur Streckgrenze;

FTE: Fracture Transition Elastic, Bruch bei der Streckgrenze, FTP: Fracture Transition Plastic, Übergang zum zähen Bruch, NDT-Temperatur: Nil Ductility Transition, d.h. Versprödungstemperatur; CAT: Crack Arrest, d.h. Rißstoptemperatur.

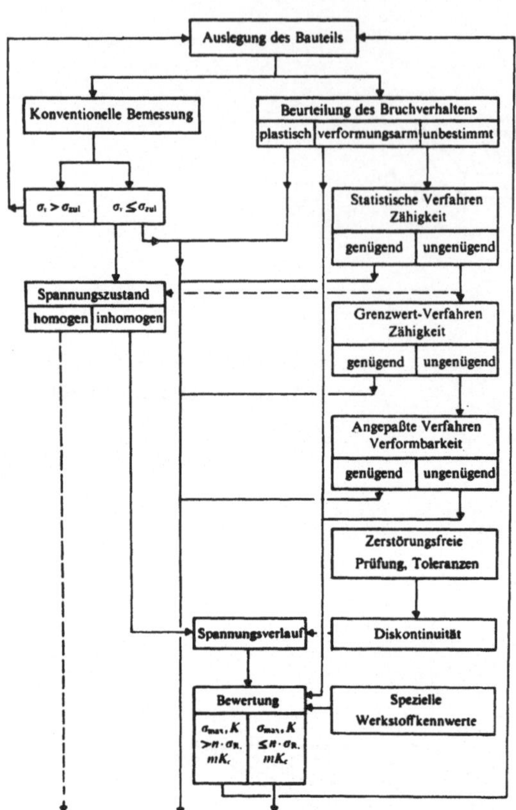

Bild 7.

Die von Uhlir vorgeschlagene parallele Vorgehensweise zur Bemessung und Festigkeitsrechnung sowie zur Werkstoffprüfung mit dem von Varga angegebenen stufenweisen Einsatz der Sprödbruchprüfungen /2/.

Es ist die Zusammenführung der beiden Äste "Konventionelle Bemessung" und "Beurteilung des Bruchverhaltens" auf kürzestem Wege anzustreben.

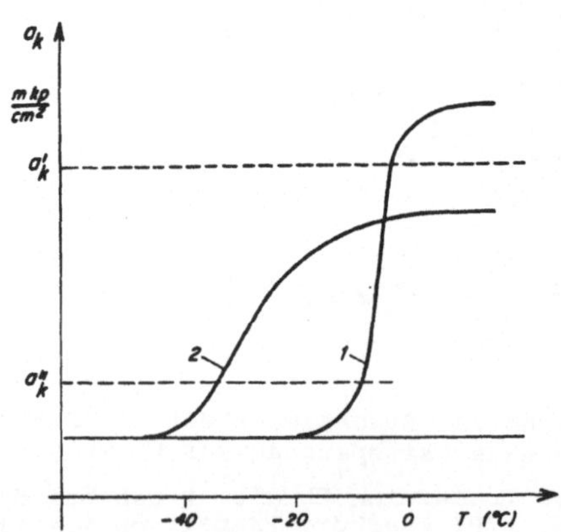

Bild 8. Kerbschlagzähigkeit-Temperatur-(a_K-T)-Kurven im sprödzähen Übergang, schematisch /2/.

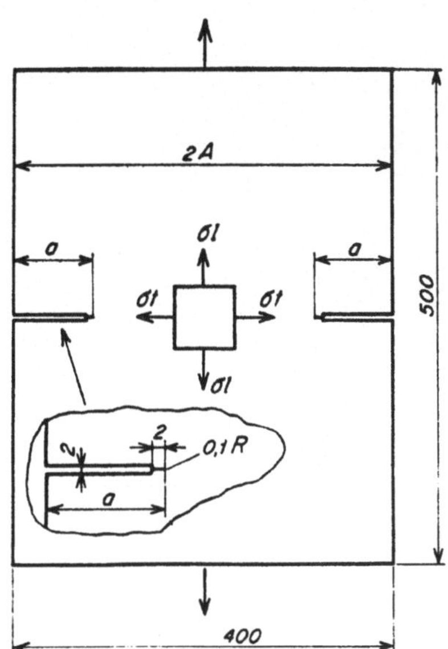

Bild 9.

Großplattenprobe für den Schiffsbau, nach Kihara /4/.

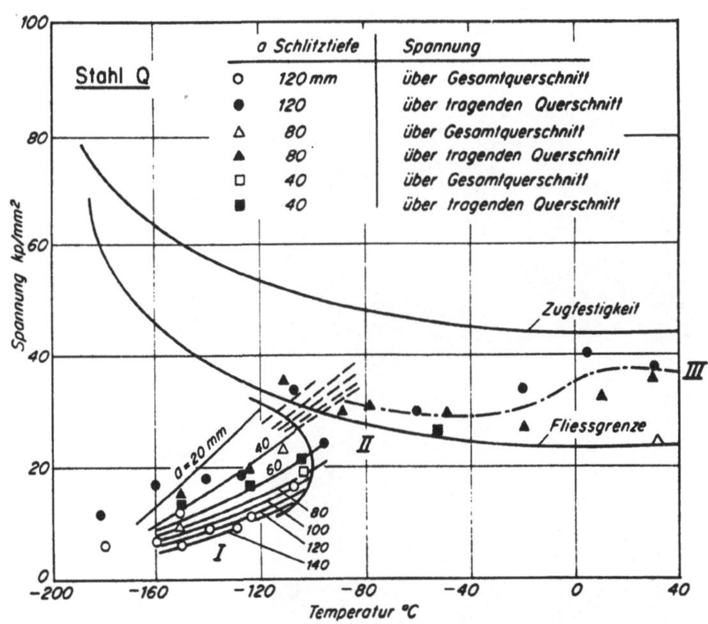

Bild 10. Fließgrenzen und Zugfestigkeiten sowie Bruchspannungen
von Kihara-Proben über der Temperatur. Ab einer Grenz-
temperatur wird im Nettoquerschnitt, unabhängig von der
Kerbtiefe, die mit genormten Proben bestimmte Fließgrenze
überschritten /3/.

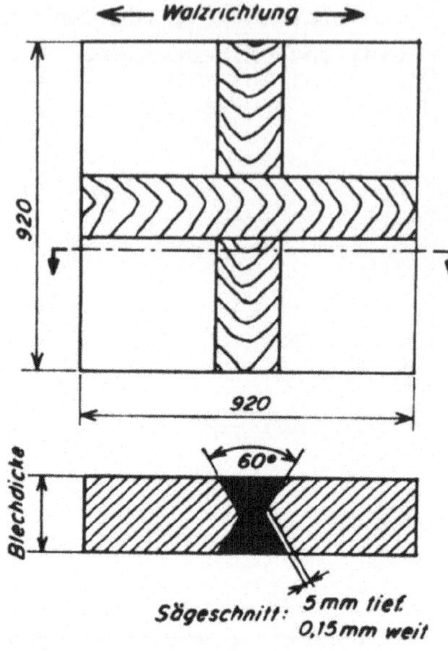

Bild 11.
Die für übliche Schweiß-
konstruktionen anpaßbare
Wells-Großplatten-
Probe /5/.

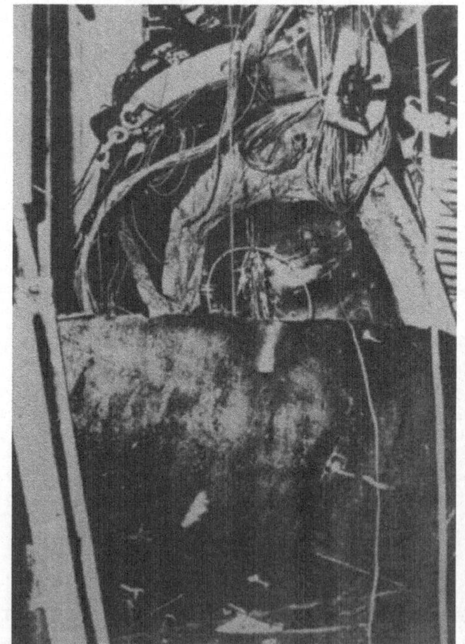

Bild 12.
Spröder Bruch an einem
HSST-Versuchsbehälter,
Wanddicke 75 mm. Außen-
kerb tiefer als 80% der
Wanddicke.

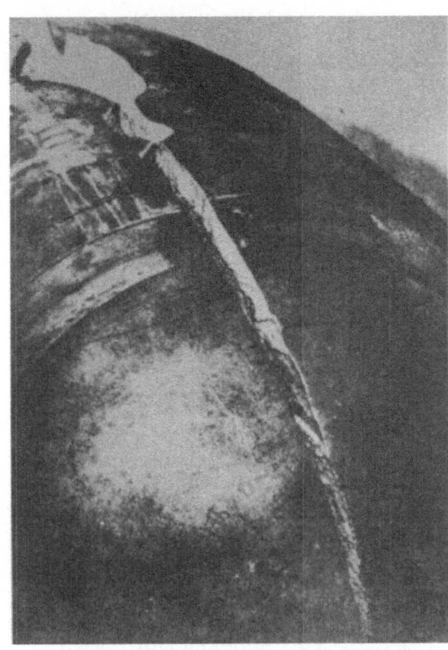

Bild 13.
Teilweiser Bruch im
Übergangsbereich, Behälter
wie Bild 14.

Bild 14. Teilweiser Zähbruch bei duktilem Werkstoffverhalten.

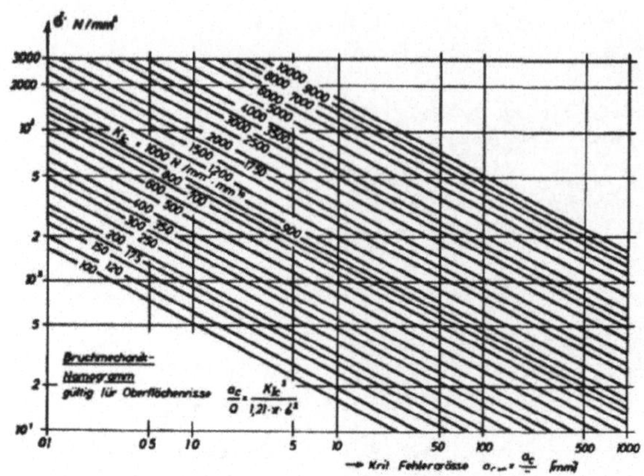

Bild 15. Tiefe $a_{c\infty}$ des langen, flachen, scharfkantigen Oberflächenfehlers bei zur Fehlerebene rechtwinkeliger Belastung durch die Gesamtzugspannung Mit der Bruchzähigkeit (kritische Spannungsintensität K_{Ic} des Werkstoffs kann in Kenntnis zweier Größen die jeweils dritte abgelesen werden. Gilt bei linear elastischem, d.h. sprödem Verhalten, homogener Zugspannung und großen Abmessungen des Teils gegenüber dem Fehler.

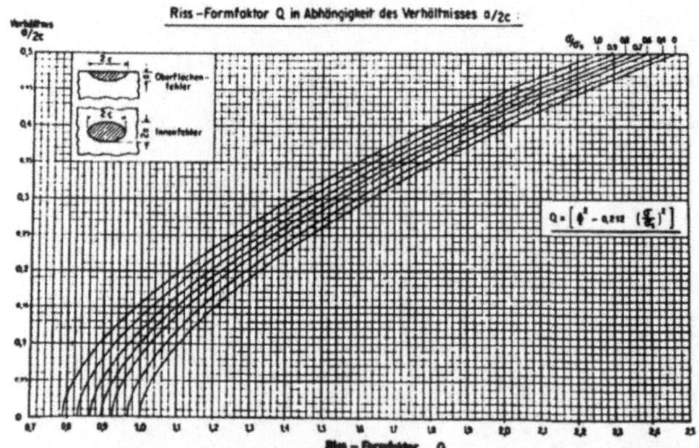

Bild 16. Zur Bestimmung gleichwertiger (hinsichtlich des kritischen Fehlermaßes) Fehlertiefen a und -längen 2c ist der Formfaktor Q nötig. Er ist in Abhängigkeit des Verhältnisses Gesamtzugspannung zur Streckgrenze σ/σ_S dem Diagramm zu entnehmen.

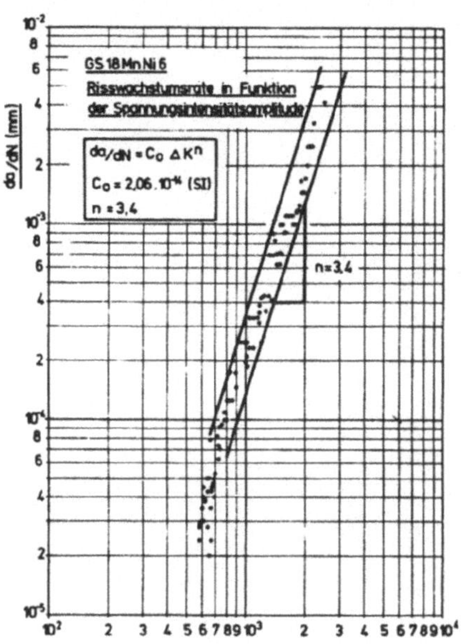

Bild 17.

Gemessene Rißfortlaufraten
da/dN des Stahls
GS 18 MnNi 6 in Abhängig-
keit von der Spannungs-
intensitätsamplitude ΔK.

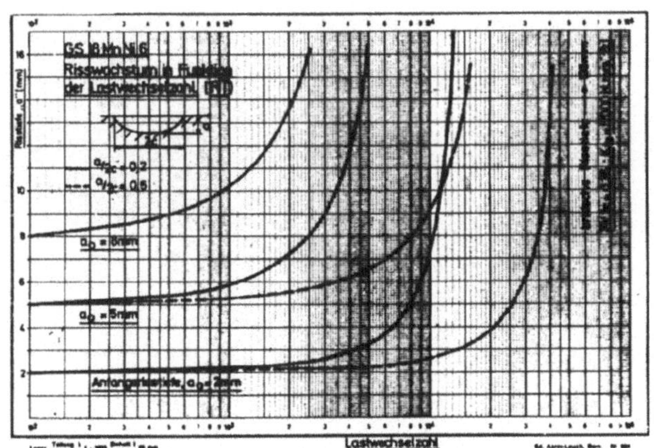

Bild 18. Rißmaße bei konstantem Verhältnis a/2c in
Abhängigkeit der Ausgangsgröße und der Lastspielzahl (Extreme Amplituden).

Möglichkeiten des Einsatzes von Mikroprozessoren
zur Automatisierung von Wasserkraftanlagen

P. Kopacek

Um einen optimalen und sicheren Betrieb von vorwiegend größeren
Wasserkraftanlagen zu gewährleisten, sind eine Reihe von Auto-
matisierungseinrichtungen erforderlich. Während sich früher die
Automatisierung hauptsächlich auf die Drehzahlregelung und das
An- und Abfahren der Turbinen beschränkte, traten mit dem Ein-
dringen der Prozeßrechentechnik in die Wasserkraftanlagen neue
Anforderungen hinzu. Erwähnt seien hier nur die übergeordnete
Prozeßsteuerung, die übergeordnete Spannungs- und Blindleistungs-
regelung, die Staupegelregelung, die optimale Speicherbewirt-
schaftung, die Optimierung des Maschineneinsatzes und die kurz-
und langfristige Zuflußprognose. Schon früher begann man elektrohydraulische Turbinenregler statt mechanischer einzusetzen.
Die Hauptgründe dafür sind in einer leichteren Einführung von
Leitgrößen bei Netzkennlinienregelung oder beim Synchronisier-
vorgang der Turbine sowie in der guten Anpassung der Reglerdy-
namik an verschiedene Betriebszustände des Netzes zu suchen.
Diese Kombination elektrohydraulischer Turbinenregler mit über-
geordnetem Pozeßrechner hat sich in zahlreichen Wasserkraftanlagen bestens bewährt (z.B. /1/, /2/, /3/). Mit den in den letzten Jahren zu beobachtenden rasanten Fortschritten der Mikro-
prozessortechnologie ist aber auch in diesem Zweig des Maschinenbaues ein Wandel zu erwarten.

Der Mikroprozessor bildet das Kernstück eines Mikrorechners. Er
besteht aus großintegrierten digitalen Schaltungen - LSI (Large
scale integration). Erweitert man den Mikroprozessor durch einen
Speicher und ein Interface, entsteht ein miniaturisierter Digitalrechner (Mikrorechner).

Derzeit sind Mikrorechner im Begriff in der Lücke zwischen
konventionellen Steuerungs- und Regeleinrichtungen und den meist
mit hohen Investitionskosten verbundenen Einsatz von Prozeß-

rechnern Fuß zu fassen. Nach einer Phase der eigentlichen Bau-
teilentwicklung beginnt nun im verstärkten Maße die industrielle
Anwendung von Mikroprozessoren in den Vordergrund zu treten.
Die Hauptgründe dafür sind:
 - Mikroprozessoren und die zu einem Mikrorechner notwendigen
   Hilfsbausteine sind in Großserien gefertigte und daher sehr
   preiswerte Standardbausteine.
 - Der Anteil der Digitaltechnik in automatisierungstechnischen
   Einrichtungen nimmt laufend zu. Dafür bietet sich der Mikrorechner als freiprogrammierbares Element geradezu an, wobei
   sich der Schwerpunkt beim Entwurf vom Schaltungsaufbau (Hard-
   ware) zur Programmierung (Software) verlagert.
 - Wie Prozeßrechner sind Mikrorechner zum Unterschied von
   kommerziellen Datenverarbeitungsanlagen keine Universalrech-
   ner. Sie werden, wie auch der Prozeßrechner, nur in stärkerem
   Maße an die zu lösende Aufgabe angepaßt (Einzweckrechner). Dadurch sind bei entsprechender Ausführung zur Programmierung
   keine Spezialkenntnisse mehr erforderlich.

Da sich der Mikrorechner in seiner Arbeitsweise und in einigen
Begriffsbestimmungen vom Digitalrechner unterscheidet, soll zu-
nächst darauf kurz eingegangen, sodann ein Überblick über die
Automatisierung von Wasserkraftanlagen gegeben und schließlich
realisierte, sowie sich abzeichnende Einsatzmöglichkeiten von
Mikrorechnern in Wasserkraftanlagen aufgezeigt werden.

1. Struktur, Aufbau und Arbeitsweise von Mikrorechnern /4/

Der Mikrorechner besteht als miniaturisierter Digitalrechner aus
den gleichen Funktionseinheiten wie dieser. In Bild 1 ist seine
Struktur mit Einheitsbus dargestellt.

Grob ausgedrückt entspricht dem Rechenwerk des Digitalrechners
der Zentralprozessor, dem Speicherwerk die Arbeitsspeicher und
dem Ein-Ausgabewerk die E/A-Einheiten. Charakteristisch für den
Mikrorechner ist die Übertragung von Daten, Adressen und Steuer-
befehlen über Leitungen, die in diesem Fall als "Buse" bezeichnet werden. Diese Signale können entweder hintereinander über
einen einzigen Bus (Einfach-Bus-Struktur) oder wie in Bild 1
über verschiedene Buse (Mehrfach-Bus-Struktur) übertragen werden.
Die Übertragung erfolgt bit-parallel d.h. für einen Datenwert
von z.B. 8-bit besteht der bidirektionale Datenbus aus 8 paral-
lelen Leitungen. Man spricht in diesem Fall von einem 8-bit Mikro-

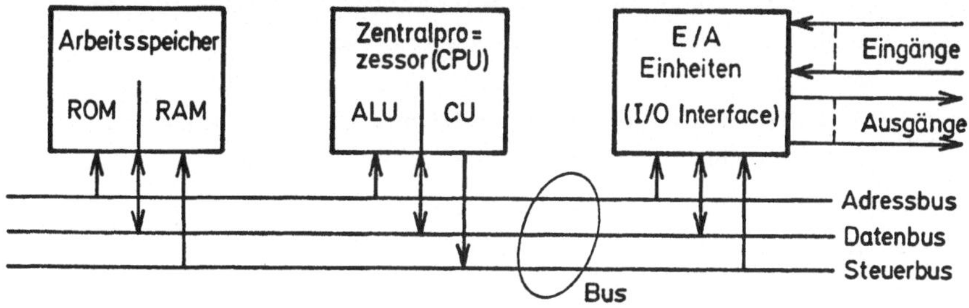

Bild 1. Struktur eines Mikrorechners

rechner. Weiters sind 4-bit, 16-bit und 24-bit Mikrorechner üblich. Die Anzahl der Adreßleitungen des unidirektionalen Adreß-
buses ist ein Maß für die Anzahl der maximal adressierbaren
Speicherplätze. Mit einer 16-bit Adreßleitung können beispielsweise 2^{16} = 65536 Speicherplätze direkt adressiert werden.
Im folgenden sollen die einzelnen im Bild 1 dargestellten Funktionseinheiten kurz besprochen werden:

a) Zentralprozessor (central processing unit: CPU)

   Er bildet das Kernstück des Mikrorechners und besteht aus:

   - der Recheneinheit (arithmetic logic unit: ALU) in welcher
     Rechenoperationen, wie z.B. +, -, ., , UND, ODER ausge-
     führt werden.

   - dem Steuer- und Befehlswerk (control unit: CU)
     zur Steuerung des Datenaustausches zwischen den Funktions-
     einheiten.

b) Arbeitsspeicher

   Zur Speicherung von Befehlen und Daten finden in Mikrorechnern
   fast ausschließlich Halbleiterspeicher Verwendung. Die Speicherkapazität wird üblicherweise in Kilobyte (1K=2^{10}=1024 Worte)
   angegeben. Gebräuchliche Werte sind 2K bis 4K. Zum Unterschied
   von Digitalrechnern muß beim Mikrorechner zwischen 2 Arten von
   Speichern unterschieden werden:

   - Nur-Lese-Speicher (read only memory: ROM)
     oder Festwertspeicher. Da ihr Inhalt auch bei fehlender
     Speisespannung erhalten bleibt, sind in ihnen nur ständig
     benötigte Befehle und feste Daten gespeichert. Sie können

nach Art der Programmierung unterteilt werden in:

- maskenprogrammierbare Festwertspeicher (ROM) werden vom Hersteller unveränderbar programmiert
- programmierbare Festwertspeicher (PROM) können vom Anwender unveränderbar programmiert werden
- umprogrammierbare Festwertspeicher REPROM, EPROM usw.) sind PROM's die gelöscht (z.B. durch Bestrahlung mit UV-Licht) und neu beschrieben werden können.

- Schreib-Lese-Speicher (<u>r</u>andom <u>a</u>ccess <u>m</u>emory: RAM)
  Da in sie sowohl hineingeschrieben als auch herausgelesen werden kann, dienen sie als Merkspeicher für veränderliche Daten wie z.B. Meßwerte oder Zwischenergebnisse. Übliche Speicherkapazitäten sind 1/2 K - 1 K.

c) Ein-Ausgabeeinheiten (I/O interfaces)
   Sie dienen dem Datenaustausch zwischen dem Mikrorechner und der Umwelt und sind den anzuschließenden Peripheriegeräten (Drucker, Lochstreifenleser, Sichtgeräte, Meßwertaufnehmer, Stellglieder usw) angepaßt.

Auf dem Gebiet der Steuerungstechnik wird der Mikrorechner in Form von frei programmierbaren Steuerungen oder PC-Steuerungen (<u>p</u>rogrammable <u>c</u>ontrollers) eingesetzt. Ein großer Vorteil dieser Steuerungen gegenüber herkömmlichen ist die rasche und problemlose Programmänderung. Vom Prozeßrechner unterscheidet sich die PC durch die Art der Programmierung und durch die zyklische Programmabarbeitung. Sie kann also i.a. nicht sofort auf wichtige Signale (Alarmmeldungen, Stoppsignale usw) reagieren, sondern erst, wenn diese im Zyklus abgefragt werden. Meist ist aber die Zykluszeit so kurz, daß dies nicht als Nachteil zu werten ist.

Auf dem Gebiet der Regelungstechnik steht mit dem Mikrorechner ein Gerät zur Verfügung, das die Lücke zwischen analogen Reglern und Prozeßrechnern ausfüllen könnte. In Bild 2 ist der Aufbau eines Mikrorechnerreglers dargestellt. Die Meßwerte der Regelgrößen werden über einen Analog-Digitalumsetzer (ADU) dem Mikrorechner zugeführt. Dieser berechnet die Stellgrößen und gibt diese über einen Digital-Analog Umsetzer (DAU) an die Strecke.
Die Ein-Ausgangssteuerung koordiniert den Datenfluß zwischen ADU, DAU und Mikrorechner, sowie Anzeigegeräten. Über die Koppelelektronik besteht die Möglichkeit, der Verbindung mit einem übergeordneten Prozeßrechner. Dadurch ergibt sich die Möglichkeit

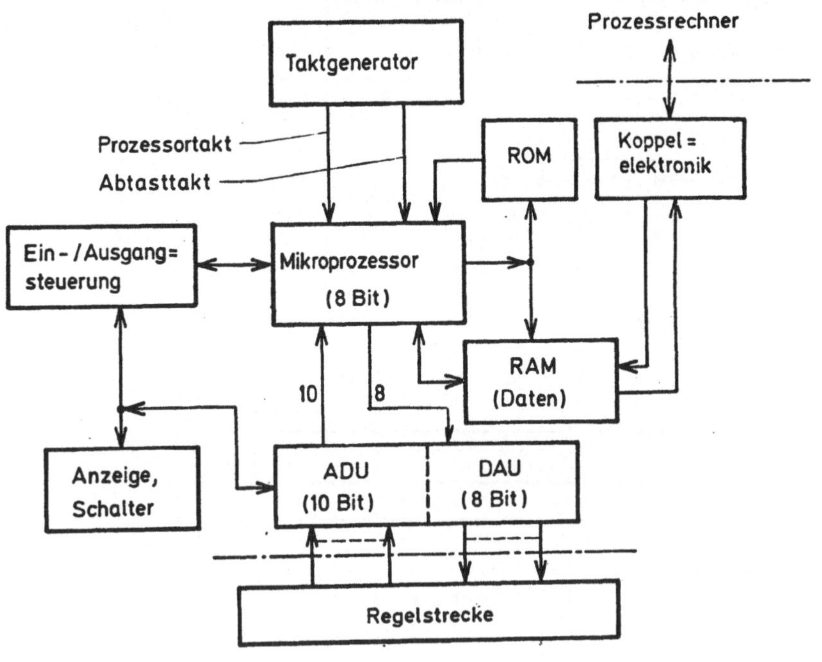

Bild 2. Aufbau eines Mikrorechnerreglers

dezentralisierte hierarchische Rechnernetzwerke aufzubauen
(Bild 3).

Gegenüber herkömmlichen analogen Reglern bietet ein Mikrorechnerregler einige wesentliche Vorteile:

- Realisierung von komplizierten Reglerfunktionen
- Einfache Variation der Reglerparameter in einem
  großen Bereich
- Einfaches Umschalten der Reglerstruktur
- hohe Flexibilität mittels vorprogrammierter Festwertspeicher.

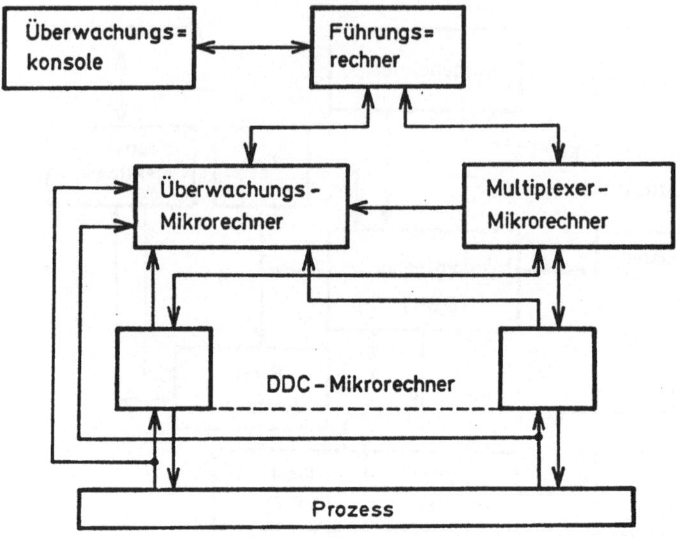

Bild 3. Rechnerhierarchie

2. Automatisierung von Wasserkraftanlagen

Die in Wasserkraftanlagen auftretenden Automatisierungsprobleme
können zwei oder manchmal auch drei hierarchisch gegliederten
Ebenen zugeordnet werden. In der untersten der Maschinensteuerebene werden von den Automatisierungseinrichtungen der Kraft-
werkssteuerebene Sollwerte und Schaltbefehle übermittelt. Die
oberste, hier als übergeordnete Steuerebene bezeichnet, dient
der Koordination mehrerer Kraftwerke.

Auf der Maschinensteuerebene dominiert derzeit der elektrohydraulische Turbinenregler. Mechanische Regler finden vorwiegend noch bei kleineren Anlagen Verwendung. Die eigentliche
Regelgröße ist die Leistung der Turbine, welche mit der Stellgröße Durchfluß auf einem vom Netz vorgegebenen Sollwert gehalten werden soll. Störgrößen sind Laständerungen hervorgerufen
durch Zu- und Abschalten von Verbrauchern, sowie tägliche oder
saisonale Bedarfsschwankungen, variable Fallhöhe usw. Meist verwendet man aber als Regelgröße die von der Leistung abhängige

Drehzahl des Maschinensatzes. Dieser Umweg bietet zusätzlich den Vorteil, daß eine vom Netz abgefallene Turbine mit dem Drehzahlregler vor dem Durchgehen bewahrt werden kann.

Es sind 3 Regelfälle zu unterscheiden:
- Verbundbetrieb: Die betrachtete Anlage arbeitet zusammen mit anderen auf ein gemeinsames Netz. Die Aufteilung der Last auf die einzelnen Anlagen erfolgt durch die übergeordnete Regelung
- Inselbetrieb: Die Anlage arbeitet allein auf ein Netz. Die Ausregelung von Laständerungen ist infolge des "schnelleren" Streckenverhaltens wesentlich schwieriger
- Synchronisieren: Die Anlage ist unbelastet anzufahren (Inselbetrieb) und phasenrichtig dem Verbundnetz zuzuschalten

Zusätzliche Probleme sind beispielsweise die Abhängigkeit der Übertragungsfunktion von der Belastung, Zeitverzögerungen und Totzonen verursacht durch lange Leitungen, Reflexionen und Masseneinflüsse, sowie Diskrepanzen in den Referenzwerten (ungleichmäßige Belastung durch Pegelstandsregelung, Frequenzregelung und Leistungsgrenzen).

Moderne Regler sind als kombinierte Drehzahl- und Leistungsregler ausgeführt. Dabei ist der Drehzahlregler faktisch dem Leistungsregler übergeordnet, d.h. bei Vorliegen bestimmter Kriterien (Fall eines bestimmten Leistungsschalters, größere Frequenzänderungen) wird selbsttätig auf den Drehzahlregler umgeschaltet. Solche Regler sind natürlich mit Einrichtungen zur Fernbeeinflussung durch einen Gruppenregler oder einen zentralen Netzregler, einer einstellbaren Öffnungsbegrenzung (Begrenzung der Turbinenöffnung nach oben ohne Behinderung des Schließens) sowie unter Umständen mit einem Staupegelregler ausgerüstet. Sie enthalten weiters Logikschaltungen zum selbsttätigen Anfahren und Abstellen der Anlage.

Die Aufgaben der zweiten und dritten Automatisierungsebene können im allgemeinen nicht mehr so scharf getrennt werden, weshalb diese in der Literatur (z.B. /5/, /6/) auch meist in einer zusammengefaßt sind. Auf dieser Ebene kommen überwiegend Prozeßrechner zum Einsatz. Eine der wichtigsten Aufgaben - die aber nur im weitesten Sinne als Automatisierung anzusprechen ist - besteht in der Informationsverarbeitung: Pro Kraftwerk fallen ungefähr 200 - 400 Meldungen, 40 - 50 Meßwerte und 15 - 20 Zählerstände an, die zu registrieren und auszuwerten sind. Zu den Meldungen zählen in erster Linie Alarm- und Gefahrenmeldungen sowie normalbetriebliche Meldungen (z.B. Stellungsmeldungen von Leistungsschaltern und End-

schaltern). Die Meldungen werden im Klartext protokolliert sowie
bei Bedarf weiterverarbeitet. Die <u>Meßwerte</u> (Spannung, Strom,
Leistung, Wehrstellung, Pegelstand usw.) werden zunächst auf
Plausibilität geprüft und auf Grenzwertüberschreitungen untersucht. Falls festgelegte Grenzen über- oder unterschritten werden, erfolgt umgehend eine Störungsmeldung an den Meldeeingang.
Die Meßwerte fließen teilweise in Steuerungs- und Regelungspro-
gramme ein. Sämtliche Meßwerte sind auf einer Anzeigetafel ab-
lesbar und werden in bestimmten Zeitabständen als Protokoll aus-
gegeben. <u>Zählerstände</u> dienen hauptsächlich als Berechnungsunter-
lagen für kaufmännische Zwecke.

Von den eigentlichen Automatisierungsaufgaben sollen hier nur
einige kurz aufgezählt werden.

<u>Staupegelregelung</u>: Die Turbinenleistung ist proportional der
Fallhöhe oder dem Oberwasserspiegel, welcher daher - besonders
bei kleinen Fallhöhen - möglichst konstant zu halten ist. Stör-
einflüsse treten hauptsächlich durch veränderliche Zuflüsse oder
durch variierende Turbinendurchflüsse auf. Die Regelung - im
Prinzip eine PI-Regelung mit Störgrößenaufschaltung - kann im
Prozeßrechner implementiert werden. Darüberhinaus bietet dieser
die Möglichkeit durch zusätzliche Rechenoperationen bei bestimmten Betriebszuständen (Turbinenentlastung, rampenförmige Zufluß-
änderungen) ein besseres Regelverhalten zu erreichen.

<u>Zuflußprognose</u>: Diese liefert nicht nur Anhaltswerte über die
zu erwartenden Störgrößenänderungen von der Zuflußseite für die
Staupegelregelung, sondern dient hauptsächlich zur Einsatzplanung
und Lastverteilung der Kraftwerke. Es sind Zuflußprognosen über
12, 24 und 36 Stunden üblich, wobei man bei letzterer auf eine
zuverlässige Wetterprognose angewiesen ist. Derzeit geht der
Trend zu längeren Prognosen, wofür zusätzlich noch ein dynamisches
Modell für das gesamte Zuflußgebiet erforderlich ist (z.B. /7/).

<u>Übergeordnete Spannungs-Blindleistungs-Regelung</u>: Im Gegensatz zur
klassischen Spannungsregelung wird hier nicht die Generatorspannung sondern die Oberspannung geregelt. Dadurch ergibt sich die
Möglichkeit, Reaktanzen von Leitungen zu berücksichtigen und somit die Spannung des nächstliegenden Knotenpunktes konstant zu
halten. Durch eine Koordination mehrerer auf diese Art geregelter
Stationen in anderen Kraftwerksgruppen kann eine optimale Spannungsregelung im gesamten Verbundnetz erzielt werden.

<u>Übergeordnete Prozeßsteuerung</u>: Der Prozeßrechner kann in ein-
facher Weise komplexe Steuerungsaufgaben zuverlässig ausführen.

Sind im vom Lastverteiler vorgegebenen Fahrplan für ein Kraftwerk oftmalige und beträchtliche Laständerungen vorgesehen, kann
der Rechner die Generatorleistung durch eine dem Turbinenregel-
kreis übergeordnete Regelung an die geforderte Leistung anpassen.
Der Wirkleistungssollwert als Führungsgröße für den Turbinen-
regelkreis wird vom Rechner in geeigneten Zeitintervallen (z.B.
1 Min.) an diesen weitergegeben. Die Eingabe der Fahrpläne erfolgt meist in 24 Stundenintervallen, wobei nachträgliche Korrek-
turen möglich sind. Es können Kraftwerks- und Maschinenfahrpläne
eingegeben werden. Die sich durch den Prozeßrechner ergebenden
Vorteile sind:
 - Tätigkeiten wie Anfahren, Stillsetzen, Lastaufteilung werden
   dem Personal abgenommen. Der Rechner wählt den kürzesten und
   sichersten Weg und veranlaßt im Gefahrenfall die Rückführung
   des Maschinensatzes in einem sicheren Betriebszustand
 - die Fahrplaneingabe ist nicht zeitgebunden
 - beim "Trapezfahren" entfällt die langdauernde Überwachung und
   Nachstellung der Leistung aller Maschinen manuell oder durch
   spezielle Programmsteuergeräte
 - bei langsamer Änderung der Netzfrequenz wird die Generatorleistung ausschließlich durch den Turbinenregler auf den vorgegebenen Sollwert gehalten.

Weitere Aufgaben in diesem Zusammenhang sind die Überwachung ther-
mischer sowie Stabilitätsgrenzen, die überlagerte Generator-
spannungs- und Transformator- Stufenschalterregelung und ebenfalls eine verbesserte Spannungsregelung durch Berücksichtigung
des Zusammenhanges Generatorspannung - entzogene Blindleistung.

<u>Optimierung des Maschineneinsatzes</u>: Die Maschineneinsatzoptimie-
rung bezweckt die Bereitstellung der geforderten Leistung mit
einem Minimum an Rohenergie. Bestimmt man für jede mögliche Ma-
schinenkombination den Anlagenwirkungsgrad als Funktion der
Leistung, ergibt die Einhüllende eine Richtlinie für den optimalen Maschineneinsatz. Jedem Leistungsbereich wird eine Anzahl er-
zeugender Maschinen zugeordnet. Der Rechner hat direkten Zugriff
auf die Steuerung der einzelnen Maschinen und kann somit über-
flüssige Maschinen in den Bereitschaftsbereich überführen, bzw.
benötigte Maschinen zuschalten.

<u>Fiktive Speicherbewirtschaftung</u>: Sind an einem Speicherkraftwerk
mehrere Partner beteiligt, ist für kaufmännische Zwecke die Erarbeitung eines Modells für einen sogenannten Fiktiv-Betrieb er-

forderlich. Den Partnern steht eine eigenständige Kraftwerksfüh-
rung zu - es wird jedem ein fiktiver Speicher mit einem immer
zu aktualisierenden Pegelstand zugeordnet. Diese, sowie ähnliche
Berechnungen können vom Prozeßrechner ohne größeren Mehraufwand
durchgeführt werden.

Der nächste Schritt bei der Einführung des Prozeßrechners in
Wasserkraftanlagen ist die Dezentralisierung der Rechnerorgani-
sation. Die Hauptvorteile liegen in der höheren Betriebssicherheit - der Ausfall des Rechners führt nicht unbedingt zum Stillstand der gesamten Anlage - und in einer Reduzierung der Hard-
und Software, was eine Erhöhung der Zuverlässigkeit und Verfügbarkeit zur Folge hat. Setzt man weiters den Rechner zur Überwachung und Steuerung der Fernwirkanlagen ein, arbeitet die
Wasserkraftanlage vollautomatisch (z.B. /1/). Das Endziel ist
schließlich die Führung mehrerer Anlagen durch einen zentralen
Lastverteiler.

3. Mikrorechneranwendung in Wasserkraftanlagen

Die am Ende des vorigen Abschnittes angesprochene Dezentralisierung des Rechners impliziert zwangsläufig wie in Abschnitt 1
bereits angedeutet, den Einsatz von Mikrorechnern. Dies führt
zu der in Bild 3 dargestellten hierarchisch dezentralen Rechner-
struktur /5/, /8/. Die teilweise schon realisierten Einsatz-
schwerpunkte /9/, /10/ von Mikrorechnern sind:
- Ersatz der elektrischen und der teilweise auch noch mechanischen analogen Turbinenregler
- Übernahme von bisher nicht oder aufwendig realisierbaren
  Zusatzfunktionen
- Teilentlastung des Prozeßrechners von speziellen Aufgaben

Die Vorteile des Mikrorechners für den eigentlichen Regler liegen allgemein in der kostengünstigen Realisierung von fortgeschrittenen Regelalgorithmen, wie z.B. Zustandsregler, selbst-
anpassende (adaptive) Regler, strukturveränderliche Regler usw.
Ein eventueller Nachteil sei an Hand des idealen PID-Algorithmus

$$y(t) = K_p[x_d(t) + \frac{1}{T_n} \int_{-\infty}^{t} x_d(t)dt + T_v\dot{x}_d(t)] \tag{1}$$

mit $y(t)$ ..... Stellgröße

          $x_d(t)$ ..... Regeldifferenz

          K_p ..... Verstärkung (Proportionalbeiwert)

$$T_n \quad \ldots \ldots \quad \text{Nachstellzeit}$$

$$T_v \quad \ldots \ldots \quad \text{Vorhaltezeit}$$

aufgezeigt. Zunächst muß für die digitale Berechnung der Algorithmus in zeitdiskreter Form angeschrieben werden.

$$y_k = K_p [x_{dk} + \frac{T_o}{T_n} \sum_{m=-\infty}^{m=k} x_{dm} + \frac{T_v}{T_o} (x_{dk} - x_{d(k-1)})] \tag{2}$$

mit T_o als Abtastzeit.

Der Index k deutet die Berechnung zu den Abtastzeitpunkten
$t_k = k T_o$ an, das heißt, alle T_o Sekunden wird die Stellgröße y
aus dieser Gleichung berechnet. Die Abtastzeit ist so klein zu
wählen, daß x_d genügend oft abgetastet wird. Als Faustformel gilt

$$T_o = \frac{T_d}{10}$$

mit T_d als dominierender Zeitkonstanten des geschlossenen Regel-
kreises. Bei schnellen Regelkreisen führt diese Tatsache unter
Umständen zu sehr kleinen Abtastzeiten (hoher Abtastfrequenz) und
somit zu Problemen hinsichtlich der Rechengeschwindigkeit und
Speicherkapazität des Rechners. Dieses Problem tritt beim Mikrorechner stärker als beim Prozeßrechner auf, da ersterer infolge
seiner Busstruktur größere Rechenzeiten benötigt.
Andererseits kann, wie von unserer Arbeitsgruppe bei anderen Anlagen /11/ bereits erprobt, der PID-Algorithmus in etwas verän-
derter Form zu besseren Regelergebnissen führen.

$$y_k = [K_{po} + f_p(x_{dk})] \, [x_{dk} + \frac{T_o}{T_{no} + f_n(x_{dk})} \sum_{m=-\infty}^{m=k} x_{dm} +$$

$$\frac{T_{vo} + f_v(x_{dk})}{T_o} (x_{dk} - x_{d(k-1)})] \tag{3}$$

Verstärkung K_p, Nachstellzeit T_n und Vorhaltezeit T_v bestehen
aus einem Grundanteil (Index O) und einem additiven Summanden,
der von der momentanen Regeldifferenz x_{dk} abhängig ist $f(x_{dk})$.
Dies erlaubt, beispielsweise bei Vorliegen großer Regeldifferen-
zen, den Regler als reinen P-Regler mit großer Verstärkung arbeiten zu lassen. Mit kleiner werdender Regeldifferenz nimmt die Verstärkung ab und erst ab einem bestimmten Wert von x_d wird der I-
und der D-Anteil zugeschalten.
Nach /9/ besteht ein zukünftiger Mikrorechnerturbinenregler aus
 - einem Prozessor zur Bestimmung und Anwahl von Bezugswerten
 - einem Prozessor zur Verarbeitung von Leistungs-, Frequenz-,
   Drehzahl- und Druckmeßwerten

- einem Prozessor zur Berechnung der Übertragungsfunktion aus
  Informationen, wie z.B. Belastungs- Verbund- oder Inselnetz)
  usw.

- Prozessor zur eigentlichen Regelung
- Leitungsverstärker
- Zentraleinheit zum Starten, Synchronisieren, Abstellen

Dieser Mikrorechnerregler kann auch noch Zusatzfunktionen, wie
beispielsweise die optimale Zuordnung von Leit- und Laufschaufel-
stellung (a-φ-Kurve) bei Kaplanturbinen übernehmen. Ein Ausfüh-
rungsbeispiel wird in /9/ beschrieben. Eingangssignale in den
Rechner sind die Leistung, die Leitschaufelstellung, die Lauf-
schaufelstellung sowie Ober- und Unterwasserpegel. Sie werden
über I/O Module und A/D Wandlern dem Rechner zugeführt. Der Mikrorechner selbst besteht aus einer CPU, einem 2K-RAM, einem 1x8K PROM
sowie einem 16-bit Adressbus, 8-bit Datenbus und 6-bit Steuerbus.
Die Ausgangssignale betätigen über Magnetventile die Verstell-
einrichtungen für Leit- und Laufschaufeln. Im Rechner sind Kurven
für 8 verschiedene Wasserstände, 18 Leitschaufelstellungen mit
den zugehörigen Laufschaufelstellungen für jeden Wasserstand und
13 Werte der Turbinenleistung mit den zugehörigen Leitschaufelstellungen für jeden Wasserstand gespeichert. Der Rechner wählt
auf Grund der aktuellen Meßwerte die optimale Wertekombination aus.
Ein spezielles Programm dient zum Anfahren und Stillsetzen der
Turbine.

Ein Mikrorechnerregler für die Lastregelung sowie das Anfahren
und Abstellen eines 10 MW Laufkraftwerkes ist in /10/ beschrieben. Der Regler besteht aus einem Mehrrechnersystem, dessen
verschiedene Einheiten (Steuereinheit, Regeleinheit, digitale
Ein- und Ausgangseinheit, analoge Eingangseinheit)über einen Bus
(8-bit Daten, 4-bit Adressen, 4-bit Steuer) verbunden sind. An
charakteristischen Daten für die einzelnen Rechner sind angegeben:
12-bit Rechner, 1/2 K-RAM, 4 K-PROM, insgesamt 144 Digitaleingänge,
16 Analogeingänge und 96 Digitalausgänge. Die Steuereinheit zum
Anfahren und Abstellen der Anlage ist als Doppelrechner mit Plausi-
bilitätsüberprüfung ausgeführt. Die Rechner testen sich in bestimmten Zeitabständen selbst durch Diagnoseprogramme mit vor-
programmierten Daten. Das Mikrorechnersystem arbeitet seit seiner
Inbetriebnahme im Oktober 1976 im wesentlichen störungsfrei.
Zum Abschluß sei noch als Randgebiet der Mikrorechneranwendung
in Wasserkraftanlagen der Einsatz von Mikrorechnermeßplätzen zur

Untersuchung des dynamischen Verhaltens von Turbinenreglern und
Regelstrecken erwähnt /12/.

4. Zusammenfassung und Ausblick

Es wurde versucht einen groben Überblick über bereits realisierte
und zukünftige Anwendungen von Mikrorechnern zur Automatisierung
von Wasserkraftanlagen zu geben. Dazu erschien es notwendig, sowohl auf die Arbeitsweise von Mikrorechnern als auch auf in Wasserkraftanlagen auftretenden Automatisierungsaufgaben einzugehen.
In naher Zukunft wird der Mikrorechner als sinnvolle Ergänzung zu
den Prozeßrechnern einerseits und den gängigen Turbinenreglern
andererseits in Wasserkraftanlagen eingesetzt werden. Als Haupt-
einsatzgebiete bieten sich Aufgaben der zweiten hierarchischen
Automatisierungsebene (Kraftwerksebene) sowie Teilaufgaben des
Prozeßrechners und zusätzliche Aufgaben für konventionelle Regler
an. Der Vorteil der üblichen analogen Turbinenregler gegenüber
den digitalen Reglern und somit auch Mikrorechnern, liegt vor-
läufig noch in ihrer schnelleren Arbeitsweise. Weiters könnte
sich hier, wie in anderen Sparten des Maschinenbaues und der Verfahrenstechnik üblich, eine Doppelinstrumentierung durchsetzen.
Diese würde zusätzlich zu einer größeren Betriebssicherheit führen. Die vollständige Rechnerregelung ganzer Wasserkraftanlagen
wird im wesentlichen von der Entwicklung auf dem Bauelementesektor
bestimmt, welche aber derzeit noch nicht abzuschätzen ist.

Literatur:

/1/ Draxler, A., Buchacher E. und Sandner O.: Die Prozeßrechner
    der Kraftwerksgruppe Malta. ÖZE, 32(1979), H. 1/2, S 141-145.

/2/ Gutsmann A.: Die schwachstromtechnischen Anlagen für die
    zentrale Betriebsführung der Zemmkraftwerke. ÖZE, 25(1972),
    H. 10, S 479-490.

/3/ Edwin K.: Der Einsatz von Prozeßrechnern in Wasserkraftwerken
    EuM, 85 (1968), H. 3, S 98-105.

/4/ Kopacek P., Washietl W.: Einführung in die Steuerungs- und
    Regelungstechnik, Oldenbourg Verlag Wien, 3. Aufl., 1980.

/5/ Tuszynski J.: Electrical equipment for turbine governors
    Water Power, 1976, H. 9, S 30-33.

/6/ Figura R.: Einsatz von Prozeßrechnern zur Betriebsführung
    von Wasserkraftanlagen. Seminarvortrag am Lehrstuhl für
    "Meß- und Regelungstechnik" der RU-Bochum, Juli 1978.

/7/ Hoffmeyer-Zlotnik H.J., Seifert A. und Wernstedt J.: Develop-
    ment of River Models with references to restrictions. Pre-

prints of the 5th IFAC-Symposium on "Identification and
System Parameter Estimation", 1979, Vol. 2, S 801-808.

/ 8/ Rudquist, O.: Turbine control: an historical survey. Water
Power, 1976, H. 9, S 27-29.

/ 9/ Sandberg T., Karlsson O., Forden B. und Hartwig S.: Compu-
terized governor control for pulp and Kaplan turbines. Water Power, 1979, H. 7, S 43-45.

/10/ Ryusawa S., Haratani T. und Yanagisawa T.: Microcomputer
applied programmable controller for hydro electric power
generation. Proc. of the "IECI 78", S 131-136.

/11/ Kopacek P. und Pillmann W.: A nonlinear cascade controller
for air-conditioning plants. Preprints of the "7th IFAC
Congress" 1977, Vol. 1, S 335-342.

/12/ Mikrorechnermeßplatz zur Untersuchung des dynamischen Verhaltens der Turbinenregler und Regelstrecken in Wasserkraftwerken. Mitteilung aus dem Institut für Automatisierungs-
technik der RU-Bochum, Nov. 1979.

Diskussion:

Dipl.-Ing. *Beyrich*, Heidenheim:

Unbestritten ist die Tendenz, auch bei Primär-Reglern für Wasserturbinen Mikroprozessoren zum Einsatz zu bringen. Übereinstimmung
besteht jedoch darüber, daß beim derzeitigen Stand der Technik
der Einsatz von Mikroprozessoren für analoge Regelvorgänge im
Wasserturbinenbau (Drehzahl- oder Leistungsregelung) nicht ver-
tretbar ist, da das notwendige Zeitverhalten noch nicht mit ver-
tretbarem technischen und wirtschaftlichem Aufwand realisierbar
ist. In der Entwicklungstendenz ist jedoch folgendes zu beachten:
Primärregler haben folgende 3 Hauptaufgaben

    1. Regelung (Drehzahl oder Leistung)

    2. Steuerung von Betriebsübergängen

    3. Überwachungsfunktionen.

Bei Einsatz von Mikroprozessoren dürfen diese Hauptaufgaben aus
Gründen der Sicherheit für die Maschine, auf keinen Fall schal-
tungstechnisch miteinander verknüpft werden. Grundprinzip: vollständig getrennte Kreise für Steuerung und Überwachung.

Antwort des Autors: Da die Bauteileentwicklung auf dem Mikro-
rechnersektor sehr rasant vor sich geht, kommen für industrielle
Anwendungen derzeit Rechner der "2.Generation" zum Einsatz, deren Verwendung für die von ihnen angesprochenen Aufgaben noch
nicht sinnvoll sein möge. Am Markt befinden sich aber bereits

Einchiprechner, die mit Prozessoren der "3.Generation", welche
u.a. eine wesentlich höhere Rechengeschwindigkeit sowie bereits
eingebaute A/D und D/A Wandler aufweisen, ausgestattet sind. Mit
ihnen erscheint mir eine wirtschaftliche Lösung der Primärregelung
von Turbinen mit 3 unabhängigen Rechnern für die Hauptaufgaben
sinnvoll. Diesen preiswerten Rechnern stehen aber erhöhte Pro-
grammierkosten gegenüber, die derzeit noch nicht genau abschätz-
bar sind. Ebenso wie es den mechanischen Turbinenregler sehr lange
gegeben hat und auch teilweise insbesondere bei Kleinturbinen noch
gibt, wird der elektrohydraulische Turbinenregler noch lange eingesetzt werden.

Dr. *J. Schedelberger*, Wien:
Vergleich der Zuverlässigkeit der konventionellen Bauteile von
Turbinenreglern mit der mikroprozessorgesteuerten Turbinen-
regelung.
Antwort des Autors: Wie aus meinem Vortrag hervorging, ist der
Mikrorechnerturbinenregler vorwiegend noch im Entwicklungs-
stadium, sodaß über Vergleich der Zuverlässigkeit derzeit noch
keine Aussagen möglich sind. Bei anderen Anwendungsgebieten
(z.B. Verfahrenstechnik) sind 99,95 % Verfügbarkeit üblich. Dies
resultiert u.a. aus der preiswerten Möglichkeit redundanter
Instrumentierungen.

Hydrodynamische und konstruktive Entwicklungstendenzen der Wasserkraftmaschinen und Pumpen

H.B. Matthias

1. Einleitung

"Panta rhei - alles fließt", dieses Wort des Griechen Heraklit
möchte ich dem Fachreferat voranstellen. Die letzten 100 Jahre
prägen die Entwicklungsgeschichte der Wasserkraftmaschinen und
Pumpentechnik, die letzten 20 Jahre sind die entscheidenden Pla-
nungsjahre für die modernen Kraftwerksanlagen mit großen Leistungen.
Eine ausgeprägte Wechselwirkung zwischen der hydrodynamischen
Auslegung von Strömungsmaschinen und der Festigkeitsberechnung
oder den Belangen der Qualitätssicherung sind bis jetzt nur ver-
einzelt gegeben.
Eine wesentliche Aufgabe beim Bau moderner Kraftanlagen ist daher
die Intensivierung dieser Wechselbeziehungen. Die Festigkeitsrechnung wurde bei der hydraulischen Auslegung bis vor etwa 20
Jahren nur in wenigen Sonderfällen berücksichtigt. Entsprechend
gering war die Anzahl der speziell für die Bedürfnisse der Wasserkraftmaschinen und Pumpen entwickelten Festigkeitsberechnungsver-
fahren. So sind z.B. in dem bekanntesten deutschsprachigen Buch
über Kreiselpumpen von Pfleiderer, von insgesamt 121 Kapiteln nur
drei, bezeichnenderweise die drei letzten, den Fragen der "Festigkeit wichtiger Bauteile" gewidmet. Behandelt werden "Beanspruchung
der Laufräder durch Fliehkräfte", "Befestigung der Radialräder
auf der Welle", Berechnung der Welle mit Rücksicht auf kritische
Drehzahl". Weiterhin fehlen fast ausnahmslos Festlegungen über
Lastfälle, Sonderlastfälle und kritische Lastfälle sowie über die
zulässigen Rohrleitungskräfte. Sie werden meist der Diskussion
zwischen Betreiber, Hersteller und Gutachter überlassen.
Das Fortschreiten der Anwendungsfälle zu immer größeren Einheiten, zu höheren Drücken und höheren Temperaturen und die Steigerung der Forderungen nach Sicherheit und Betriebssicherheit im

modernen Kraftwerksbau - haben die Anforderungen grundsätzlich geändert. Eine moderne Wasserturbinen- oder Kreiselpumpenkonstruktion ist heute das Ergebnis eines Optimierungsprozesses, bei dem die Fragen des Wirkungsgrades, der Festigkeit und der Fertigung gleichermaßen berücksichtigt werden müssen. Bei der Betrachtung der hydrodynamischen und konstruktiven Entwicklungstendenzen muß man daher die Wechselbeziehung zwischen hydrodynamischer Auslegung, Festigkeitsberechnung und Qualitätssicherung unbedingt berücksichtigen. Von den Turbinen- und Pumpenherstellern sind somit neben der hydrodynamischen Auslegung umfangreiche werkstoff- und festigkeitsmäßige Untersuchungen unter Berücksichtigung der Qualitätssicherung durchzuführen, um Aussagen über Spannungen und Temperaturen in dünn- und dickwandigen Bauteilen machen zu können.

Folgende wesentliche Probleme sind zu lösen:

a) Ermittlung der Spannungen und Verformungen infolge von hohen Systemdrücken und evtl. gleichzeitigen hohen Temperaturen

b) Erstellung einer Ermüdungsanalyse mit Abschätzung der zulässigen Lastwechselzahlen bei unterschiedlichen Betriebsbedingungen

c) Ermittlung der Spannungen und Verformungen und der evtl. Temperaturverteilung in den Bauteilen für verschiedene Zeitpunkte und Temperaturgradienten beim An- und Abfahren der Kraftwerksblöcke

d) Ermittlung der Spannungen und Verformungen infolge unterschiedlicher Temperaturen in den Bauteilen.

Das konstruktive Entwickeln hochbeanspruchter Bauteile, wie z.B. Spiralgehäuse, Leitapparate etc. setzt die Kenntnis der Werkstoffeigenschaften voraus, sowie eine Vorhersage über mögliche Veränderungen dieser Eigenschaften unter den konstruktiven Gegebenheiten (Gestalteinfluß) und den Betriebsbedingungen - Temperatur - Zeit - Häufigkeit der Beanspruchung - sowie der chemischen Wirkung der Fluide. Dieses Werkstoffverhalten im Bauteil läßt sich wegen der Vielzahl der Einflußfaktoren bislang nur unvollständig durch Vorausberechnung erfassen.
Mit Hilfe der Bruchmechanik gelingt es neuerdings, die Fortpflanzungsfähigkeit eines bereits vorhandenen Risses bei weiterer Beanspruchung abzuschätzen und damit ein Maß für die Zähigkeit des Werkstoffes zu gewinnen. Wie bei allen derartigen Beanspruchungen muß man dabei von mehr oder weniger idealisierten Proben ausgehen, die unter ganz bestimmten Beanspruchungsbedingungen geprüft werden. Die Brauchbarkeit von Bauteilen unter gegebenen Betriebsbedingungen ist mechanisch, also nicht allein durch die Zähigkeits-

und Verformungseigenschaften des verwendeten Werkstoffes bestimmt, sondern sie läßt sich nur durch das Studium des Zähigkeits-und Verformungsverhaltens am Bauteil selbst abschätzen. Man unterscheidet deshalb zwischen Werkstoffeigenschaften und Bauteilverhalten. Es gilt daher, analog der Ermittlung der Gestaltfestigkeit und Betriebsfestigkeit das Zähigkeits-bzw. Versprödungsverhalten ganzer Bauteile zu untersuchen, um über den Werkstoffkennwert hinaus Aufschlüsse über das Verhalten des Werkstoffes in der Konstruktion unter den betriebsmäßigen Beanspruchungsbedingungen zu gewinnen.

Bis vor wenigen Jahren war es in der Kraftwerkstechnik noch üblich, nur statische Berechnungen durchzuführen, d.h. für die stationären Betriebszustände Vollast, Teillast und Schwachlast. Das Betriebspersonal stellte meistens nach eigenen Erfahrungen die Anfahr- und Abfahrgeschwindigkeiten und die Druck- und Temperaturänderungsgeschwindigkeit ein. Für die großen Spitzenkraftwerke der Wasserturbinen, der konventionellen Dampfkraftwerke und der Nuklearkraftwerke ist es notwendig, das dynamische Verhalten eines Kraftwerksblockes genau zu untersuchen, um Aussagen über evtl. Fahrbereichseinschränkungen treffen zu können. In Spitzenkraftwerken müssen die großen Gehäuse nach heutigen Schätzungen 10.000 bis 20.000 Lastzyklen erreichen. Es ist daher zu prüfen, ob der "Range" der zulässigen Spannungen bei Belastung durch Druck und Temperatur eingehalten wird und wie viel Spielraum für noch größere und dickere Gehäuse oder Range-Transienten besteht.

Für die Gehäuseauslegung werden die Festigkeitsberechnungen unterteilt in

a) Spannungen unter Innendruck
b) Wärmespannungen
c) Überlagerung von Wärmespannungen mit Spannungen unter Innendruck.

Die Spannungen unter Innendruck sind Primärspannungen, d.h. Spannungen aufgrund äußerer Lasten. Die Berechnungsregeln berücksichtigen nur die durch inneren oder äußeren Überdruck hervorgerufenen Beanspruchungen. Zusätzliche Kräfte und Momente müssen gesondert berücksichtigt werden.

Wärmespannungen sind Sekundärspannungen. Sie entstehen z.B. dadurch, daß benachbarte Gehäusepartien sich gegenseitig in ihrer freien Dehnung behindern und müssen bei der Berechnung der Gehäuse berücksichtigt werden. Die druckführenden Teile in Kraft-

werken sind, geometrisch betrachtet, Hohlkörper, die innen von
Wasser oder Dampf durchströmt und außen mehr oder weniger gut
wärmeisoliert sind. Wenn aber das Medium im Hohlkörper nach
einem bestimmten zeitlichen Gesetz seine Temperatur ändert,stellt
sich radial über den Wandquerschnitt eine unterschiedliche Temperatur ein, weil der inneren Mantelfläche des Hohlkörpers vom Medium her Wärme zugeführt oder entzogen wird, die durch Wärmelei-
tung über den Wandquerschnitt verteilt wird. Diese instationären
Wärmespannungen treten also nur auf, wenn die Mediumstemperatur
von einem Beharrungszustand in einen anderen geändert wird. Zwischen den mathematisch genau definierten Zeitfunktionen, die unter den Fachausdrücken Thermoschock, Thermoimpuls und quasi-sta-
tionärer Zustand bekannt sind, laufen die realen Temperaturände-
rungen in den Pumpengehäusen ab. Die Mehrzahl der immer noch relativ langsam ablaufenden dynamischen Vorgänge spielen sich im
Übergangsbereich zum quasi-stationären Zustand ab.
Betrachtet man die ASME-Code-Vorschriften (American Society of
Mechanical Engineers - Boiler and Pressure Vessel Code), so
schenkt man der Sprödbruchgefahr zunehmend Aufmerksamkeit. Die
Kennzahl zur Prüfung der Sicherheit gegen Sprödbruchgefahr geht
von der örtlichen Spannung bzw. den einzelnen Spannungsanteilen
aus. Für eine vollständige Zyklusuntersuchung geht man von der
Forderung aus, daß nach der Erstbelastung kein weiteres Fließen
mehr auftritt. Bei der Erstbelastung wird ein Eigenspannungszustand im Gehäuse aufgebaut, sodaß bei allen folgenden Belastungen praktisch rein elastisches Verhalten des Gehäuses vorliegt.
Zur Überprüfung, ob ein Bauteil die obengenannte Forderung erfüllt, daß er im elastischen Bereich bleibt, schreibt der ASME-
Code die Range-Untersuchung vor. Von dieser ist man nur dann be-
freit, wenn eine Anzahl von Kriterien gleichzeitig und überall
erfüllt sind. Bei unveränderter Hauptspannungsrichtung hat man
für alle betrachteten Orte und für alle Zeitpunkte die Differenzen aller drei Hauptspannungen zu bilden

$$S_{12} = \sigma_1 - \sigma_2 \; ; \qquad S_{23} = \sigma_2 - \sigma_3 \; ; \qquad S_{31} = \sigma_3 - \sigma_1$$

jeweils an der inneren und äußeren Oberfläche.

2. Hydrodynamische Entwicklungstendenzen

Im Wasserkraftmaschinen- und Pumpenbau ist man bestrebt, die in
einer Laufradstufe umsetzbare Energie zu steigern. Diese Entwicklung zeichnete sich besonders bei Francisturbinen sowie bei den

schnellaufenden Kesselspeisepumpen und den schnellaufenden ein-
stufigen Reaktorspeisepumpen ab. Die einstufige Maschine erweist
sich dabei besonders betriebssicher und als wirtschaftlich günstig, solange man große Förderenergien bei optimalem Wirkungsgrad und möglichst guten Saugverhältnissen erreichen kann.

2.1 Wasserturbinen

In den letzten Jahren sind für den Ausbau der Wasserkraft vorwiegend Großanlagen mit Maschinenleistungen bis zu 750 MW errichtet worden. Solche Großanlagen haben unabhängig von den örtlichen Gegebenheiten günstige Ausbaukosten und natürlich auch
relativ niedrige Stromerzeugungskosten. Es ist naheliegend, daß
mit den gestiegenen Energiepreisen auch die Nutzung von Klein-
wasserkräften sehr interessant geworden ist; infolge folgender
Vorteile:

    a) Geringe Betriebskosten - nur Wartungskosten

    b) Sehr lange Lebensdauer (ca. 50 Jahre)

    c) Einsatz in entlegenen Gebieten, der kostspielige Transport
       von teurem Brennstoff entfällt

    d) hohe Verfügbarkeit

Bei der Entwicklung der Wasserturbinen ist der Modellversuch auch
heute noch die Standardtechnik, jedoch bezüglich der Zielsetzung
und der Durchführung kann man gewisse Schwerpunktsverlagerungen
feststellen.

Im allgemeinen verlangt man heute von einem guten hydrodynamischen
Laboratorium nicht nur die Aufnahme allgemeiner Leistungskennfel-
der - Wirkungsgrad, Leistung, Kavitation - sondern zusätzlich infolge verbesserter meßtechnischer Einrichtungen sowie fertigungs-
technischer Möglichkeiten

-Sichtbarmachung der Strömung und Kavitationserscheinungen

-Videoaufnahmen der Kavitation z.T. in Zeitlupe, Endoskopbeobach-
 tungen

-Aufzeichnung und Messung der Maschinenkräfte und der Kräfte
 einzelner Komponenten z.B. an den Leitschaufeln

-Messung der Materialbeanspruchungen

-An- und Abfahren der Maschinen, sowie Untersuchung der Betriebs-
 übergänge

-Messungen des dynamischen Verhaltens der Wasserturbinen
 - zum Teil in Modellversuchen.

Neben den Entwicklungen bei den Modellversuchen waren in den
letzten Jahren auch die Strömungsberechnungsverfahren zu verbessern. Nur das Zusammenwirken zwischen Modellversuchen und Strö-

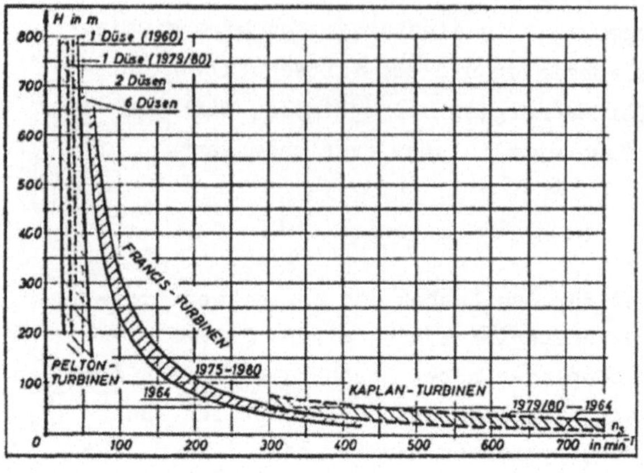

Bild 2.1
Statistische Auswertung –
Anlagenfallhöhe
in Abhängigkeit
von der spezifischen
Drehzahl n_s

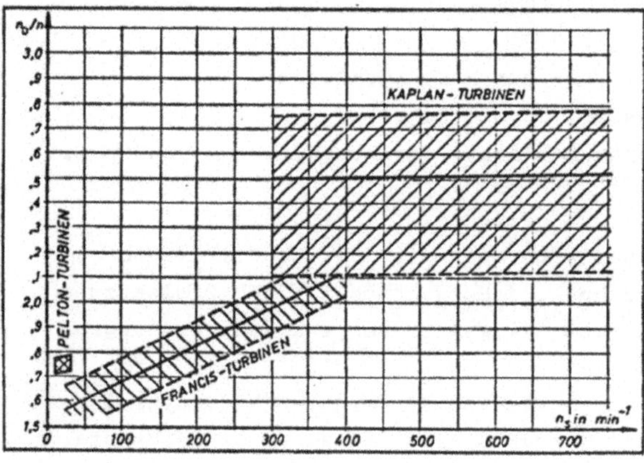

Bild 2.2
Statistische Auswertung –
Durchgangsdrehzahl
in Abhängigkeit
von der spezifischen
Drehzahl n_s

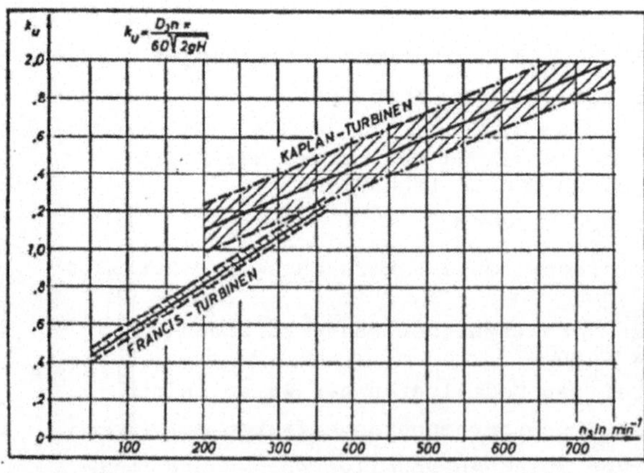

Bild 2.3
Statistische Auswertung –
Abhängigkeit des
Geschwindigkeits-
koeffizienten k_u
von der spezi-
fischen Drehzahl n_s

mungsberechnungen liefern Unterlagen über die optimale Dimensionierung der strömungsführenden Kontur. In Zusammenhang mit der Einspeicherung der maschinentechnischen Daten in den Computer hat man damit ein ausreichendes Rüstzeug um die Konstruktion zu beginnen. Eine statistische Auswertung der Leistungskennwerte der Anlagen über der spezifischen Drehzahl n_s für den Zeitraum 1960 - 1980, zeigt in Bild 2.1 die Abhängigkeit von den Turbinentypen - Pelton - Francis - Kaplan und Rohrturbinen sowie das Fortschreiten in immer größere Fallhöhen. Das Bild 2.2 zeigt die Bereiche für das Verhältnis der Durchgangsdrehzahl zur Maschinendrehzahl und das Bild 2.3 die Veränderung des Geschwindigkeitskoeffizienten $K_u = \dfrac{D_3 \cdot n \cdot \pi}{60 \cdot \sqrt{2g \cdot H}}$

2.2 Kreiselpumpen

Die leistungsmäßig größten Kreiselpumpen werden heute als Speisepumpen für Dampfkraftwerke und Nuklearkraftwerke gebaut, sowie als Speicherpumpen in Wasserkraftanlagen. Die meisten in den letzten Jahren projektierten und gebauten konventionellen Dampfkraftwerksblöcke haben eine Leistung zwischen 300 MW bis 600 MW, in den Nuklearkraftwerken zwischen 1200 MW und 1300 MW.

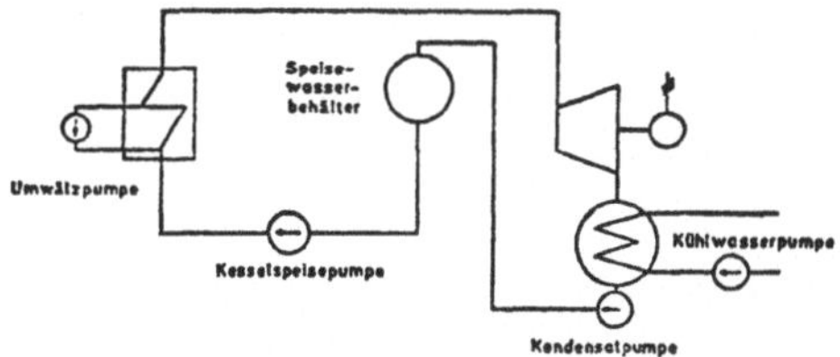

Bild 2.4 Blockschaltbild
des Wasserkreislaufes
im Dampfkraftwerk /4/ - KSB

Das Bild 2.4 zeigt das Blockschaltbild des Wasserkreislaufes in einem Dampfkraftwerk mit den für den Betrieb notwendigen Kühlwasser-; Kondensat -; Kesselspeise- und Kesselumwälzpumpen. Für die Konstruktion dieser Pumpen und den Einsatz in den Kraftwerksblöcken müssen folgende Betriebsbedingungen erfüllt sein

a) eine möglichst schnelle Startbereitschaft, d.h. die Möglichkeit des Anfahrens aus jedem Betriebszustand

b) geringe anlagenseitige Anfahrverluste

c) lange Lebensdauer

d) einfache Bedienung zur Vermeidung von Bedienungsfehlern

e) kurze Anfahrzeiten bei größtmöglicher Schonung der Anlage

f) Vermeidung von Berührung bei transienten und normalen Betriebsbedingungen zwischen Laufrad und Gehäuse

g) hohe Betriebssicherheit (hohe Verfügbarkeit)

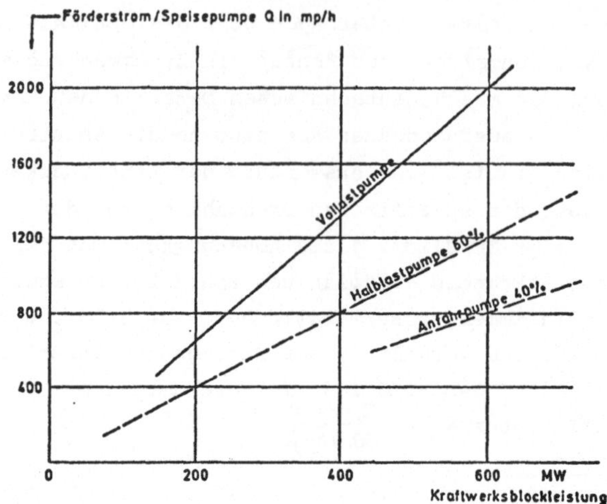

Bild 2.5 Förderstrom pro Kessel-Speisepumpe in Abhängigkeit von der Kraftwerksblockleistung /4/ - KSB

Das Bild 2.5 zeigt die charakteristischen Förderströme für die
Vollastpumpe, die Halblastpumpen und die Anfahrpumpen in Abhängigkeit von der Blockgröße. Die Steigerung der Kraftwerksblockleistung führte zur Entwicklung von Pumpenlaufrädern mit spezifischen
Drehzahlen von n_q = 25 min^{-1} bis n_q = 35 min^{-1}. Das Bild 2.6 zeigt
diese Entwicklung für eine bzw. zwei Kesselspeisepumpen pro Block
in Abhängigkeit von der Antriebsleistung.

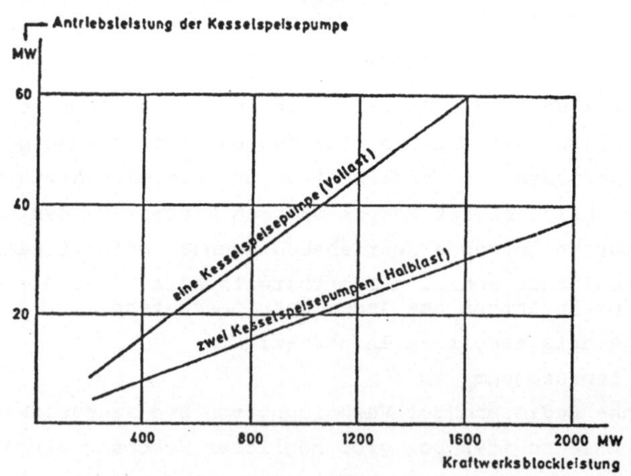

Bild 2.6 Antriebsleistung der Kessel-Speisepumpe in Abhängigkeit von der Kraftwerksblockleistung /4/ - KSB

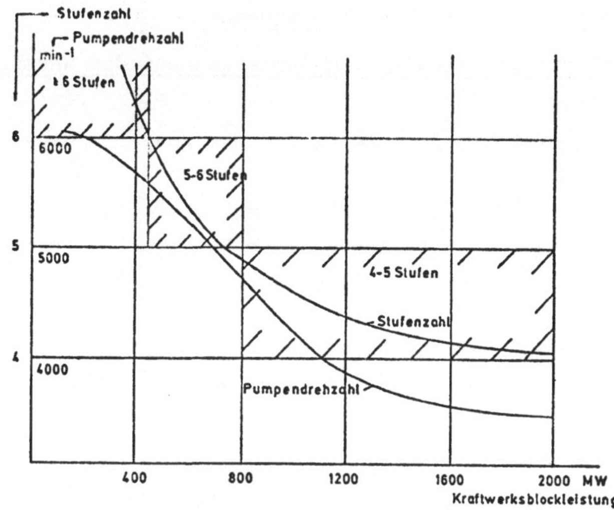

Bild 2.7 Stufenzahl der Kesselspeisepumpe in Abhängigkeit
von der Kraftwerksblockleistung /4/ - KSB

Gleichzeitig mit dieser Entwicklung war es möglich, wesentlich
höhere Stufenförderhöhen zu verwirklichen. Bei der heutigen Pum-
penkonzeption erreicht man Stufenförderhöhen von 650 m in Aus-
nahmefällen sogar darüber, während sie noch vor ca. 15 Jahren
kaum um 200 m lagen. Dadurch ist es möglich, die Stufenzahl zu
verringern. In den Bildern 2.7 und 2.8 ist diese Entwicklung
graphisch dargestellt.

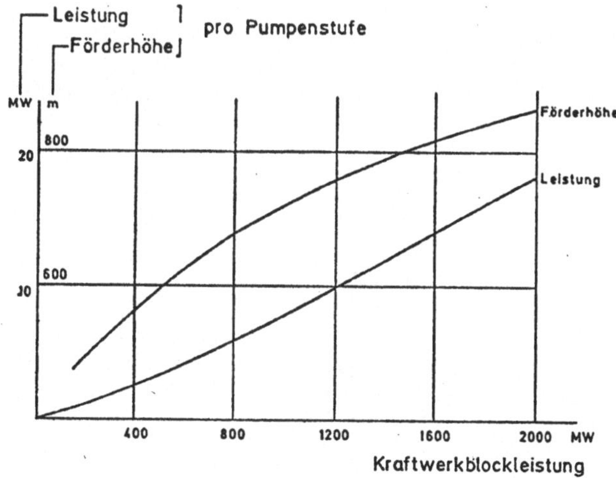

Bild 2.8 Förderhöhe und Leistung pro Pumpenstufe in Abhängigkeit von der Kraftwerksblockleistung /4/ - KSB

3. Konstruktive Entwicklungstendenzen

3.1 Konstruktive Entwicklungstendenzen bei den Wasserkraftma-
schinen

Bei der konstruktiven Entwicklung der Wasserturbinen werden natürlich laufend viele Verbesserungen z.B. an den Dichtungs-
systemen oder den Lagerungen durchgeführt. Zur Zeit liegt die
Hauptaufgabe in der richtigen formgünstigen Bemessung der Gehäuse. Neben den normalen Festigkeitsberechnungen sind vor allem
die Gehäuseberechnungen mit Hilfe der Schalentheorie und der
Finite-Elementeberechnungen ausgebaut und anwenderfreundlich gestaltet worden. Bilder 3.1,3.2 und 3.3

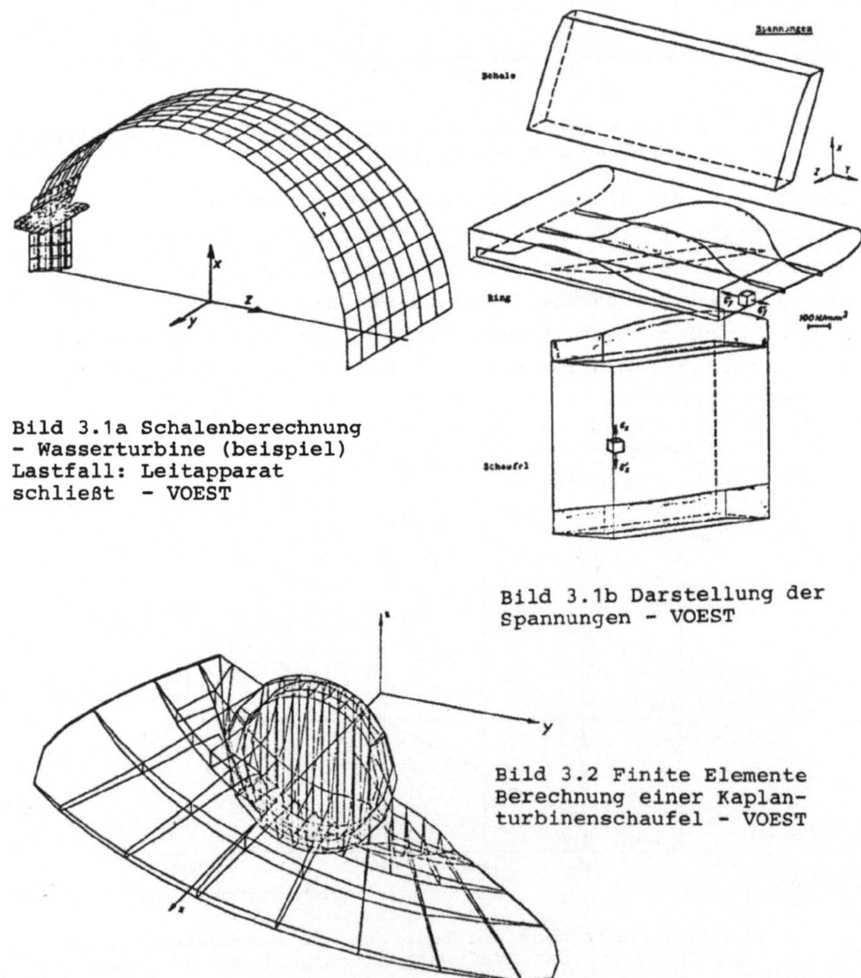

Bild 3.1a Schalenberechnung
- Wasserturbine (beispiel)
Lastfall: Leitapparat
schließt - VOEST

Bild 3.1b Darstellung der
Spannungen - VOEST

Bild 3.2 Finite Elemente
Berechnung einer Kaplan-
turbinenschaufel - VOEST

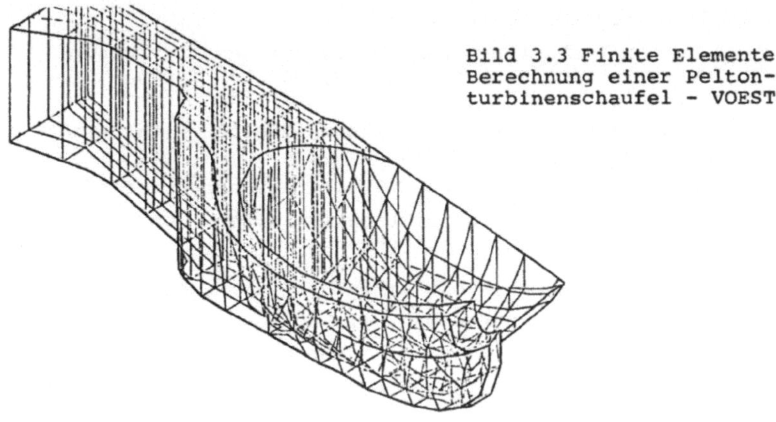

Bild 3.3 Finite Elemente
Berechnung einer Pelton-
turbinenschaufel - VOEST

Die Anwendung dieser Methoden erscheint mir heute kein techni-
sches Problem mehr, sondern vielmehr ein Problem der Zeit und
der Kosten, die optimale technische Lösung auch wirtschaftlich
zu erstellen. Die eigentlichen technischen Probleme liegen nur
noch in der Festlegung der Randbedingungen für die Berechnung
und in der geeigneten Simulation der vorgegebenen Geometrie.
Diese aufwendigen Berechnungen erscheinen heute notwendig, da
die Fahrweise und die Betriebsbedingungen eines Kraftwerkes die
Auslegung der einzelnen Bauteile bestimmen. Aus diesen Berechnungen kann man in kritischen Fällen eine Werkstoffermüdungsanalyse
für verschiedene Zeitpunkte des Betriebszyklus durchführen mit
folgenden Zielen:

a) Erfassung der örtlichen Spannungskonzentrationen zur Beurteilung der Festigkeit des Bauteils.
b) Erfassung des Gesamtbeanspruchungszustandes der Turbine und
   Erfassung des Zusammenwirkens einzelner Bauteile.
c) Möglichkeiten zur Verfeinerung der Berechnung,
   z.B. an kritischen Stellen.

Beim zukünftigen Konstruieren von Wasserturbinen ergibt sich daher auf Grund der besonderen physikalischen Gegebenheiten folgende technische Möglichkeit. Es scheint notwendig, das Prinzip
der Baukastenkonstruktionen zu vertiefen und nicht nur hydraulische Baukästen, sondern auch Gehäuse-, Dichtungs- und Wellen-
baukästen zu entwickeln.

Für die Berechnung der Gehäuse und Strömungsbauteile nach verfeinerten Methoden mit Hilfe der Schalen - oder FE-Methoden ergeben sich dann folgende Vorteile:

a) Entwicklung von Baukästen - Berechnung der Gesamtstruktur für die Normalbetriebszustände an ausgewählten Typen (Typenberechnung)

b) Verfeinerung der Struktur an kritischen Stellen - falls notwendig - anhand der Typenberechnung

c) Überprüfung der Typenberechnung für die Sonderbetriebsfälle

d) Optimale Ausnutzung der Konstruktionskapazität - und Reduzierung der Abwicklungs- und Fertigungszeiten

Als Beispiel einer weiteren konstruktiven Entwicklungstendenz möchte ich die Kriterien ansprechen, die heute für die Wahl der Reguliergeschwindigkeit von Wasserturbinen notwendig sind. Dazu möchte ich auf die Dissertation von A. Eder /1/ verweisen. Die Untersuchungen bezogen sich nicht auf Modelle, sondern wurden an Großanlagen durchgeführt. Es wurden neben der wirtschaftlichen Frage der Stellgeschwindigkeit auch die Kosten ermittelt, die durch kurze Stellzeiten verursacht wurden, um Anhaltswerte zu bekommen, welche zusätzliche Kosten technische Forderungen hervorrufen können.
Aufgrund der Untersuchungen kann gesagt werden, daß kurze Öffnungszeiten insbesondere dort, wo sie wirtschaftlich zu realisieren sind - sowie ein langsames Einsetzen der Öffnungsbewegung anzustreben sein werden, damit die Wasserturbinen Aufgaben in der Primärregelung übernehmen können, die sich für die nähere Zukunft abzeichnen.

3.2 Konstruktive Entwicklungstendenzen bei den Kreiselpumpen

Die Festigkeitsberechnung von beliebig geformten und belasteten Schalen, wie z.B. Pumpengehäuse ist ausgesprochen schwierig. Deswegen versucht man den Einzelfall auf ein möglichst universelles Modell zurückzuführen. Das heute gebräuchlichste Modell ist die in Form und Belastung rotationssymmetrische dünne Schale. Diese Rechenmethoden sind so gut entwickelt, daß es keine Schwierigkeiten bereitet, die Hauptabmessungen des Pumpengehäuses festzulegen. Die Rechenmethoden sind außerdem mit zuverlässigen Ergebnissen durch Messungen mit Dehnungsmeßstreifen an Modellgehäusen und an Großausführungen überprüft worden.

Mit Sorgfalt und großem Aufwand muß man die Randbedingungen fest-
legen, damit sie möglichst den realen Betriebsbedingungen entsprechen. Die mit Hilfe der Finite-Elemente-Methode ausgewiesenen
Spannungen sind also Punktspannungen. Daraus muß man die Spannungsverteilung im Bauteil ermitteln. Dabei werden Spannungskomponenten in die entsprechenden Normal- und Schubspannungen der zu
betrachtenden Schnitte umgerechnet und dann gemäß der Regeln des
ASME-Codes die Vergleichsspannungen (Schnittspannungen) ermittelt.

Bei der Konstruktion erweist es sich besonders zielführend, Typen-
berechnungen durchzuführen und alle Anwendungsfälle, falls erforderlich, einer kurzen Detailrechnung zu unterziehen.
Die Laständerungsvorgänge des An- und Abfahrens stellen für die
Gehäuse eine Wechselbeanspruchung dar. Je nach Einsatz und Betrieb können im Zeitraum von etwa 30 Jahren bis zu 10.000 Lastzyklen auftreten. Für eine Ermüdungsanalyse werden die Last-
zyklenkurven des ASME-Code Sektion III herangezogen. Die hier-
mit ermittelte zulässige Lastzyklenzahl gilt für den idealisierten Zyklus mit Kaltstart. In der Praxis liegen jedoch Laständerungen mit unterschiedlicher Amplitude und Frequenz vor. Die für
diese kombinierte Beanspruchung zulässigen Lastzyklen können
anhand einer Hypothese von Schadenshäufigkeiten bestimmt werden.
Bei allen Pumpenkomponenten hat die Sicherheitsphilosophie zu
immer schärferen Anforderungen hinsichtlich der Festigkeit und
insbesondere hinsichtlich des Festigkeitsnachweises geführt. Diese
Tendenz wird durch den Zwang zur besseren Materialausnutzung und
durch Qualitätsforderungen verstärkt. Die Konstrukteure sehen sich
folgenden Tendenzen gegenüber. Die Sicherheitsanforderungen müssen
unter allen Umständen gewährleistet sein. Folglich genügt es nicht,
den normalen Betriebszustand allein für Auslegung und Nachweis zugrunde zu legen. Alle Transienten sind einzubeziehen, dazu alle
äußeren Kräfte. Außerdem sind die verschiedenen Störfälle, von
Erdbeben verschiedener Stärke und in verschiedenen Beschleunigungs-
kombinationen bis zu schwersten Unfällen, im Festigkeitsnachweis
zu behandeln. Aufgrund der Höhe der äußeren Lasten werden diese
mitbestimmend für die Dimensionierung der Wandstärken und auch für
die Formgebung sein, im Gegensatz zu vorher, wo der Innendruck die
maßgebende Last war, und die übrigen durch höhere Sicherheitszuschläge abgedeckt wurden. Begleitet werden diese Tendenzen von
einem Ausbau der technischen Vorschriften zur Beurteilung der
Festigkeit. Der ASME-Code setzt sich in Europa immer mehr durch,
weil seine Geschlossenheit und seine nach Ursachen, sowohl der

Spannungen wie auch der Belastungen der Konstruktion, sehr stark differenzierende Betrachtungsweise bei entsprechendem Aufwand der Festigkeitsanalyse immer noch eine gute Materialausnutzung ermöglicht. Bilder 3.4 - 3.8

Dazu kommt als zweite Tendenz der sehr starke Kostendruck auf die gesamte Industrie. Auch diese Tendenz zwingt zu möglichst guter Materialausnutzung. In dieser Hinsicht ist die Kugel die günstigste aller Formen. Sie ermöglicht die geringste Wandstärke, weil Biegung weitgehend vermieden wird, aber auch vermieden werden muß.

4. Über die Wechselwirkung zwischen der hydrodynamischen Auslegung, den Werkstoffen, den Festigkeitsberechnungen, der Qualitätssicherung und der konstruktiven Gestaltung im Wasserturbinen- und Pumpenbau

Der Bau von Wasserturbinen und Pumpen für Wasserwerke und Kraftwerke ist durch folgende typische Merkmale gekennzeichnet.

- Einzelfertigung mit hohen Konstruktionskosten je Produkt und hohem Materialeinsatz

- Hoher Energieumsatz im Aggregat. Hohe Drücke, Leistungen, Temperaturen bedingen hohe Sicherheitsforderungen

- Die Komplexität der Maschinenanlage erfordert eine weitgehende Abstimmung mit dem Anlagenbauer

- Hohe Anforderungen an Lebensdauer, Zuverlässigkeit und Wirkungsgrad

- Umfangreiche Qualitätssicherheitsforderungen.

Aufgrund dieser typischen Merkmale in diesem Bereich der Technik besteht die Aufgabe der Konstruktion neben dem Entwerfen und Gestalten in engerem Sinn in der Untersuchung der Wechselbeziehungen zwischen der hydrodynamischen Auslegung, der Auswahl der Werkstoffe, der Festlegung und Durchführung der notwendigen Festigkeitsberechnungen und der sinnvollen Verwirklichung der Qualitätsforderungen. Das Hauptproblem bei der Konstruktion dieser Maschinen ist die materialsparende Sicherheit und Zuverlässigkeit gewährleistende Gestaltung, Auslegung und Berechnung eines in den Grundzügen feststehenden Funktionsprinzips mit begrenzter Kapazität, in einer vorgegebenen Zeit. Zusätzlich zu den wesentlichen Anforderungen bezüglich der Hauptauslegedaten sind meist umfangreiche Spezifikationen der wichtigsten Kunden zu beachten, mit den Forderungen nach möglichst vollständiger Prüfbarkeit der drucktragenden Gehäuse und Schweißnähte, mit höchster Betriebssicherheit, Verbesserung der hydraulischen Anpaßbarkeit und des Wirkungsgrades und größtmögliche Sicherheit gegen Kavitation.

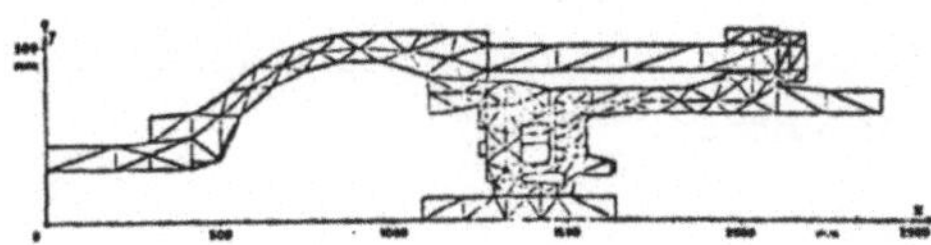

Bild 3.4 Kreiselpumpen -
Idealisierung
der Struktur /3/ - KSB

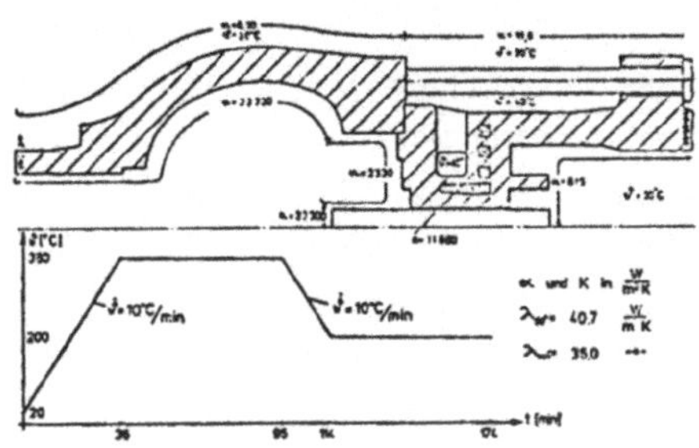

Bild 3.5 Thermische
Randbedingungen /3/ - KSB

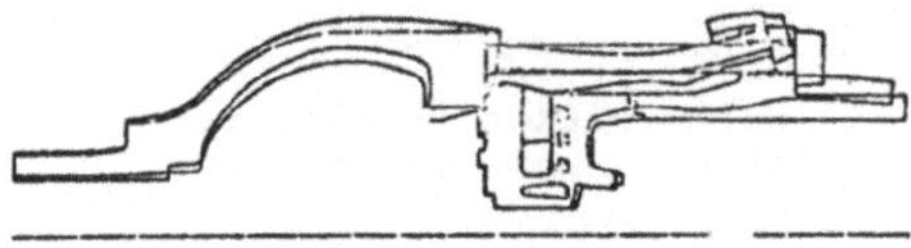

Bild 3.6 Pumpengehäuse -
Verformung unter
Innendruck /3/ - KSB

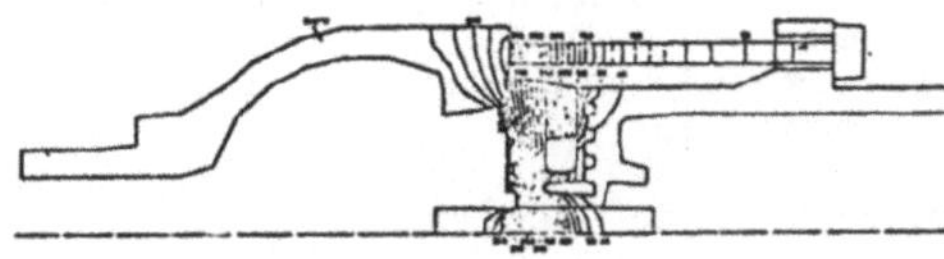

Bild 3.7 Pumpengehäuse -
Temperaturverteilung
"Stationärer
Zustand" /3/ - KSB

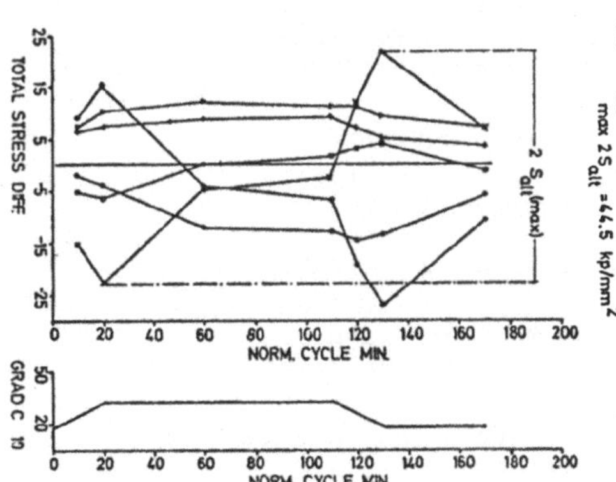

Bild 3.8 Bestimmung
der zulässigen
Zyklenzahlen

Aufgrund dieser Problemstellung ist eine moderne Konstruktion
das Ergebnis eines Optimierungsprozesses für den ich die wesentlichsten Hauptaufgaben formulieren möchte.

1. Hauptaufgabe: Hydraulische Auslegung
   a) Gegeben: die geforderten Betriebsdaten
      Gesucht: die Geometrie der Strömungsräume

   b) Gegeben: die Geometrie der Strömungsräume
      Gesucht: die erreichbaren Betriebswerte

2. Hauptaufgabe: Werkstoffauswahl und Werkstoffkennwerte

   Gegeben: Physikalische Größen des Strömungsmediums,
                   Hydraulische Leistungsdaten der Anlagen,
                   räumliche Anordnung der Strömungsräume aus
                   der hydraulischen Auslegung
                   Lastkollektive für verschiedene Lastfälle
                   $L(x,y,z,t,\vartheta)$
                   Normen und Abnahmevorschriften (z.B. Sicher-
                   heitsphilosophie)

   Nebenbedingungen: Maximale Werkstoffausnützung $s(x,y,z)$=konst

                   Gleiche Werkstoffeigenschaften in allen Last-
                   richtungen (x,y,z)
                   Geringe mechanische Bearbeitung

   Gesucht: Werkstoffe mit Werkstoffkennwerten, die
                   a) die physikalischen Bedingungen des
                      Strömungsmediums erfüllen
                   b) leicht verarbeitbar sind um die Strömungs-
                      räume entsprechend der hydraulischen Aus-
                      legung verwirklichen zu können
                   c) dem mehrachsigen Spannungszustand des Bau-
                      teils genügen
                   d) das Zähigkeits-und Verformungsverhalten
                      am Bauteil erfüllen

3. Hauptaufgabe: Festigkeitsberechnungen - Dimensionierung
   Gegeben: Räumliche Anordnung der Strömungsräume und
                  zeitlicher Verlauf der Lastkollektive für
                  verschiedene Lastfälle $(L(x,y,z,t\ \vartheta)$
                  Werkstoffe und Werkstoffkennwerte
                  Normen und Abnahmevorschriften - Sicherheits-
                                                    philosophie

   Nebenbedingung: Minimaler Fertigungsaufwand
   Gesucht: Geometrie der Konstruktionsteile in Anpassung
                  an die Strömungsräume

4. Hauptaufgabe: Fertigungsverfahren und Fertigungsmethoden
   Gegeben: Räumliche Anordnung der Strömungsräume
                  Werkstoffe und Werkstoffkennwerte
                  Normen und Abnahmevorschriften
                  Konstruktive Gestaltung der Bauteile
   Nebenbedingungen: Optimale Ausnutzung der betrieblichen
                  Fertigungskapazität

```
Gesucht:             Herstellung der optimalen Strömungsräume mit
                     Hilfe geeigneter Fertigungsverfahren

5. Hauptaufgabe:     Schweißverfahren und Schweißmethoden

   Gegeben:          Räumliche Anordnung der Strömungsräume
                     Werkstoffe und Werkstoffkennwerte
                     Normen und Abnahmevorschriften
                     Konstruktive Gestaltung der Bauteile
                     Fertigungsverfahren

 Nebenbedingungen:   Die Schweißkonstruktion soll gleiche
                     Eigenschaften haben wie andere Herstellungs-
                     arten

   Gesucht:          Herstellung der optimalen Strömungsräume
                     mit Hilfe geeigneter Schweißverfahren

6. Hauptaufgabe:     Qualitätssicherungsverfahren und
                     Qualitätssicherungsmethoden

   Gegeben:          Räumliche Anordnung der Strömungsräume
                     Werkstoffe und Werkstoffkennwerte
                     Normen und Abnahmevorschriften
                     Konstruktive Gestaltung der Bauteile
                     Fertigungsverfahren
                     Schweißverfahren

 Nebenbedingungen:   Die Qualitätsprüfungen sollen die Ge-
                     staltung der Bauteile nicht zusätzlich
                     komplizierter machen

   Gesucht:          Geeignete Qualitätssicherungsverfahren
                     mit deren Hilfe man die optimalen Strömungs-
                     räume untersuchen kann.
```

Die Lösungsmöglichkeiten für diese 6 Hauptaufgaben zeigt Bild 4.1 .

LÖSUNGSMÖGLICH-KEITEN	HAUPTAUFGABE					
	I	II	III	IV	V	VI
	HYDRAULIK	WERKSTOFFE	FESTIGKEIT	FERTIGUNG	SCHWEISSEN	QUALITÄT
THEORETISCH	UNVOLLKOMMEN	BISHER UNMÖGLICH	BISHER UNMÖGLICH	BISHER UNMÖGLICH	BISHER UNMÖGLICH	BISHER UNMÖGLICH
HALBEMPIRISCH	ÜBLICH STATISTIK NÖTIG	NUR PARTIELL STATISTIK NÖTIG	NUR PARTIELL STATISTIK NÖTIG	NUR PARTIELL STATISTIK NÖTIG	NUR PARTIELL STATISTIK NÖTIG	NUR PARTIELL STATISTIK NÖTIG
EMPIRISCH	AUFWENDIG ITERATIVE LÖSUNG	ITERATIVE LÖSUNG	ITERATIVE LÖSUNG	ITERATIVE LÖSUNG	ÜBLICHE LÖSUNG	ÜBLICHE LÖSUNG

Bild 4.1 Lösungsmöglichkeiten der 6 Hauptaufgaben
für die Konstruktion von Wasserturbinen und Pumpen

Die Ergebnisse zeigen deutlich, daß für alle 6 Hauptaufgaben die
theoretischen Lösungsmöglichkeiten nur unvollkommen möglich sind.
Meist muß man sich mit halbempirischen oder empirischen Methoden
zufrieden geben. Die Wechselbeziehungen zwischen den einzelnen
Aufgaben erscheinen noch lange nicht ausgebaut. Für die Forschung
an den Universitäten und in der Industrie wäre es daher sinnvoll
eine Konstruktionssystematik für den Entwurf von Wasserkraftmaschinen und Pumpen vorrangig zu erarbeiten.

5. Der Einfluß der Qualitätssicherungsmaßnahmen auf die Hydrodynamik und die Konstruktion

Die Qualitätssicherung der Wasserturbinen- und Pumpenerzeugnisse,
an die stets wachsende Ansprüche gestellt werden, erfordert ein
systematisches und ganzheitliches Vorgehen. Wachsende Ansprüche,
mit denen in der letzten Zeit die Hersteller von Wasserturbinen
und Pumpen auf dem nationalen und internationalen Markt konfron-
tiert wurden, machten eine Neukonzeption der Qualitätssicherung
notwendig, um den Vorschriften der Überwachungs- und Abnahme-
organisationen gerecht zu werden.

Die zwei wichtigsten Grundsätze der heutigen Qualitätspolitik
lauten:

a) Alle Produkte sollen die beste wirtschaftlich vertretbare
   Qualität, d.h. die Preiswürdigkeit, hohe Leistungsfähigkeit
   und Zuverlässigkeit aufweisen

b) Weiterentwicklung und Verbesserung des Qualitätsniveaus

Analysiert man die Entwicklung in der Wasserkraftmaschinen- und
Pumpenindustrie, so zeichnet sich eine Tendenz ab, aus der sich
eindeutig ableiten läßt, daß in Zukunft die Qualität der Produkte
generell noch höheren Ansprüchen zu genügen haben werden. Insbesondere die Bemühungen, die auf dem Gebiet des Umweltschutzes
unternommen werden, und die Anstrengungen zur Befriedigung eines
wachsenden Sicherheitsbedürfnisses der Bevölkerung werden zu weiteren Forderungen führen, die auch die Qualität bestimmter Er-
zeugnisse in starkem Maße tangieren werden.
Bei der praktischen Durchführung der Qualitätssicherungsmaßnah-
men hatte es sich als notwendig herausgestellt, produktbezogene
Pläne aufzustellen. Diese Qualitätskontrollpläne enthalten in
graphischer und verbaler Form alle Angaben die jeweils zu berücksichtigen sind, um das Werkstück zu fertigen. Für die Erstellung
der Qualitätskontrollpläne und die dazugehörigen Prüfpläne und

Abnahmevorschriften sind im allgemeinen die Konstruktionsabteilungen zuständig.

Es ist zweckmäßig, den Qualitätssicherungsplan in verschiedene Qualitätsstufen einzuteilen, sogenannte Abnahmestufen. Die Abnahmestufe "Null" bedeutet dabei, daß dort alle Aktivitäten zusammengefaßt werden, unabhängig von Kundenwünschen werden sie im Sinne des Unternehmens immer durchgeführt.

In der Abnahmestufe "Eins" sind neben den Aktivitäten der Stufe Null zusätzliche Prüfanforderungen enthalten, wie sie sich nach staatlichen oder amtlichen Vorschriften ergeben. Dabei werden zu bestimmten Prüfungen autorisierte Inspektoren herangezogen. Die Abnahmestufe "Zwei" ist eine weitere Steigerung der Anforderungen, insbesondere sind hier strenge Anforderungen des ASME-Codes für zerstörungsfreie Werkstoffprüfungen, wie Ultraschallprüfung, Durchstahlungsprüfung usw. berücksichtigt. In der Regel müssen dabei Zulieferer für komplizierte oder druckführende Teile, für Pumpen oder Turbinen, eine Qualifizierung erfahren, mit der sie nachweisen, daß sie die hohen Anforderungen an die Qualität erfüllen können. In welchen Fällen eine direkte oder eine indirekte Qualitätsregelung angewendet werden sollte, ist von Qualitätsanforderungen an das Erzeugnis und von den technischen, technologischen, ökonomischen, organisatorischen, sozialen und anderen Bedingungen des Betriebes abhängig. Solche Bedingungen können z.B. die Funktionsgenauigkeit der Bearbeitungsmaschine, die Werkzeugstandzeit, das Grundmaterial, die Hilfsstoffe (Kühlmittel, Öle und Fette) und anderes sein.

5.1 Der Einfluß auf die schweißtechnische Gestaltung

An den Gehäusen und komplizierten Gußteilen müssen die Schweißenden so gestaltet werden, daß mehrere Teile zusammengeschweißt werden können.

Dazu ist es heute in den meisten Verfahrensvorschriften notwendig, die Schweißenden einer Durchstrahlungsprüfung, einer Ultraschallprüfung und einer Farbeindringprüfung zu unterziehen. Das Bild 5.1 zeigt in welchem Abstand von den Schweißenden die eigentlichen Gehäusekonturen beginnen können, damit ausreichende Prüfungen an den Schweißenden durchgeführt werden können.

Am Beispiel der Gehäuse für Kesselumwälzpumpen soll gezeigt werden, welche Überlegungen heute von einem Konstrukteur gefordert werden, um geeignete KOnstruktionen zu entwickeln.

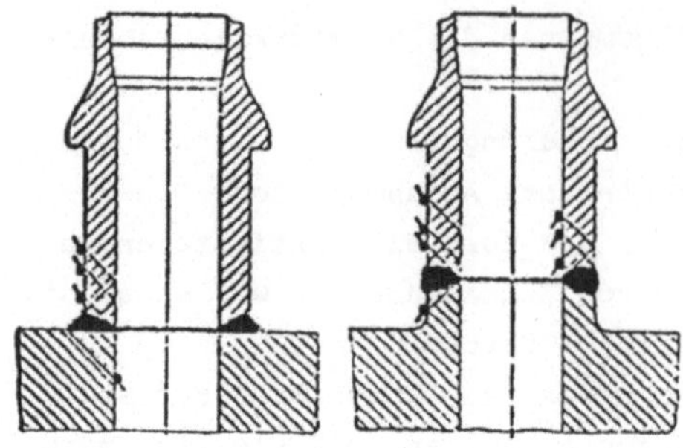

Bild 5.1 Stutzen-Schweiß-
nahtausbildung /5/ - KSB

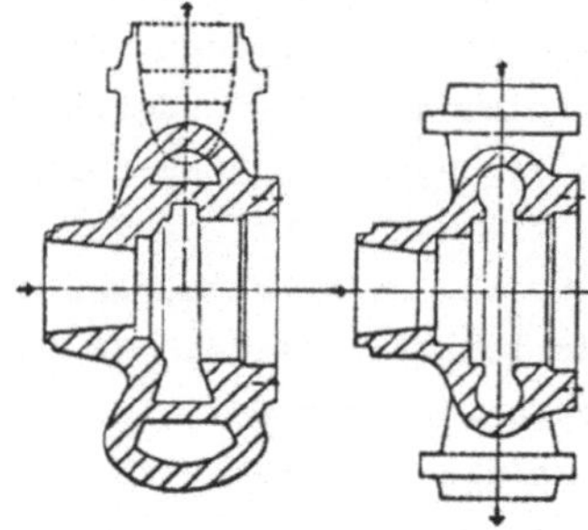

Bild 5.2 Vergleich Doppel-
spirale und Spirale mit
2 Druckstutzen /5/ KSB

Für Blockleistungen von 600 MW bis 1200 MW entwickelt man als hydraulische Konzeption das Laufrad und Leitrad in Kugelgehäusen.
Diese Konstruktion war notwendig, da bei den heute üblichen Systemdrücken und Systemtemperaturen der Kessel die Wandstärken der Spiralgehäuse so groß werden, daß eine wirtschaftliche fehlerfreie
Herstellung sehr aufwendig wird. Die Prüf- und Abnahmebedingungen
für die Spiralgehäuse sowie die Berechnung der erforderlichen Wandstärken ist so kompliziert, daß der Entwicklungsweg der Pumpengehäuse wegen der einfachen Form der Kugel zum Kugelgehäuse führen
mußte. Das Kugelgehäuse ist die inspektionsfreundlichste und prüf-
freundlichste Gehäuseform. Selbst im eingebauten Zustand ist dieses Gehäuse noch zu inspizieren. Das Bild 5.3 zeigt ein solches
Gehäuse mit radialem Druckstutzen. Varianten zeigt Bild 5.4 .
Die Prüfbarkeit von Schweißnähten ist seit jeher ein großes Problem, was nur in Zusammenarbeit zwischen den Prüf-Ingenieuren für
Schweißtechnik und den Konstruktions-Ingenieuren, gemeinsam gelöst werden kann. Das nächste Beispiel zeigt die Prüfbarkeit von
Schweißnähten, wie sie z.B. an Wärmesperren für Kesselumwälzpumpen auftreten. Die Vergleiche zeigen, daß die Schweißnähte in
radialer und axialer Richtung beliebige Formen annehmen können
und beliebig gestaltet werden können. Wie auf den Bildern 5.5 und

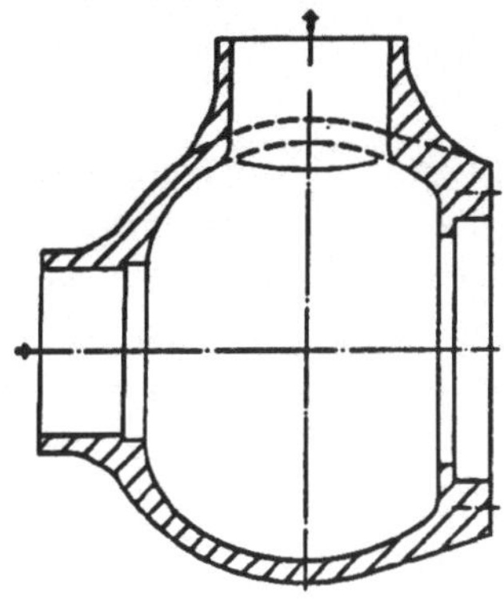

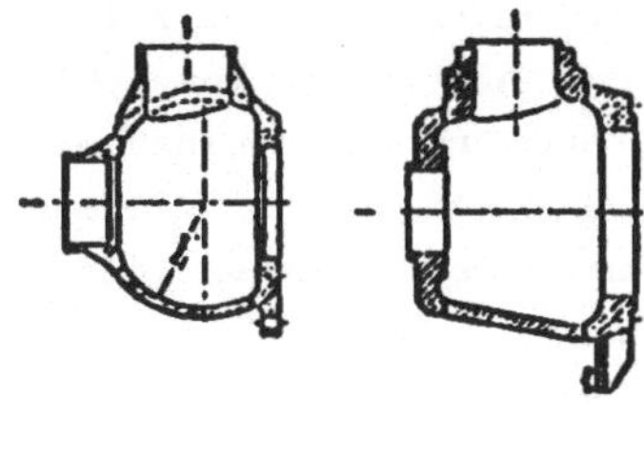

Bild 5.3 Kugelgehäuse mit radialem Druckstutzen/5/-KSB

Bild 5.4 Pumpengehäuseformen für Kühlmittel - Umwälzpumpen in Kernkraftwerken/5/-KSB

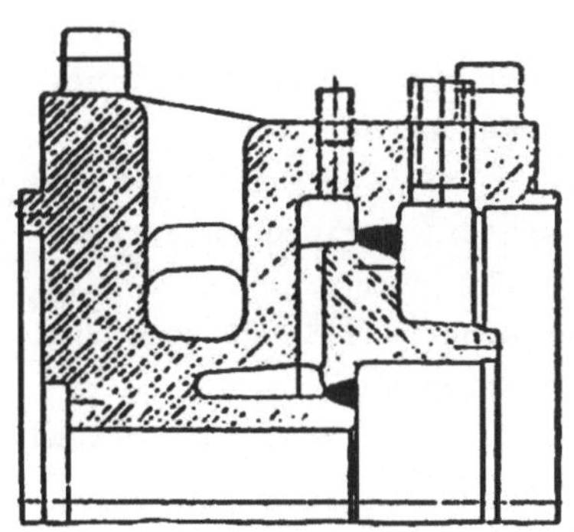

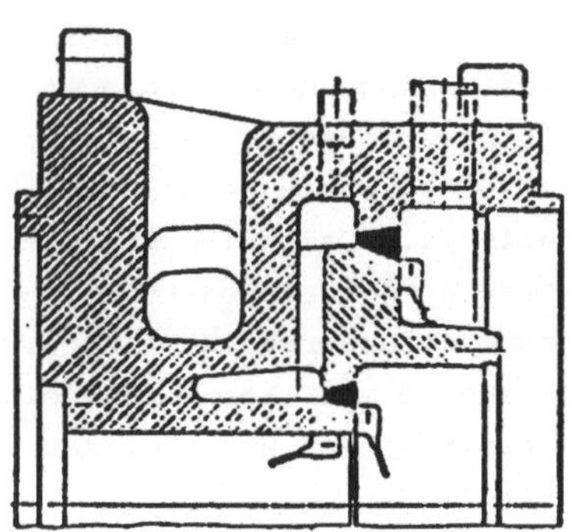

Bild 5.5 Wärmesperren für Kesselumwälzpumpen/5/-KSB

Bild 5.6 Prüfung der Schweißnähte Wärmesperren von Kesselumwälzpumpen/5/-KSB

5.6 dargestellt ist, kann man durch geeignete Anordnung eine optimale Gestaltung der Schweißnaht finden, und somit alle Bereiche des Schweißnaht-Füllungsmaterials einer Durchstrahlungs- oder Ultraschallprüfung unterziehen.

6. Zusammenfassung

In der vorhandenen kurzen Zeit war es leider nicht möglich, auf die breite Palette der Entwicklungstendenzen im Wasserkraftmaschinen- und Pumpenbau einzugehen. Es konnten nur einige Grundgedanken dargelegt werden, die man z.Zt. beim Entwickeln und konstruktiven Durcharbeiten neuer Anlagen berücksichtigen muß. Lassen Sie mich daher das Wesentliche zusammenfassen.

1.) Bei der heutigen Entwicklung von Wasserkraftmaschinen und Pumpen muß insbesondere die Wechselbeziehung zwischen der hydrodynamischen Auslegung, der Werkstoffe, den Festigkeitsberechnungen und der Qualitätssicherung stärker berücksichtigt werden, um ein optimales funktions- und preisgünstiges Aggregat herstellen zu können.

2.) Bei den hydraulischen Entwicklungstendenzen zeigt sich ein gewisser Trend zu größeren Fall- oder Förderhöhen und höheren Drehzahlen.

3.) Die Modellversuchstechnik wird gut beherrscht aber entsprechend der verbesserten meßtechnischen Einrichtungen werden weitergehende Untersuchungen verlangt z.B. Maschinenkräfte, Sichtbarmachung der Strömung, dynamisches Verhalten.

4.) An die Aggregate werden erweiterte Betriebsanforderungen gestellt, z.B. schnelle Startbereitschaft, geringe Anfahrverluste, hohe Verfügbarkeit.

Aus diesem Anforderungskatalog ergeben sich beim Entwickeln und Konstruieren dieser Maschinen folgende Aufgaben:

1.) Erarbeitung von Werkstoffkennwerten entsprechend der Bauteilfestigkeit.

2.) Erarbeitung von Dauerwechselfestigkeitskennwerten von Bauteilen.

3.) Entwicklung von anwenderfreundlichen Rechenprogrammen z.B. Schalenprogrammen für die normale Konstruktionsarbeit.

4.) Einsatz von Finite-Elementen Programmen (dreidimensional) nur bei Typen- und Baukastenentwicklungen.

5.) Erarbeitung von Qualitätsvorschriften für den Konstrukteur - d.h. Berücksichtigung während der Konstruktion.

6.) Genaue Definition der Lastfälle für die Wasserkraftmaschinen und Pumpen.

7.) Festlegung einheitlicher Dimensionierungsrichtlinien.

8.) Überprüfung ob TRD (Techn. Regeln für Dampfkessel) oder ASME-Code oder eine entsprechende Ö-Norm zweckmäßig ist.

Aus der Fülle dieser Aufgaben erscheint es mir notwendig, an die Behörden, die Betreiber, die Hersteller und die Universitäten zu appellieren, gemeinsam die Aufgaben zügig anzugehen und zu lösen und auch in entsprechenden ausländischen Ausschüssen maßgeblich mitzuarbeiten um die Maschinen zu verbessern und das internationale Ansehen zu festigen.

Von verschiedenen Herstellern der Wasserkraftmaschinen und Pumpen wurden mir freundlicherweise Unterlagen für dieses Fachreferat zur Verfügung gestellt, wofür ich mich recht herzlich bedanken möchte.

Literatur:

/1/ A. Eder: Ein Beitrag zu den Kriterien für die Wahl der Reguliergeschwindigkeit von Wasserturbinen der Regelkraftwerke Dissertation TU Wien, 1979.

/2/ H.B. Matthias: Kesselumwälzpumpen für fossile Kraftwerke - derzeitiger Entwicklungsstand, Hinweise für die Planung, Betriebserfahrungen, VGB Kraftwerkstechnik Heft 7, 1976.

/3/ H.B. Matthias: Die Entwicklung der Kesselumwälzpumpen für fossile Kraftwerke mit großen Blockleistungen. KSB Techn.Ber.,H.17,1977.

/4/ H.B. Matthias: Optimization of components for a boiler feed pump building block designed with the elements of the segmental and barrel type pumps. 17. international congress JAHR, Baden-Baden 1974.

/5/ H.B. Matthias: Lectures in Brazil, october 1977 - Rio de Janeiro, Sao Paulo, Bela Horizonte, KSB: a) The hydrodynamic lay-out of boiler feed pumps, reactor feed pumps and reactor recirculation pumps for high power block outputs. b) A contribution to the computer-supported stress calculation of pump components. c) Pumps for conventional steam power stations having power block outputs of up to 1200 MW. d) Pumps for reactor power stations. e) Pumps for water supply and distribution. f) Experience gained regarding quality assurance referring to the design department when determining the constructional features, considering the regulations of "ASME Code" and other technical rules.

Diskussion:

<u>Dipl.-Ing. *Weissmann, Österr.Draukraftwerke AG.*</u>:
Bei zunehmender Größe der hydraulischen Maschinen ist im ver-
stärkten Maße auch den Verformungen, die aus den Montage-und den
Betriebs-einflüssen etc resultieren, Aufmerksamkeit zu schenken.
Es sind vielfach steife und starre Fundierungen nötig, die jedoch bei behinderten Verformungen Zwangsspannungen oder größere
Spieländerungen im Gefolge haben (Maschine drucklos bzw. unter
Druck, Maschine Turbine oder Pumpe mit eiskalten Wasser beauf-
schlagt oder entleert und Raumtemperatur z.B. + 20°C).
<u>Antwort des Autors</u>: Der Hinweis erscheint mir äußerst wichtig;
diese Einflüsse müssen unbedingt bei der Konstruktion berücksichtigt werden.

<u>O.Prof. Dr. *Gerhard Ziegler*, Graz</u>:
Der Herr Vortragende hat eine Lastwechselzahl von 10-20.000 für
die Lebensdauer von Turbinengehäusen genannt. Ich erlaube mir
den Hinweis, daß das - Beispiel Spiralturbine als Spitzen-
maschine, 3-maliges Unterdrucksetzen und Entleeren der Spirale
pro Tag - eine Lebensdauer von 10-20 Jahren bedeutet. Ich glaube, daß eine etwa 10-mal höhere Lastwechselzahl der Bemessung von
Spiralen zugrundegelegt werden muß.

<u>Dipl.-Ing. *H. Kirchner, J.M. Voith GmbH.*</u>:
<u>Prof.Ziegler</u>:
Reicht die Annahme von 20.000 Lastwechseln für wiederholtes Anfahren und Abstellen zur Beurteilung von Gehäuseteilen aus?
<u>Kirchner</u>:
Bei Pumpspeicheranlagen mit häufig wechselnden Betriebsübergängen
ergeben sich, je nach erwarteter Betriebsweise, Lastwechselzahlen
im Bereich von 10^5 - 10^6. Die Annahme von 10^5 Lastwechseln dürfte
als Untergrenze anzusehen sein.
Ergänzung: Bei 4 Anfahrvorgängen täglich und einer Lebensdauer
von 50 Jahren ergeben sich ca. 10^5 Lastwechsel.
Lastkollektive wurden an einem Prototyp gemessen. Es zeigte sich,
daß die statische Berechnung bereits die dynamische Beanspruchung
im Zeitfestigkeitsgebiet abdeckte.
<u>Prof. Matthias</u>:
Ab welchen Lastwechselzahlen sind dynamische Vorgänge zu berücksichtigen?
Liegen genügend gesicherte Unterlagen hinsichtlich der Dauerfestigkeit der Materialien vor?

<u>Kirchner:</u>

Es kann nicht mit Sicherheit gesagt werden, ab welchen Lastwechsel-
zahlen eine Berechnung auf Schwingfestigkeit notwendig wird. Die
Höhe der zulässigen statischen Spannung ist maßgebend.
Ergänzung: Bis ca 10^3 Lastwechseln reicht unserer Meinung nach
eine statische Berechnung in jedem Fall aus.
Unterlagen über Dauerfestigkeit bedürfen in jedem Fall einer Beur-
teilung und befinden sich in weiterer Entwicklung. Hinweis auf
Dauerfestigkeitsuntersuchungen an Großproben aus Chromstahl unter
Korrosion beim LBF, Darmstadt.
<u>Antwort des Autors:</u> Die wertvollen Diskussionsbeiträge von Herrn
Prof.Ziegler und Herrn Dipl.-Ing.Kirchner zeigen, wie wichtig es
ist, sich Gedanken über zulässige Lastwechselzyklen zu machen.
Eine Erweiterung der Unterlagen über die Dauerfestigkeit er-
scheinen mir notwendig.

Untersuchung neuentwickelter Kraftfahrzeug-Windschutzscheiben
hinsichtlich der Verletzungsgefahr

G. Benedikter

Für Kraftfahrzeug-Windschutzscheiben werden heute ausschließlich
zwei in ihrem Aufbau prinzipiell verschiedene Arten von Sicher-
heitsscheiben verwendet: Es sind dies die bekannten Einscheiben-
und Verbundsicherheitsglasscheiben, im weiteren kurz mit ESG und
VSG bezeichnet.

Um eine Sicherheitsglasscheibe als solche bezeichnen zu können,
muß diese hinsichtlich der sogenannten "Inneren Sicherheit der
Scheibe" folgende zwei wesentliche Bedingungen erfüllen:

1. Sicherheit gegen stumpfe Schäden-Hirn-Verletzungen, meist bezeichnet als "Innere Kopfverletzungen". Bleibende Schädigun-
   gen des Gehirns, die häufig zu Dauerschäden oder Tod des Ver-
   unglückten führen, dürfen durch den Aufprall nicht auftreten.

2. Sicherheit gegen gefährliche Schnittverletzungen, insbesondere
   auch gegen Augenverletzungen.

Die heute hinsichtlich dieser Forderungen überholte, jedoch wegen
ihrer preisgünstigeren Herstellung immer noch anzutreffende ESG-
Scheibe soll hier nicht weiter behandelt werden.

Die Schutzwirkung der VSG-Scheibe, bei der Innenglas und Außenglas durch eine an beiden Gläsern haftende Kunststoffzwischen-
schicht in Form einer Folie verbunden ist, beruht bei der Zer-
störung der Scheibe auf folgenden Effekten:

1. Nachgiebigkeit der Folie, wodurch die Stoßschwere des Kopfauf-
   pralls und damit die Gefahr für innere Kopfverletzungen entscheidend gemildert wird, also ein Sprungtucheffekt und

2. Bindung der auftretenden Glassplitter und Scherben an der Folie,
   wodurch eine ganz wesentliche Verringerung der Schnittver-
   letzungsgefahr erreicht wird.

Allen heutigen, für die Praxis bedeutsamen VSG-Konstruktionen ge-

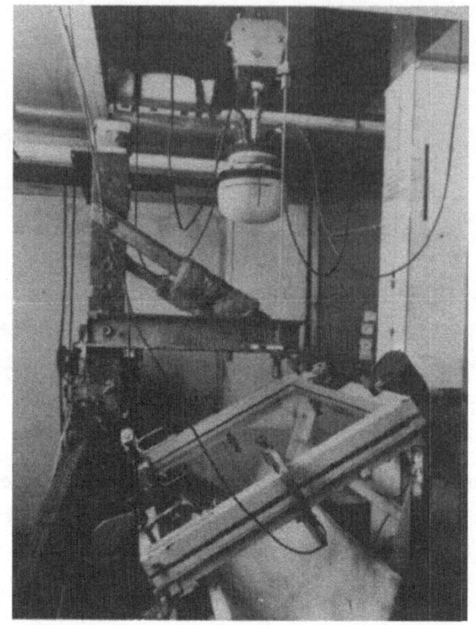

Bild 1
Phantomkopf -
Fallprüfstand

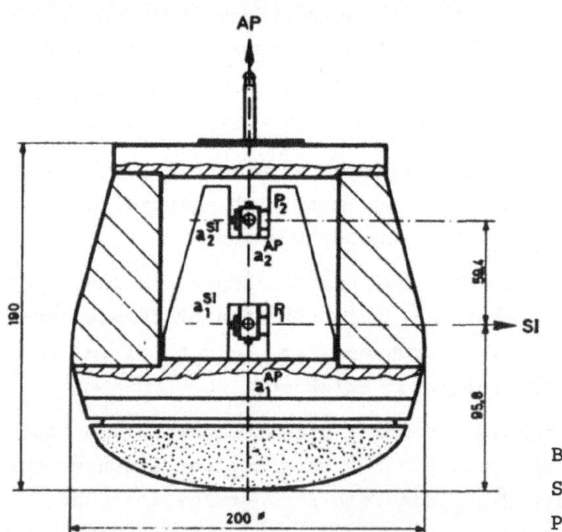

Bild 2
Schnitt durch den
Phantomkopf

Biaxiale Beschleunigungsaufnahme im Schwerpunkt P1

sowie in einem zweiten Meßpunkt P2

meinsam ist die Verwendung der sogenannten HPR-Verbundfolie aus Polyvinylbutyral mit einer Stärke von 0,76 mm.

Wesentlich unterscheiden sich dagegen die einzelnen auf dem Markt befindlichen VSG-Erzeugnisse hinsichtlich Stärke und Beschaffenheit des Innen- und Außenglases. Gegenüber der seit Jahren in Verwendung stehenden sogenannten Standard-VSG, bestehend aus je einem 2,6 mm starkem Innen- und Außenglas, sind in letzter Zeit im wesentlichen drei Neuentwicklungen mit dem Ziel, durch Änderung von Stärke und/oder Beschaffenheit des Innenglases erhöhte Sicherheit zu erreichen, bekannt geworden, und zwar:

1. eine VSG mit je 2,3 mm starkem, vorgespanntem Innen- und Außenglas,
2. eine VSG mit asymmetrischem Aufbau und zwar 1,5 mm starkem Innenglas und 2,6 mm starkem Außenglas,
3. eine VSG mit Kunststoffoberflächenschicht des Innenglases.

Zweck einer an der TVFA durchgeführten größeren Versuchsreihe an Originalwindschutzscheiben war es, die Verletzungsgefahr der zwei erstgenannten VSG-Neuentwicklungen sowie einer herkömmlichen Standardscheibe bei Aufprallgeschwindigkeiten im verletzungsmäßig kritischen Anbruchbereich der Scheibe zu untersuchen. Aufgrund der statistisch ausgewerteten Meßdaten sollte der Verbesserungsgrad der Neuentwicklungen gegenüber der Standardscheibe hinsichtlich der Verletzungsgefahr ermittelt werden.

Für eine objektive Bestimmung der Verletzungsgefahr, welcher der menschliche Kopf beim Aufprall ausgesetzt ist, dienen derzeit zwei Bewertungsgrößen:

1. Der HIC-Wert (Abkürzung für Head-Impact-Criterion) zur Ermittlung der Gefahr für innere Kopfverletzungen.

2. Der TLI-Wert (Abkürzung für Triplex-Laceration Index) zur Ermittlung der Schnittverletzungsschwere.

Die Bestimmung der HIC- und TLI-Werte erfolgt in dem wegen seiner guten Reproduzierbarkeit der Versuchsbedingungen für Serien- und Vergleichsuntersuchungen besonders gut geeigneten Phantomfallversuch. Bild 1.
Als Fallkörper dient dazu ein an der TVFA entwickelter Phantomkopf, der in seinen Stoßeigenschaften dem menschlichen Kopf weitgehendst angepaßt ist und US Norm FM SS208 entspricht.
Bild 2.

<u>Nun einige Einzelheiten zur Untersuchungsmethode</u>

Die Windschutzscheiben wurden in einem dem Originalrahmen des
Serienfahrzeuges formentsprechenden Metallrahmen eingespannt.
Die gewünschte Einstellung der Aufprallgeschwindigkeit erfolgte
durch entsprechende Wahl der Fallhöhe. Alle Scheiben wurden unter einem Aufprallwinkel von = 60° gegen die Vertikale geprüft.
Dies entspricht etwa dem Einbauwinkel im betreffenden Serien-
fahrzeug.
Die für die HIC-Bestimmung (Gefahr für Innere Kopfverletzungen)
maßgebliche, im Schwerpunkt des Phantoms auftretende resultierende Beschleunigung wurde mit zwei, in ihren Meßachsen um 90°
versetzten piezoelektrischen Beschleunigungsaufnehmern bestimmt,
auf Magnetband gespeichert und anschließend der HIC-Wert mittels
EDV aus der Beschleunigungskurve berechnet.

Der HIC-Wert darf nach der amerikanischen Standard FMVSS 208
für Frontalaufprall des Kopfes den Grenzwert HIC = 1000 nicht
überschreiten. Höhere HIC-Werte gelten seit der Einführung des
HIC in diesem Standard im Jahr 1972 als lebensgefährlich. Für
die TLI-Bestimmung erhielt die Stoßfläche des Phantoms zur Simulation des Fleischgewebes einen 6 mm starken Überzug aus Weich-
PVC sowie zur Simulation des Hautgewebes zwei weitere Überzüge
aus Rehleder von je 1 mm Stärke und einer Feuchte von 50 Masse-%.

Der TLI-Wert wird aus der Anzahl, den Längen und den Tiefen der
Schnittverletzungen in den drei Schichten berechnet, ist aber
derzeit noch in keiner Norm verankert.

<u>Untersuchungsergebnisse</u>

Bild 3 und Bild 4. Die Verletzungsgefahr wird jeweils durch
zwei den Fällen "Kein Innenglasbruch" und "Innenglasbruch" entsprechendes HIC. - TLI - Wertepaar wiedergegeben. Da jedoch in
dem relevanten Bereich v = 30 bis 35 km/h für "Innenglasbruch"
die TLI-Werte gemäß den Versuchsergebnissen von geringer Bedeutung sind, wird der HIC-Wert im Anbruchbereich zur entscheidenden Größe.

Im ganzen gesehen, d. h. unter Einbeziehung der Fälle, bei denen
infolge Fertigungsstreuung kein Innenglasbruch erfolgt, wird
gemäß den Versuchsergebnissen das Verletzungsrisiko der neuent-
wickelten VSG mit asymmetrischem Aufbau gegenüber der herkömmlichen Standardscheibe wesentlich herabgesetzt. Außerdem erweist sich die asymmetrische Konstruktion unter den drei unter-

suchten Typen als die Scheibe mit dem geringsten Verletzungsrisiko.

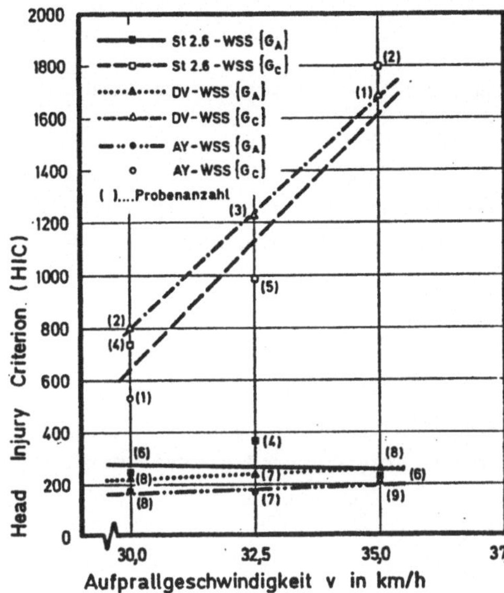

Bild 3
Gefahr für innere Kopf-
verletzung (HIC) in Ab-
hängigkeit von der Auf-
prallgeschwindigkeit v
(Meßergebnisse - Mittel-
werte sowie die aus den
Einzelmeßwerten berech-
neten Regressionsgeraden)

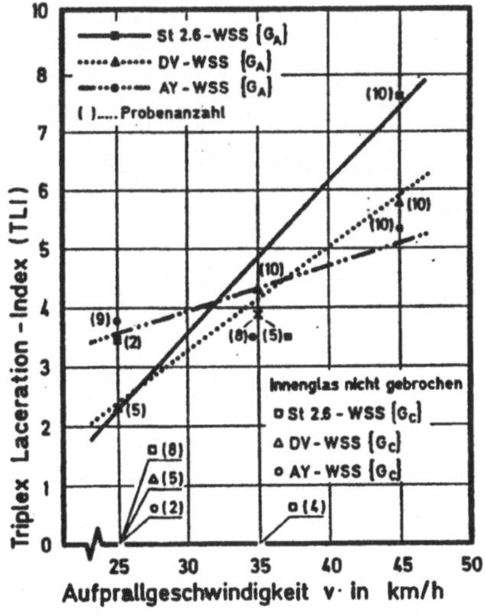

Bild 4
Schnittverletzungs-
schwere (TLI) in Ab-
hängigkeit von der
Aufprallgeschwindigkeit v
(Meßergebnisse - Mittel-
werte sowie die aus den
Einzelmeßwerten berech-
neten Regressionsgera-
den)

Zur Aussage des instrumentierten Kerbschlagversuches

F. Loibnegger

Sie alle kennen den Kerbschlagbiegeversuch. Eine Güteprüfung für metallische Werkstoffe mit der Möglichkeit der Beurteilung des Bruchverhaltens unter feststehenden Bedingungen.

Die Ergebnisse dieses Versuches sind:

die Kerbschlagarbeit A_V,

die Kerbschlagzähigkeit a_{KE}

und, wenn Proben bei verschiedenen Temperaturen geprüft werden,

die Übergangstemperatur.

Der instrumentierte Kerbschlagversuch macht es möglich, mehrere Ergebnisse herauzuholen.

Was versteht man unter Instrumentierung?

a) Die Messung des Kraftverlaufes über der Zeit.

b) Die Messung des vom Hammer bzw. Meissel zurückgelegten Weges über der Zeit.

c) Die Messung weiterer Vorgänge während des Brechens der Probe.

Die Kraftmessung kann so erfolgen, daß ich an der Finne DMS appliziere und mit Hilfe einer dynamischen Dehnungsmessung den Kraftverlauf über der Zeit erfasse. Das gleiche geschieht mit dem Weg, der z.B. induktiv auf der langsamen Seite eines Schnadthammers (0,1 m/sec) gemessen werden kann.
Auf der schnellen Seite, 5 m/sec, kann man dies z.B. mit einem Wirbelstromaufnehmer und einer Kurvenscheibe, die an diesem vorbeigeführt wird, durchführen.
Die Aufnahme von Kraft und Weg erfolgt mit einem Speicheroszilloskop, das dann auch eine x-y-Darstellung von Kraft und Weg erlaubt.

Um weitere Aussagen über das Bruchverhalten der Probe zu bekommen, arbeitet man international sowohl bei den Kompaktzugproben als auch bei den Kerbschlagproben daran, den Beginn der stabilen Rißausbreitung zu erfassen.

Eine Möglichkeit dazu ist die potentiostatische Methode.

Ein Photo zeigte die angeschlossene Probe (Ermüdungsanriß).

In den folgenden Bildern wurde auch das Potential aufgezeichnet und zeigt bei diesen Kraftabfällen charakteristische Signale, die auf den Rißbeginn schließen lassen.

Bild 1: Kraftzeitverlauf einer Ck-45-Probe bei 0 $^{\circ}$C. Man sieht aus dem Kraftverlauf, daß der Werkstoff nach einem kleinen Kraftabfall noch längere Zeit der Belastung standhält.

Bild 2: Diesmal eine Probe Ck 45 bei -20 $^{\circ}$C geschlagen. Man sieht hier den plötzlichen Abfall der Kraft.

Probe - Nr.:27
Kraft F in kN
Zeit t in m sec
rot.
Werkstoff:
Ck-45
Temperatur:
0°C
Die rote
Kurve stellt
die Änderung
des elektr.
Potentiales
dar.

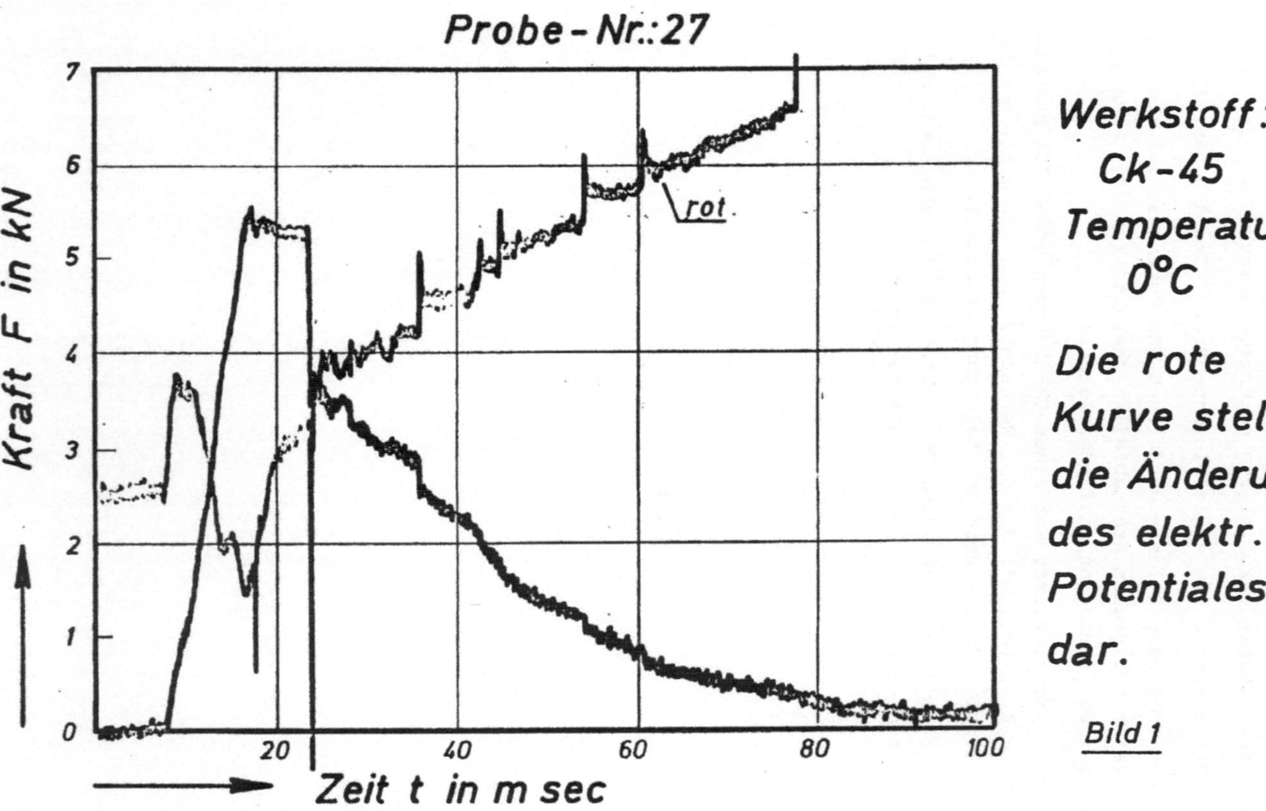

Bild 1

Probe - Nr.: 32
Kraft F in kN
Zeit t in m sec
rot
Werkstoff:
Ck-45
Temperatur:
-20°C
Zeitmaßstab
aus der
Bildschirm-
breite.

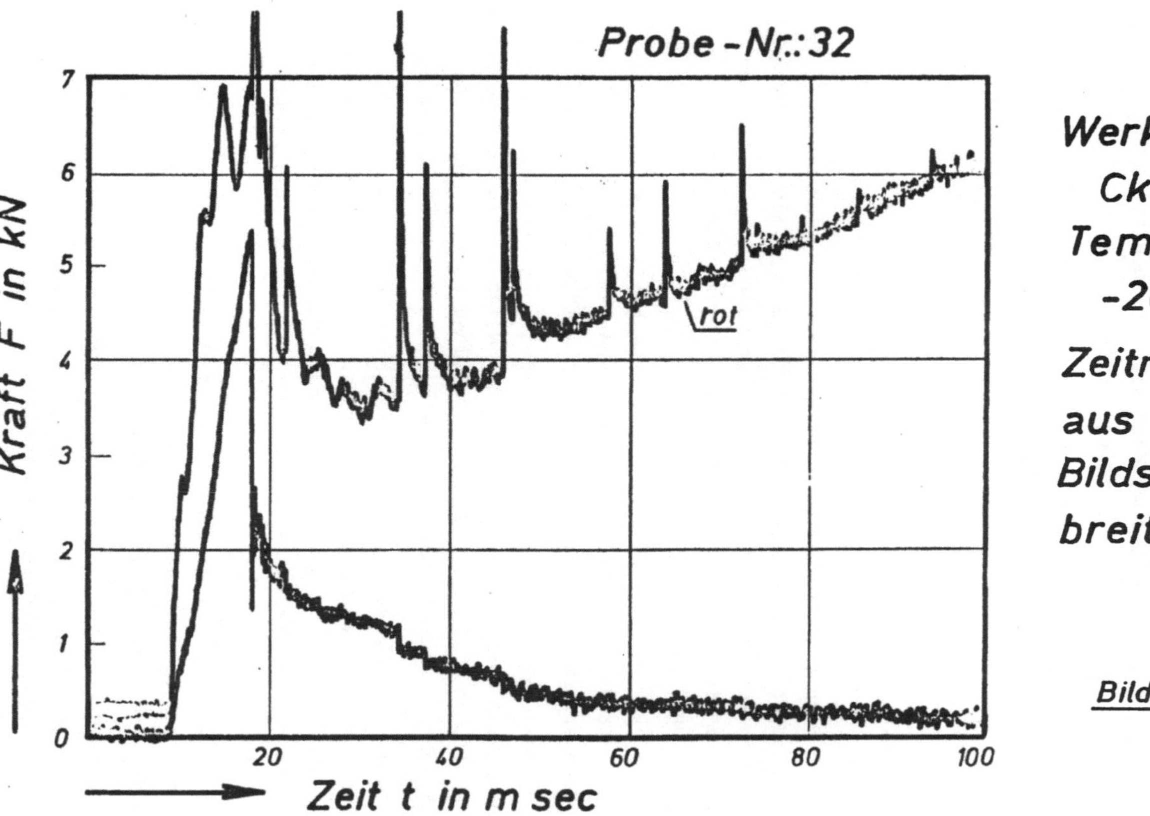

Bild 2

Die praktische Anwendung der Ultraschallprüfung
in Bezug auf Fehlergrößenbestimmung bei
entsprechender Ausbildung des Prüfpersonals

K. Bauer

Durch die gestiegenen Forderungen an das Festigkeitsverhalten
der Werkstoffe im Zusammenhang mit der Bruchmechanik geraten
alle Verfahren, die zur Auffindung und Ausmessung von Ungänzen
dienen, immer stärker in den Mittelpunkt des Interesses.

Deshalb werden auch die Verbindungen zwischen Bruchmechanik und
zerstörungsfreie Prüfverfahren immer enger und man sucht welt-
weit nach Methoden, die eine möglichst genaue Angabe über Art
und Größe eines natürlichen Fehlers aufgrund der Ultraschallprüfung ermöglichen.

Man hat Prüfmethoden entwickelt, welche bei labormäßigen Versuchen mit entsprechendem Geräteaufwand eine genaue Fehlergrößenbestimmung von weniger als 1 mm ermöglichen.

In der Praxis sind diese neuen Methoden noch nicht anwendbar
und man muß sich zur Zeit noch in der Weise helfen, daß man alle
zusätzlichen Möglichkeiten zur Bestimmung einer Fehlergröße
wahrnimmt, um zu einem wirklichkeitsnahen Resultat zu kommen.

Ein wesentliches Merkmal der Ultraschallprüfung ist der Umstand,
daß dabei keine wirklichkeitsgetreuen Abbildungen der Fehlerstellen (wie z.B. Röntgen) hergestellt werden, sondern daß Fehler
in Form von Echozacken am Bildschirm des Ultraschallgerätes in
Erscheinung treten.

Während die Lage eines Fehlers durch Messung des Schall-Laufweges
relativ einfach nachweisbar ist, können Aussagen über die genaue
Art und Größe große Schwierigkeiten bereiten.

Man hat eine Reihe von Verfahren und Methoden entwickelt, mit
deren Hilfe es ermöglicht werden sollte, eine genaue Angabe über
die Größe von festgestellten Fehlern machen zu können.

Das älteste Verfahren dieser Art ist die Randabtastmethode,
welche bei großen Fehlerstellen bei der Normalkopfprüfung Anwendung fand.

In der weiteren Folge,als an die Ultraschallprüfung immer höhere
Ansprüche gestellt wurden, die besonders bei der Schweißnahtprüfung einen Nachweis auch von kleinsten Fehlern ermöglichen
soll, wurde die AVG-Methode und die verschiedenen Vergleichskör-
permethoden entwickelt. (Trumpfheller - ASME, Sulzer).

Die AVG-Methode, benannt nach dem bestehenden Zusammenhang
zwischen Abstand-Verstärkung-Größe eines idealisierten,künstli-
chen Fehlers in Form einer Kreisscheibe gibt nur die untere
Grenze der möglichen Größe eines natürlichen Fehlers an.

Bei beiden Verfahren wird ausschließlich die Echohöhe bewertet.
Nachdem diese jedoch nicht nur von der Größe einer Reflexions-
stelle bestimmt wird, sondern auch vielen anderen Einflüssen un-
terliegt, ergeben sich mehr oder weniger große Streuungen zwischen Ersatzfehler und der Größe eines natürlichen Fehlers.

Bei der Schweißnahtprüfung in der herkömmlichen Weise, bei welcher Echoanzeigen natürlicher Fehler mit Reflexionen von Kreis-
scheiben - oder Zylinderlochbohrungen, verglichen werden, müssen
daher zusätzliche Techniken zur Fehlerkonstruktion angewendet
werden.

Es muß versucht werden, festgestellte Reflexionen von Ungänzen
einem bestimmten Fehlertyp zuzuordnen, in welchem ähnliche akusti-
sche Merkmale vorherrschen. Unter Berücksichtigung weiterer
Faktoren, wie das Echoverhalten im statischen und dynamischen
Bereich sowie Lage und Richtung aus welcher die Signale kommen,
ist eine Aussage über die Fehlerart möglich, wenn die nötigen
Kenntnisse über Nahtform, Schweißverfahren und Werkstoff vorhanden sind.

Auf Grund dieser Erkenntnisse wurde schon vor längerer Zeit ein
System zur Beurteilung von Schweißnähten mittels Ultraschall
erarbeitet, in welchem versucht wird, auf Grund von Wertziffern,
welche neben der Bewertung der Echosignale auch verschiedene
Schweißparameter mit einbeziehen, eine Gesamtbeurteilung
einer Schweißnaht zu ermöglichen.

Dies ist aber nur dann möglich, wenn die Prüfer eine entsprechende
Qualifikation besitzen, welche sich nicht nur auf die Kenntnisse
über das Prüfverfahren selbst, sondern auch auf produktbezogene

Werkstoff- und Fehlerkunde erstreckt.

Im Rahmen der ÖNORM M 3040 werden daher zur Zeit von einer Arbeitsgruppe in Anlehnung an die Ausbildungsrichtlinien der ASNT die Unterlagen für die "Ausbildung des Personals für die zerstörungsfreie Werkstoffprüfung" erarbeitet.

Diese Norm legt eine einheitliche Vorgangsweise für die Ausbildung des Personals für die zerstörungsfreie Werkstoffprüfung fest. Es wurden die Stufen 1, 2 und 3 der Qualifikation des Prüfpersonals definiert und der dafür erforderliche Stand der Ausbildung, der notwendigen Kenntnisse und Fertigkeiten sowie der Praxiszeiten festgelegt. Durch die einheitliche und organisierte Ausbildung des Prüfpersonals wird eine Basis geschaffen, die einen den Vorschriften entsprechenden Prüfvorgang und objektive Interpretation von Prüfergebnissen ermöglichen soll.

Zusammenfassend kann man somit festhalten, daß bei der Ultraschallprüfung ferritischer Schweißnähte durch qualifiziertes Personal mit normaler Geräteausstattung in Werkstätten und auf Baustellen zur Zeit folgende Aussagen gemacht werden können:

In Schweißnähten vorhandene Fehler können mit größter Wahrscheinlichkeit nachgewiesen werden.

Die Lage der Fehlerstellen ist mit hoher Genauigkeit ermittelbar.

Die Bestimmung der Fehlerart ist unter Berücksichtigung aller angeführten Faktoren möglich.

Die Fehlergrößenangabe bei Ungänzen, die kleiner als der Schallbündeldurchmesser am Fehlerort sind, ist ungenau und kann bis zum mehrfachen der ermittelten Größe streuen.

Bei Fehlerstellen die größer als der Schallbündeldurchmesser sind, liegt die Meßgenauigkeit bei $\pm$ 2 mm.

Die Aussagen können bei zusätzlichem Geräteaufwand verbessert werden. Diesbezügliche Versuche sind im Gange.

Versuche an Druckbehältern

F. Salzmann

Die Technische Versuchs- und Forschungsanstalt bekam vom Betreiber eines kalorischen Kraftwerkes einen ausgetauschten Wärmetauscher zu Versuchszwecken zur Verfügung gestellt. Dieser Behälter wurde wegen ungünstiger Werkstoffwahl und wegen beschränkter Wiederholungsprüfbarkeit nach mehrjährigem Betrieb ausgebaut.

Nach den derzeit in Ausführung befindlichen Vorarbeiten - nämlich dem Entfernen der Tauscherrohre, der Entnahme eines Rohrschusses für die Werkstofferprobung, dem Abschließen des Rohrbodens durch eine eingeschweißte Dichtscheibe und dem Zusammenschweißen der Behälterhälften - geht es uns mit dem geplanten Prüfprogramm im wesentlichen darum, die Fehlerauffindung und Fehlerbewertung der zerstörungsfreien Prüfverfahren zu überprüfen und andererseits die mit Hilfe der Bruchmechanik ermittelten kritischen Fehlergrößen in einem Berstversuch zu bestätigen.

Unser Behälterprüfprogramm sieht also zunächst die vollständige Prüfung des Behälters mit allen gebräuchlichen zerstörungsfreien Prüfverfahren vor. Dabei bietet sich uns die Möglichkeit festzustellen, welche Schäden und Veränderungen gegenüber dem vollständig dokumentierten Ausgangszustand im mehrjährigen Betrieb aufgetreten sind. Zum Vergleich führen wir die Ultraschallprüfung sämtlicher Schweißnähte im Anlieferzustand nach der AVG-, ASME- und SULZER-Methode durch und wiederholen diese Prüfung nach dem Blechebenschleifen der mit Decklagen versehenen Schweißungen. Nach dem Berstversuch bestimmen wir an gewissen Fehlerstellen die "Wahre Fehlergröße" durch radiografische Darstellungen und durch schichtweises Abschleifen des Werkstoffes und optisches Ausmessen der Fehler.

Ein eindeutiger Zusammenhang zwischen Ultraschallbefund und der wahren Fehlergröße und Fehlergestalt wird im Zuge dieser Untersuchungen sicher nicht gefunden werden, aber vielleicht kommen wir in dieser, für den Anwender der Bruchmechanik eminent wichtigen Frage einige Schritte weiter.

Neben den schon erwähnten gebräuchlichen zerstörungsfreien Prüfverfahren (Ultraschall-, magnetische Riß-, Farbeindring- und Durchstrahlungsprüfung) werden wir in beschränktem Umfang auch die Wirbelstromprüfung und die Folien- bzw. Lackabzugverfahren einsetzen.

Die mechanische und bruchmechanische Erprobung des Grundwerkstoffes und der Schweißverbindungen ist jeweils durch Zug-, Kompaktzug-, Biege-, dauerangeschwungene Kerbschlagbiege- und Pelliniproben vorgesehen, die aus dem anfangs erwähnten Rohrschuß gefertigt werden.

Es ist anzunehmen, daß der vorliegende Behälter keine großen Fehler aufweist, so daß durch Einbringen künstlicher Risse - über deren Anzahl, Anordnung und Form noch nicht entschieden wurde - schon bei entsprechend niedrigem Druck der kritische Zustand erreicht wird.

Der Behälter stirbt also letztlich an einem instrumentierten Berstversuch, wo neben der Erfassung der den Behälter beanspruchenden Größen Druck, Temperatur (gedacht ist natürlich an eine niedrige Umgebungstemperatur) und Drucksteigerungsgeschwindigkeit auch Spannungs-Dehnungsmessungen sowie Fehlerbeobachtungen durch Schallemissionsanalyse, potentiostatische und Wirbelstrommessungen erfolgen werden.

Zusammenfassend kann von diesem ersten Behälterprogramm gesagt werden, daß es auf die Überprüfung der Aussagefähigkeit von zerstörungsfreien Prüfungen und der angewandten Bruchmechanik abzielt. Aus den Ergebnissen wird sich die Vorgangsweise für spätere Versuche herauskristallisieren, die sich durch in Aussicht gestellte weitere 2 Druckbehälter ankündigen.

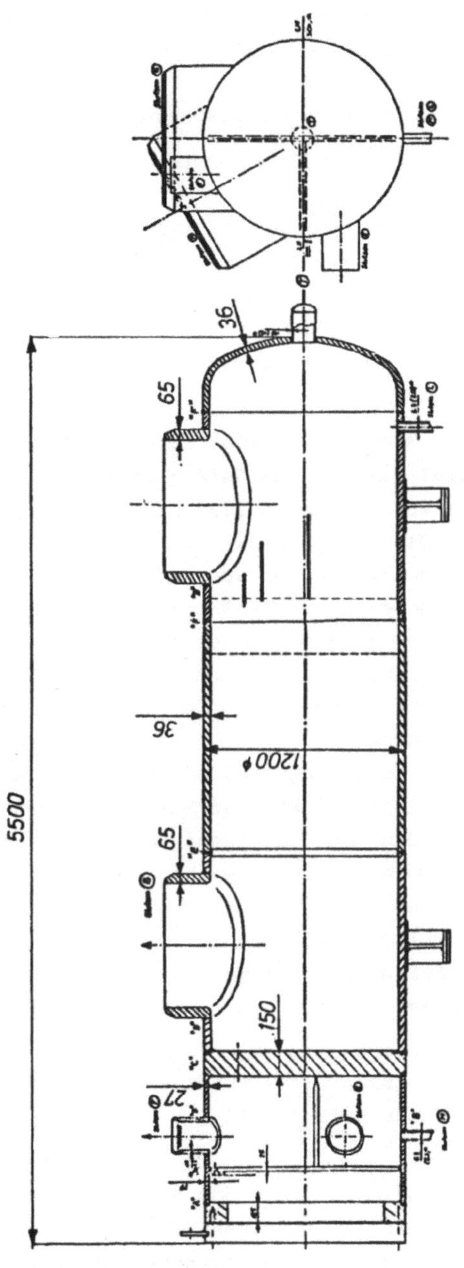

Zur Verzögerung des Ermüdungsrißwachstums durch Überbelastung

W. Allertshammer

Im Rahmen einer Diplomarbeit wurde an der TVFA der Einfluß von Überbelastungen auf das Ermüdungsrißwachstum untersucht. Als Versuchsmaterial diente ein normalisierter Feinkornbaustahl mit einer Bruchfestigkeit von σ_B = 570 N/mm^2. Es wurden dabei Kompaktzugproben nach ASTM - E 399 der Geometrie CT2 mit einer Breite von B = 49 mm verwendet.

Eine Überbelastung stellt bei nicht sprödem Werkstoffverhalten ein sicheres Mittel dar, um die Gefährlichkeit rißartiger Fehler zu vermindern. Dieses Paradoxon läßt sich durch verschiedene Effekte erklären, die an der Rißkante nach einer Überbelastung wirksam werden. Durch die hohen Spannungsspitzen an der Rißfront wird eine gewisse Zone vor der Rißkante plastisch gedehnt. Nach Entlastung wird diese gedehnte Zone durch das nur elastisch verformte Material der Umgebung umklammert, wodurch in eben dieser Zone, der sogenannten plastischen Zone, Druckspannungsfelder entstehen. Die aufgebrachte Betriebszugbelastung wird nun mit der vorhandenen Druckspannung superponiert, was zu einer wesentlichen Verminderung der effektiv wirksam werdenden Belastung führt. Weiters hat die hohe statische Belastung eine Ausrundung der Rißspitze zur Folge, die den wirksamen Kerbfaktor herabsetzt. Bei hohen plastischen Verformungen können sich hinter der Rißfront Mikrorißfelder ausbilden. Dies führt zu einer Verteilung des Spannungsintensitätsfaktors auf mehrere Rißkanten und hat daher ebenfalls eine Belastungsverminderung an der Rißfront zur Folge.

Das Aufbringen der Überbelastung erfolgte in der Art und Weise, daß dadurch das Abpressen eines Behälters oder druckführenden Teiles simuliert wurde, siehe Bild 1. Dies führt zu folgendem Versuchsablauf, vgl. Bild 2.

Bis 20 kN wird die Belastung mit dem Schnellantrieb hochgefahren und danach langsam mit 59 N/sek. auf die Überbelastungshöhe gesteigert. Nach 15 Minuten dehnungsgesteuertem Halten der Belastung

wird in gleicher Verfahrensweise wieder vollständig entlastet.
Danach bringt man eine konstante Schwinglast im Schwellbereich
mit einem Verhältnis von Unterlast zu Oberlast $F_u/F_o = 0,1$ auf,
wobei das Rißwachstumsverhalten aufgezeichnet wird.

Es zeigt sich dabei ein charakteristisches Verhalten, wie in
Bild 3. Nachdem das Rißwachstum nach Versuchsbeginn noch stark
einsetzt, vermindert es sich zusehends und durchläuft ein Minimum, um nach einiger Zeit wieder den ursprünglichen Wert anzunehmen, der ohne vorheriger Überbelastung feststellbar gewesen
wäre.

Gegenüber dem Rißwachstum ohne Überbelastung und gleicher Belastungshöhe ergibt sich damit ein Lebensdauergewinn ausgedrückt durch eine gewonnene Lastspielzahl N_{gew}. Diese variiert
je nach Annahme der Belastungshöhe stark. Um nun diesen Lebensdauergewinn in Abhängigkeit von der Belastungshöhe quantifizie-
ren zu können, habe ich nach einem allgemeinen Zusammenhang gesucht. Dieser fand sich in der Funktion $K_o \cdot \log N_{gew}$, siehe Bild 4.

K_o.....oberster im Schwingspiel erreichter Spannungsintensitäts-
      faktor

$\log N_{gew}$ dekadischer Logarithmus der gewonnenen Lastspielzahl,
      um die die Lebensdauer erhöht wird

Trägt man diese Funktion in Abhängigkeit von der zuvor gefahrenen
Überbelastung ein, so ergibt sich ein zusammenhängender stetiger
Kurvenverlauf. Diesen annähernd linearen Zusammenhang erhält man
trotz so unterschiedlicher Werte von Lastspielzahlen und Spannungs-
intensitäten.

Um diesen Zusammenhang für die Anwendung in der Praxis anschaulich
darzustellen, wurde die Funktion graphisch in ein Nomogramm,
Bild 5, aufgeschlüsselt. Auf der Abszisse wurde die Lastspiel-
zahl N_{gew} in logarithmischem Maßstab von $5 \cdot 10^4$ bis 10^7 Lastwechsel
aufgetragen, auf der Ordinate das zugehörige K_o in $Nmm^{-3/2}$ und als
Parameter dient die Überbelastung $K_{\ddot{u}}$. In den Versuchen wurden
Lastspielzahlen von $2 \cdot 10^5$ bis 10^6 gefahren. Zur Überprüfung der
Funktion bei hohen Lastspielzahlen im Bereich der Dauerfestigkeit
konnten einige Versuche herangezogen werden, in denen es zum
völligen Rißstopp gekommen war. Ihre Werte wurden bei 10^7 Lastwechsel eingetragen, wobei sie jeweils über der zugehörigen Kurve
liegen. Im Bereich der Dauerwechselfestigkeit scheint dieses Nomogramm also zu konservativen Ergebnissen führen.

Die Überbelastung ist dabei 2,5 bis 3,5 fach höher, als die nachfolgend ertragene Dauerfestigkeit. Die Wechselfestigkeit erhöht sich dabei um den Faktor 1,3 bei einer Überbelastung von $K_{\ddot{u}} = 750 \text{ Nmm}^{-3/2}$ bis 3,5 bei $K_{\ddot{u}} = 2900 \text{ Nmm}^{-3/2}$. Bei der Übertragung der Versuchsergebnisse in die Praxis muß darauf Bedacht genommen werden, daß die Belastung der Kompaktzugprobe durch exzentrischen Zug einen hohen Biegespannungsanteil enthält. Dies führt unter Umständen zu einer etwas anderen Ausbildung der plastischen Zone, als dies bei reinem Zug der Fall wäre. Dies müßte in geeigneten Untersuchungen nachgewiesen werden, dürfte allerdings zu keinen großen Abweichungen führen.

Literatur

Allertshammer, W.: Einfluß von Eigenspannungen auf das Ermüdungsrißwachstum. Diplomarbeit an der TU Wien, 1980.

- 4 -

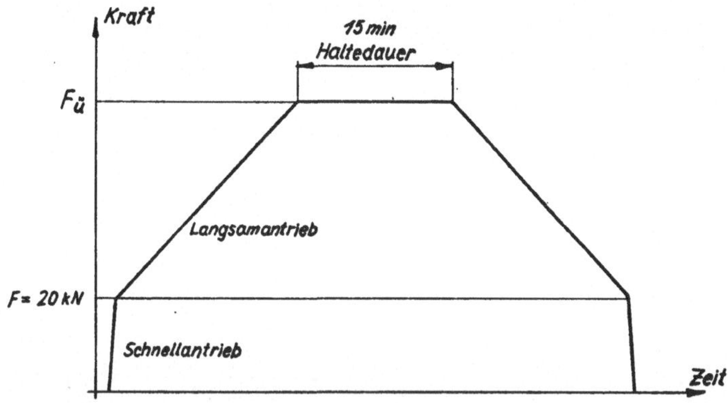

Bild 1 : Ablauf einer statischen Überbelastung.

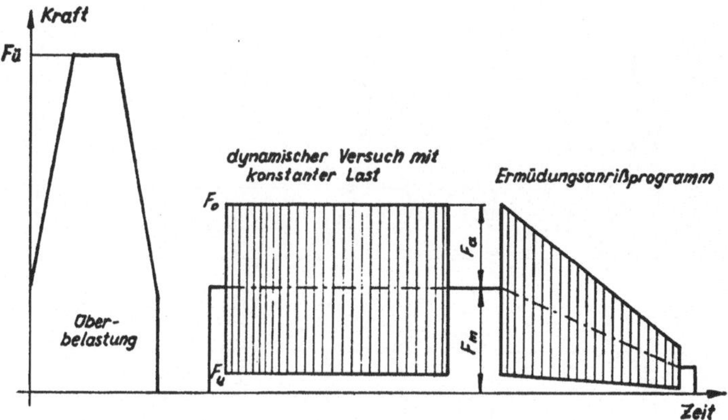

**Bild 2 : Ablauf eines Versuches der Serie Ib. Während des dynami-
schen Versuches wird die Last konstant gehalten.**

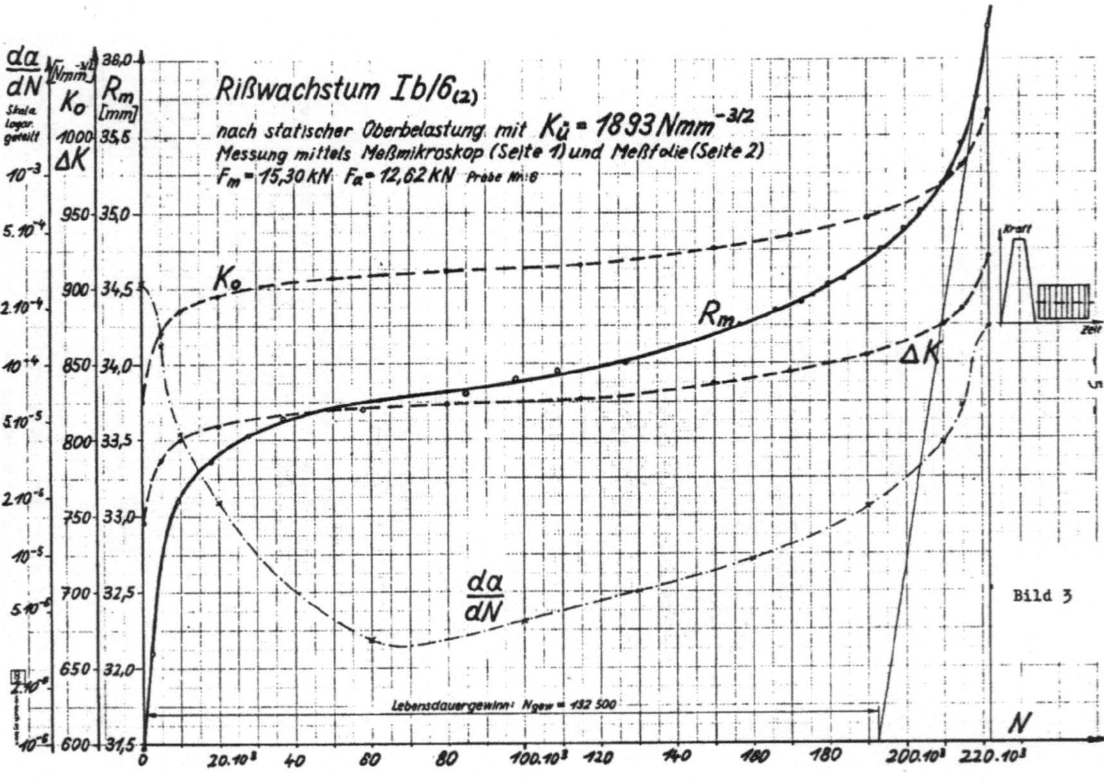

Rißwachstum Ib/6(2)
nach statischer Oberbelastung mit $K_ü = 1893\,Nmm^{-3/2}$
Messung mittels Meßmikroskop (Seite 1) und Meßfolie (Seite 2)
$F_m = 15,30\,kN$ $F_a = 12,62\,kN$ Probe Nr. 6
K_o
R_m
ΔK
$\frac{da}{dN}$
Kraft
Zeit
Lebensdauergewinn: $N_{gew} = 132\,500$
N
Bild 3
$\frac{da}{dN}\,[Nmm^{-3/2}]$
K_o
$R_m\,[mm]$
ΔK
Skala logar. geteilt

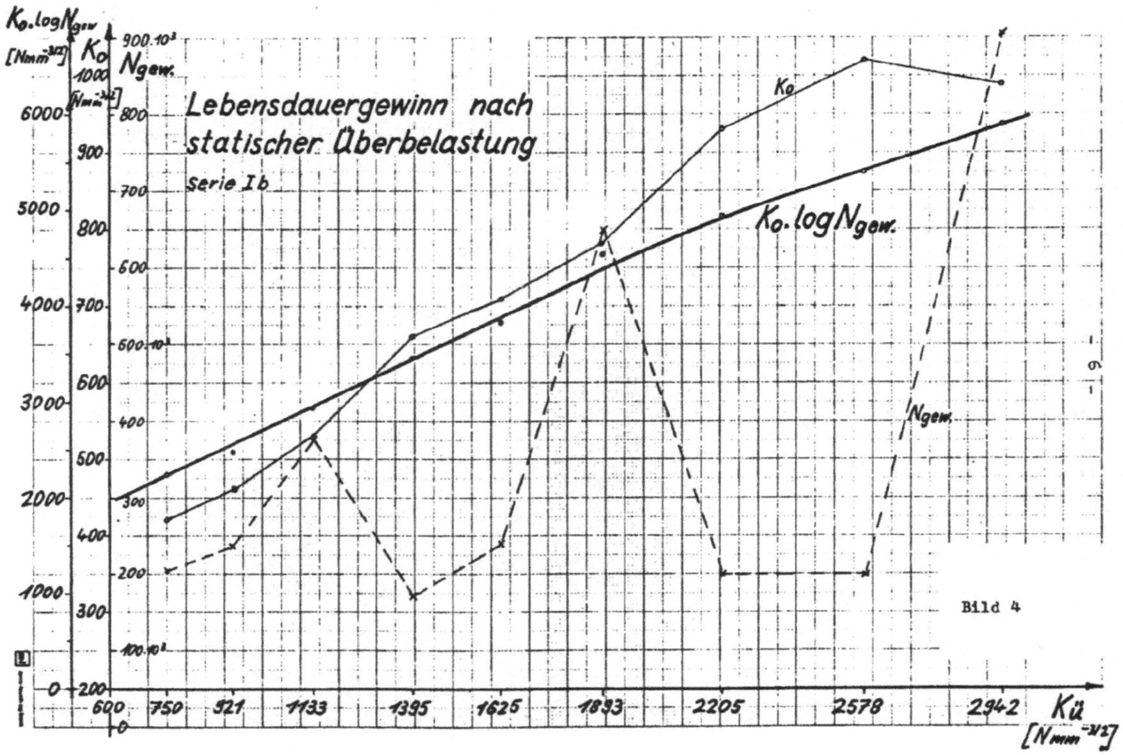

Ko·logNgew
[Nmm⁻³ᐟ²]
Ko
Ngew.
900·10³
1000
[Nmm⁻³ᐟ²]
800
700
800
600
500·10³
400
300
200
100·10³
Lebensdauergewinn nach
statischer Überbelastung
Serie Ib
Ko
Ko·logNgew.
Ngew.
6000
5000
4000
3000
2000
1000
0
900
800
700
600
500
400
300
200
Bild 4
600 750 921 1133 1395 1625 1893 2205 2578 2942
Kü
[Nmm⁻³ᐟ²]

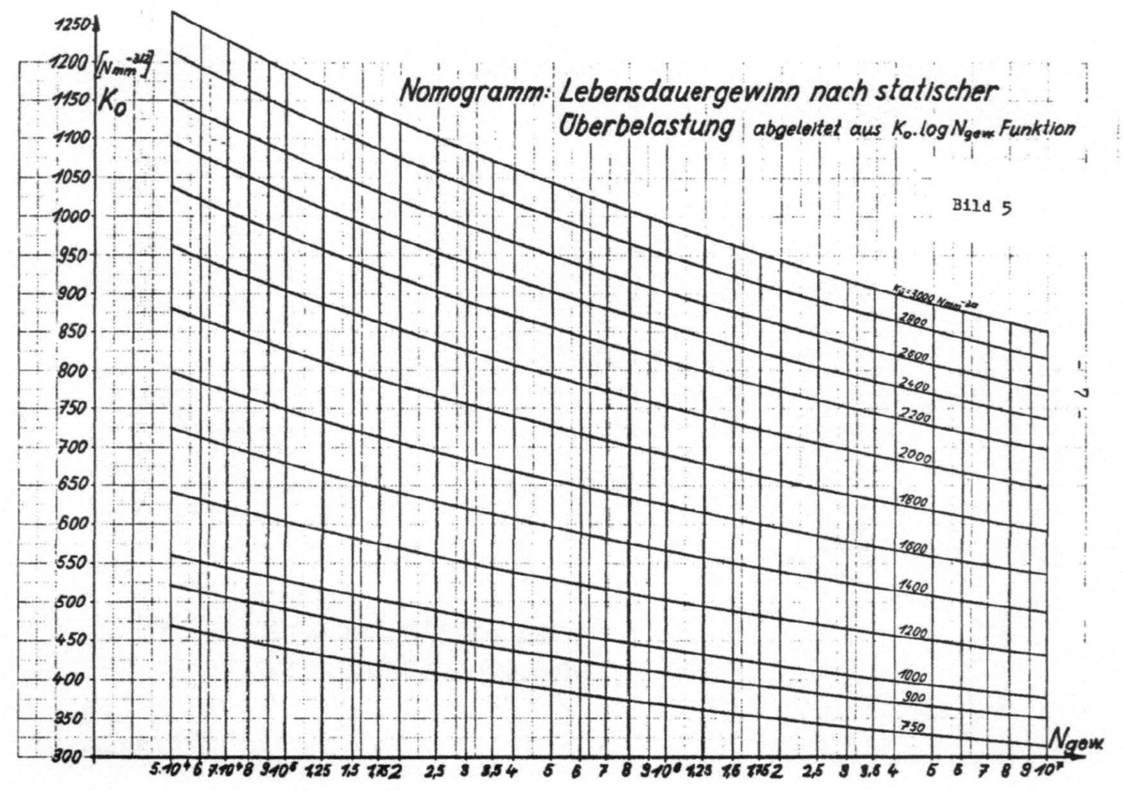

Nomogramm: Lebensdauergewinn nach statischer
Überbelastung abgeleitet aus $K_o \cdot \log N_{gew}$ Funktion
Bild 5
K_o
$[N mm^{-3/2}]$
K_o
N_{gew}
$K_u = 3000 \ N mm^{-3/2}$
2800
2600
2400
2200
2000
1800
1600
1400
1200
1000
900
750

Feststofftransport in Rohrleitungen

J. Schedelberger

1. Allgemeines

Der nach dem zweiten Weltkrieg rapid ansteigende Verbrauch an
flüssigen Kohlenwasserstoffen machte zum Zwecke des Transportes
und der Verteilung über große Entfernungen von mehreren hundert
Kilometern den Einsatz eines leistungsfähigen und zugleich wirtschaftlichen Transportmittels notwendig. Die herkömmlichen Trans-
portmittel, wie Kraftfahrzeug oder Eisenbahn, wurden überfordert.
Dabei erwies sich der Einsatz von Rohrleitungen, sogenannten
Pipelines, als wirtschaftlichste und zugleich zuverlässigste
und umweltfreundlichste Form des Transportes.

In den letzten zwei Jahrzehnten ist auch der Verbrauch von festen
Rohstoffen stark angestiegen, sodaß es nun nahe liegt, sich auch
hier für den Massentransport der Pipelines zu bedienen. Dabei
kommen bislang als Feststoffe in Pipelines im wesentlichen in Betracht

Kohle, Kupfer, Eisenerz und Kalkstein.

In letzter Zeit kommt aufgrund der geänderten Energiesituation
vor allem dem wirtschaftlichen Massentransport von Kohle über
größere Entfernungen eine große Bedeutung zu. Dieser Entwicklung
kann sich auch Österreich nicht entziehen. Daher wurden im Zusammenhang mit der Diskussion um den eventuellen Bau einer Kohlepipeline zwischen den großen Kohlelagerstätten im Raume Kattowitz
in Polen und Österreich auch am Institut für Wasserkraftmaschinen
und Pumpen Arbeiten in dieser Richtung aufgenommen.

Zur Darstellung der Problemkreise sei der Aufbau einer Kohlepipe-
lineanlage anhand des Bildes 1 kurz erörtert. Sie besteht im wesentlichen aus 3 Hauptkomponenten

1. Aufbereitung des Kohleschlammes am Beginn der Pipeline mit
   entsprechender Lagerhaltung
2. Eigentliche Pipeline mit der notwendigen Anzahl von Pumpstationen

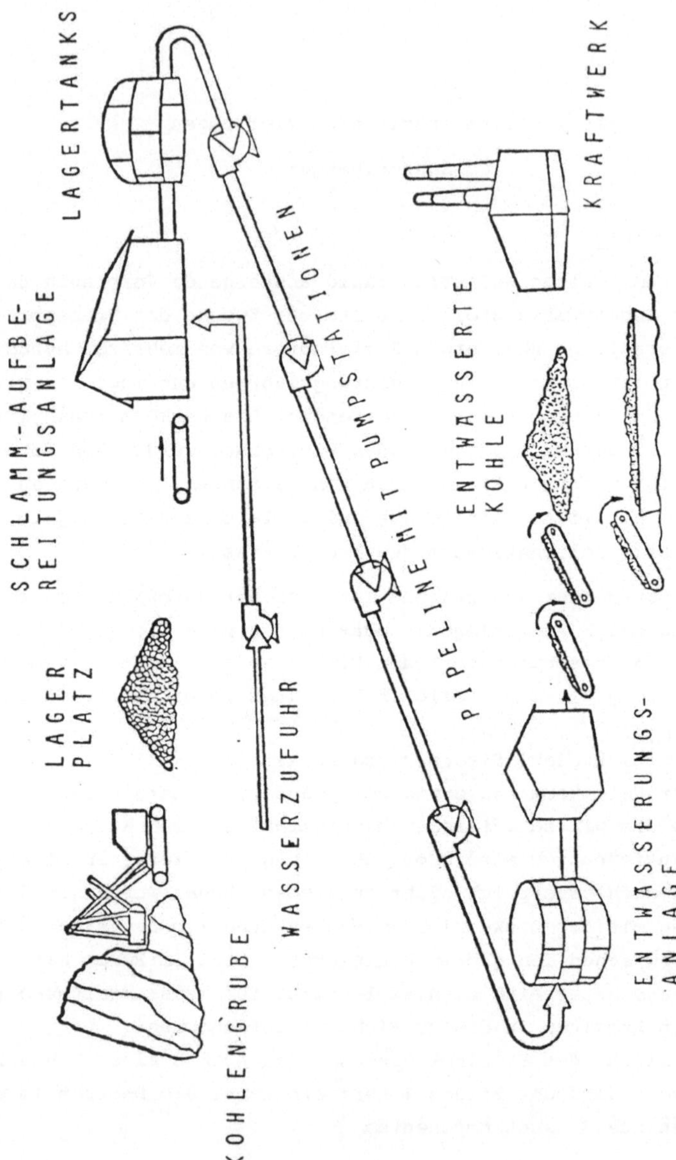

Bild 1: Aufbau einer Kohlepipeline

3. Entwässerung der Kohle am Ende der Pipeline mit entsprechenden Einrichtungen für die Lagerhaltung

ad 1: Bei der Aufbereitung wird die von der Kohlengrube in
größeren Stücken ankommende Kohle gemahlen und mit Wasser versetzt, sodaß ein für die Pipelineförderung geeigneter Kohle-
schlamm entsprechender Konzentration gewonnen wird.

ad 2: Der Abstand der einzelnen Pumpstationen ist von den Reibungsverlusten in der Rohrleitung abhängig und beträgt, wenn es
die geodätische Situation erlaubt, üblicherweise zwischen 70 und
100 km. Starke Kolbenpumpen mit Betriebsleistungen bis zu mehreren MW erzeugen den Arbeitsdruck zur Überwindung des Reibungs-
verlustes und der geodätischen Höhen. Die Rohre bestehen, wie
bei den meisten Pipelines, aus geschweißten Stahlrohren üblicher
Stahlqualitäten, wie sie auch bei Rohölpipelines verwendet werden, welche frostsicher in der Erde verlegt werden.

ad 3: Der Aufwand für die Entwässerung hängt sowohl in technischer als auch in finanzieller Hinsicht sehr stark von der vom
Verbraucher zugelassenen bzw. vorgeschriebenen maximalen End-
feuchte der Kohle ab.

2. Hydraulische Verhältnisse bei Zweiphasenströmung
Feststoff - Wassergemisch in einem Rohr

Folgende Fragen stehen bei der Erörterung des Feststofftransportes
in einer Pipeline im Vordergrund:
    a. die Frage der kritischen Strömungsgeschwindigkeit
    b. Druckverlust
    c. maximal mögliche dynamische Drucksteigerungen
       im instationären Betrieb
    d. Korrosion, Erosion, Abnützungsfragen, Lebensdauer.
In Bild 2 ist sowohl für Wasser als auch für ein Feststoff-
Wassergemisch der auf die Rohrleitungslänge L bezogene Druckverlust in Abhängigkeit der Strömungsgeschwindigkeit v dargestellt.

Für Wasser ist die rechnerische Bestimmung des Druckverlustes
in einer Rohrströmung hinlänglich bekannt. In doppeltlogarithmi-
scher Darstellung ergibt sich dabei für den Druckverlust weitgehend eine Gerade.

Für das Feststoff-Wasser-Gemisch kann man entsprechend der oberen
Linie in Bild 2 vier charakteristische Strömungsbereiche unter-

scheiden:

a) Quasi-homogene Strömung (im Bild ganz rechts):

   Die Feststoffteilchen sind über den gesamten Strömungsquer-
   schnitt gleichmäßig verteilt; die Konzentration der Feststoffteilchen ist in vertikaler Achse annähernd konstant; es besteht ein symmetrisches Strömungsprofil.

b) Heterogene Suspension:

   Die Konzentration nimmt nach unten hin zu;
   die auf die einzelnen Teilchen einwirkende Schwerkraft macht
   sich bemerkbar; die gröbere Feststoffphase setzt sich bei
   Stillstand der Leitung sehr schnell auf der Rohrsohle ab.

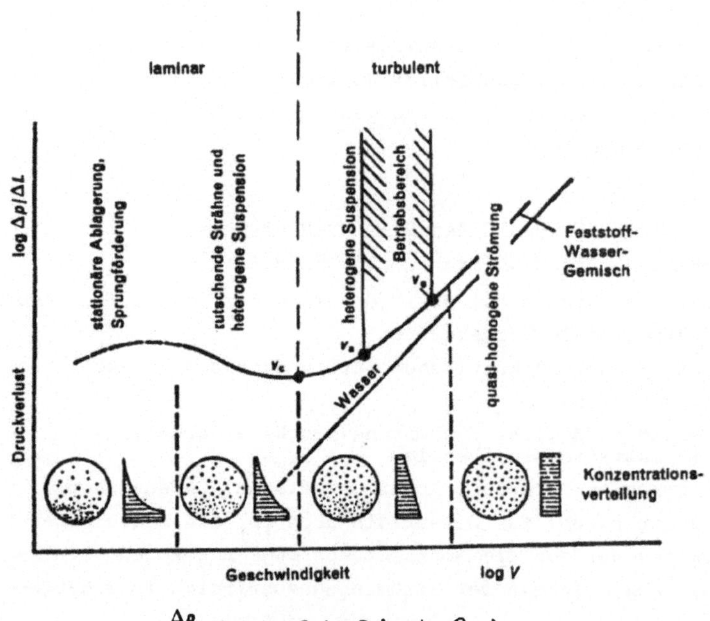

$$\frac{\Delta p}{\Delta L} = f(\varrho_F,\, \varrho_w,\, \eta,\, C,\, d,\, w,\, D,\, \delta,\, p_r,\, k,\, v,\, \Theta \ldots)$$

Bild 2: Charakteristische Strömungszustände
        bei Feststoff-Wassergemisch

c) Heterogene Suspension mit rutschenden Strähnen:
   Die Rohrsohle ist mit einer mehr oder minder starken Schicht
   von Feststoffteilchen bedeckt, die an der Rohrsohle dahin-
   gleitet; die Konzentration nimmt dementsprechend gegen die
   Sohle hin stark zu.

d) Die letzte Form des Feststofftransportes vor dem totalen Zu-
   sammenbruch der Strömung zufolge Stoppelbildung bildet die
   Sprungförderung, wobei es zu stationären Ablagerungen kommt,
   die soweit anwachsen, bis die oberen Partien in Form von
   Walzen bzw. einzelnen Schüben von der Wasserströmung mitge-
   rissen werden; die Konzentrationsverteilung ist dementsprechend
   extrem ausgebildet.

Welche dieser vier Strömungsformen vorliegt, hängt, wie in Bild 2
für die Abhängigkeit des Druckverlustes angeschrieben ist, von
sehr vielen Parametern ab. Der Strömungsmechanismus ist demnach
sehr kompliziert und einer geschlossenen mathematischen Behandlung nicht zugänglich.

Wie Bild 2 zeigt, bewirkt die Anwesenheit der Feststoffteilchen
gegenüber reinem Wasser einen zusätzlichen Druckverlust, der um
so ausgeprägter ist, je kleiner die Strömungsgeschwindigkeit ist.
Der Druckverlust erreicht bei abnehmender Strömungsgeschwindigkeit im Punkt v_c, der kritischen Geschwindigkeit, schließlich
einen Minimalwert, von wo aus er trotz abnehmender Geschwindigkeit wieder ansteigt.

Neben der kritischen Geschwindigkeit v_c ist auch die Geschwindigkeit v_a von wesentlicher Bedeutung. Sie ist nämlich definiert
als jene Geschwindigkeit, bei der sich einzelne Feststoffteilchen
am Boden vorübergehend abzusetzen beginnen und entlang der Rohrsohle mitgeschleift werden. Diese Geschwindigkeit v_a stellt beim
Betrieb einer Feststoffpipeline einen Grenzwert dar, der tun-
lichst nicht unterschritten werden sollte, um einen erhöhten Abrieb der Rohrleitung zu vermeiden.

Andererseits ist zu beachten, daß mit zunehmender Strömungsgeschwindigkeit die Reibung der Flüssigkeit und die Anzahl der
zufällig durch turbulente Strömung die Rohrwand treffenden Feststoffteilchen zunimmt und dadurch auch wieder größerer Abrieb
und vor allem höhere Druckverluste auftreten.

Ein wirtschaftlicher und sicherer Betrieb einer Feststoffpipeline ist demnach nur in einem relativ kleinen Bereich für die

Strömungsgeschwindigkeit möglich, um die heute angestrebte Lebensdauer der Pipeline von 25 bis 30 Jahren zu erreichen. Dieser Bereich liegt im Falle einer Kohlepipeline etwa zwischen 1,3 und 1,8 m/s.

3. Größenverteilung der Feststoffe und ihre Konzentration

Neben der Strömungsgeschwindigkeit sind die maximale Teilchengröße und ihr Verhältnis zur übrigen Kornverteilung wichtige Einflußgrößen auf den Strömungszustand.
Anzustreben ist eine abgestufte Mischung von der maximalen Teilchengröße bis zur Pulverform. Die folgende Tabelle zeigt eine Zusammenstellung der Dichte, maximalen Teilchengröße und durchschnittlichen Konzentration der derzeit in Pipelines vorwiegend transportierten Feststoffe.

	Dichte ϱ t/m3	maximale Teilchengr. mm	Durchschnittl. Konzentration % Gew.	% Vol.
Kohle	1,4	2,38	50	36
Kalkstein	2,7	0,20	70	26
Kupfer Konzentrat	4,3	0,21	55	13
Eisen Konzentrat	5,0	0,15	60	12

Tabelle 1. Physikalische Kenngrößen von
Feststoffen

4. Forschungstätigkeiten, Entwicklungstendenzen

Die derzeit am Institut für Wasserkraftmaschinen und Pumpen geplante Forschungstätigkeit umfaßt folgende Gebiete:

Genauere Erfassung der hydraulischen Strömungsvorgänge im Rohr, vor allem auch in schräger Lage, inclusive der Drucksteigerungen im instationären Betrieb. Entwicklung weiterer besserer Materialien für Formstücke, Armaturen und Pumpen, um die Erosionsschäden zu verringern und die Standzeit dieser Teile zu vergrößern.
Suche nach geeigneten anderen Trägerflüssigkeiten für den Feststofftransport, z.B. Methanol oder Heizöl.
Entwicklung neuer Pumpen bzw. Pumpensysteme.

Druckwellengeschwindigkeit und Dämpfung
des Wellenkopfes in Wasser-Luft-Gemischen

W. König

1. Einleitung

Neben der reinen Einphasenströmung gewinnt die Mehrphasenströmung
zunehmend an Bedeutung, so zum Beispiel beim Feststofftransport
in Rohrleitungen (Slurries). In vielen technischen Anwendungen
sind auch die Eigenschaften von Flüssigkeits-Gas-Gemischen von
Interesse. Neben der reinen Rohrströmung ist zusätzlich das Verhalten hydraulischer Maschinen Gegenstand von Untersuchungen.

In Rohrleitungen treten als Folge transienter Betriebszustände
Druckstöße auf. In Kraftwerksanlagen ist besonders darauf zu achten, daß bei schnellen Regelvorgängen oder Notabschlüssen unzu-
lässig hohe Drucksteigerungen oder -absenkungen vermieden werden.
Die mathematische Behandlung nach der elastischen Theorie führt
auf ein System partieller Differentialgleichungen:

$$\frac{\partial H}{\partial t} = -\frac{a^2}{g} \cdot \frac{\partial w}{\partial x}$$
$$\frac{\partial H}{\partial x} = -\frac{1}{g} \cdot \frac{\partial w}{\partial t} \tag{1}$$

Durch die allgemeine Lösungsform

$$\Delta H = f\left(t - \frac{x}{a}\right) + F\left(t + \frac{x}{a}\right)$$
$$\Delta w = -\frac{g}{a}\left[f\left(t - \frac{x}{a}\right) - F\left(t + \frac{x}{a}\right)\right] \tag{2}$$

wird der gesamte instationäre Vorgang als Superposition zweier
mit der Geschwindigkeit a in entgegengesetzter Richtung laufender
Störungen dargestellt. Beim plötzlichen Abschluß einer Rohrleitung ergibt sich daraus die bekannte Formel von Allievi:

$$\Delta H = \frac{a}{g} \cdot \Delta w \tag{3}$$

Die Größe der Druckänderung hängt neben der Geschwindigkeitsände-
rung auch von der Größe der Druckwellengeschwindigkeit a ab,

welche die physikalischen Eigenschaften des Fluids sowie Werkstoff, Geometrie und Lagerung der Rohrleitung repräsentiert.

$$\alpha = \sqrt{\frac{1}{\rho_W \left[\dfrac{1}{E_W} + \dfrac{D_R \cdot c}{E_R \cdot s_R}\right]}} \tag{4}$$

Für das Zweiphasengemisch Wasser-Luft kann ebenfalls eine Beziehung für die Druckwellengeschwindigkeit hergeleitet werden:

$$\frac{1}{a^2} = \frac{\alpha}{a_L^2}\left[1 + (1-\alpha)\left(\frac{\rho_W}{\rho_L} - 1\right)\right] + \frac{1-\alpha}{a_W^2}\left[1 + \alpha\left(\frac{\rho_L}{\rho_W} - 1\right)\right] \tag{5}$$

Weiters ist auch die Kenntnis der Dämpfung des Wellenkopfes zur Beurteilung der Druckstoßerscheinungen notwendig.

Um einen genaueren Einblick in die Verhältnisse, speziell unter Verwendung von Kunststoffrohren zu bekommen, wobei die Luftanteile α den in technischen Anlagen üblichen Werten entsprechen sollen ($0 \leqslant \alpha \leqslant 3 \div 4$ %), wurde am Institut für Wasserkraftmaschinen und Pumpen ein entsprechender Versuchsstand aufgebaut, welcher im <u>Bild 1</u> in einer Prinzipskizze dargestellt ist.

2. Aufgabenstellung

Für die Versuche wurden folgende Aufgaben formuliert:

a) Ermittlung des Einflusses der Strömungsgeschwindigkeit und des Luftanteils auf die Luftverteilung in der Meßleitung.

b) Bestimmung der Druckwellengeschwindigkeit als Funktion des Luftanteils und Vergleich mit der Theorie

c) Einfluß des Luftgehaltes auf die Dämpfung

d) Einfluß der Luftverteilung auf Druckwellengeschwindigkeit und Dämpfung

e) Einfluß von Luftgehalt und -verteilung auf den Druckverlust (Widerstandsbeiwert) in der Meßleitung

f) Verhalten der Kreiselpumpe bei Förderung eines Wasser-Luft-Gemisches

3. Meßverfahren

Die von den die Meßstrecke ($L/D \approx 130$) begrenzenden piezoresistiven Druckaufnehmern A und B kommenden Signale werden über Kalibrierverstärker einem Universalzähler zugeleitet, der als Zeitintervallmeßgerät die Laufzeit der Druckwelle bestimmt. Mit der bekannten Länge L der Meßstrecke ergibt sich damit die Druckwellengeschwindigkeit a.

Der Druckverlauf in A und B wird gleichzeitig mit Hilfe eines

Lichtstrahloszillographen aufgezeichnet. Der Schrieb dient einerseits zur Beurteilung der Dämpfungseigenschaften, zum Zweiten
kann, wie <u>Bild 2</u> veranschaulicht, auch die Druckwellengeschwindigkeit graphisch bestimmt werden. Als Zeitmaßstab wird dabei
eine Dreieckschwingung definierter Frequenz verwendet.

4. Erzeugung von Druckstößen

Die Druckstöße werden mit Hilfe einer Fallgewichtseinrichtung erzeugt, Fallhöhe und Masse können variiert werden. Um vergleich-
bare Ergebnisse zu erhalten, wird während einer Versuchsreihe die
eingeleitete Stoßenergie konstant gehalten.

5. Meßergebnisse

5.1 Kennfeld der Kreislaufpumpe

<u>Bild 3</u> zeigt den Einfluß des auf die Saugseite bezogenen Luft-
volumenanteils α_s auf die Förderdaten der Kreislaufpumpe, einer
zweistufig-einflutigen Radialpumpe.
Bei steigendem Luftgehalt nehmen Förderhöhe und Förderstrom ab.

5.2 Luftverteilung

Zur Ermittlung der Abhängigkeit der Luftverteilung von Strömungsgeschwindigkeit und Luftanteil, wird bei verschiedenen, während
der Versuche jeweils konstant gehaltenen Luftanteilen die Strömungsgeschwindigkeit variiert. Die Luftverteilung wird durch ein
Plexiglasrohr beobachtet und fotographiert. Zur Auswertung der
Strömungsbilder wird in <u>Bild 4</u> ein Verteilungsfaktor k definiert
und über der Strömungsgeschwindigkeit w aufgetragen. Es besteht
praktisch ein linearer Zusammenhang, wobei die Werte für verschiedene Luftgehalte in einem Bandbereich streuen, sodaß ein
Einfluß von "α" nicht angegeben werden kann.

5.3 Druckwellengeschwindigkeit

Die Druckwellengeschwindigkeit nimmt mit zunehmendem Luftgehalt
ab, und zwar wurde für den Bereich von $0 < \alpha < 0,3$ % je 0,1 %
Luftanteilsänderung eine Abnahme der Druckwellengeschwindigkeit
um durchschnittlich 19 % von a_o festgestellt. <u>Bild 5</u> zeigt den
theoretischen Verlauf sowie die Meßwerte bei unterschiedlicher
Luftverteilung. Es zeigt sich, daß eine gute Übereinstimmung von
Meß- und Rechenergebnissen festgestellt werden kann; ein Einfluß
der Luftverteilung ist nicht zu erkennen, da die Werte sowohl
bei gleichmäßiger ($k \approx 0,35$) als auch bei ungleichmäßiger Luft-

verteilung (k $\approx$ 0,75) in einem sehr engen Band um den theoretischen Verlauf streuen.

5.4 Dämpfung

Zur Untersuchung des Dämpfungsverhaltens wurde das Durchlaufen der Druckwelle am Beginn und Ende der Meßleitung mit einem Lichtstrahloszillographen aufgezeichnet. <u>Bild 6</u> zeigt einige typische Druckverläufe. Neben der zunehmenden Laufzeit der Druckwelle ist eine starke Verflachung und Dämpfung, vor allem der hochfrequenten Druckspitzen mit steigendem Luftanteil zu beobachten.

Zur quantitativen Erfassung muß zunächst die Dämpfung definiert werden; dazu gibt es verschiedene Möglichkeiten:

a) Vergleich korrespondierender Druckspitzen

b) Vergleich der Maxima der einhüllenden "Wellenberge"

c) Vergleich der maximalen Drücke auch bei nichtkorrespondierenden Spitzen.

Mit der Betrachtungsweise (c) wird als Dämpfungsmaß definiert:

$$D = \frac{\Delta p_A - \Delta p_B}{\Delta p_A} \qquad D_1 = \frac{D_0}{D_\alpha} \qquad (6)$$

Dies wird in <u>Bild 7</u> erläutert. <u>Bild 8</u> zeigt die Auswertung verschiedener Versuche. Es zeigt sich global eine stärkere Dämpfung mit steigendem Luftgehalt, man muß jedoch deutlich die Bereiche $0 < \alpha <$ ca. 0,5 % und $\alpha >$ ca. 0,5 % unterscheiden. Im Bereich kleiner α-Werte ist die Dämpfung bei gleichmäßiger oder annähernd gleichmäßiger Luftverteilung kleiner als bei $\alpha = 0$ %, bei ungleichmäßiger Luftverteilung jedoch größer. Im Bereich $\alpha >$ ca. 0,5 % ist die Dämpfung größer als als bei $\alpha = 0$ %, weiters tendiert gleichmäßige Luftverteilung zu größerer Dämpfung.

5.5 Widerstandszahl der Meßstrecke

Der Druckverlust Δp_M in der Meßstrecke wurde zwischen den Aufnehmern A und B bestimmt und auf den Staudruck bezogen. Wie man aus <u>Bild 9</u> erkennt, nimmt der Widerstand mit steigendem Luftgehalt zu; gleichmäßigere Luftverteilung schiebt die Kurve zu größeren Widerstandsbeiwerten.

6. Zusammenfassung

Zur Untersuchung von Luftverteilung, Druckwellengeschwindigkeit, Dämpfung von Druckstössen sowie Druckverlust in einer annähernd horizontalen Rohrleitung mit Zweiphasenströmung Wasser-Luft wurde im Hydrodynamischen Laboratorium des Instituts für Wasser-

kraftmaschinen und Pumpen ein Versuchskreislauf erstellt.
Luftgehalte bis ca 2 %, wie sie in technischen Anlagen häufig vorkommen, senken die Druckwellengeschwindigkeit in der Meßleitung
auf ca 1/5 und dämpfen etwa 55 % der Druckstoßamplitude weg; der
Druckverlust nimmt zu. Die Luftverteilung im Rohr, welche von der
Strömungsgeschwindigkeit abhängt, wirkt sich auf Dämpfungsverhalten und Widerstandsbeiwert aus, auf die Druckwellengeschwindigkeit hat sie keinen meßbaren Einfluß. Genauere Erkenntnisse über
das Dämpfungsverhalten, so z.B. auch im Zusammenhang mit anderen
Rohrwerkstoffen sollen in weiteren Versuchen gewonnen werden.

<u>Literatur</u>

/1/ Käfer,K.: "Beitrag zur Untersuchung des Einflusses von Wasser-
        Luft-Gemischen auf die Wirkungsweise von Pumpen und
        die Saug- und Druckrohrleitung" Dipl.Arb.,TUWien 1979.

/2/ König,W.: "Beitrag zur Untersuchung von Druckwellengeschwindig-
        keit und Dämpfung des Wellenkopfes in Abhängigkeit
        vom Luftgehalt des Wassers" Dipl.Arbeit,TU Wien 1979.

/3/ Kopp, H.: "Beitrag zur Untersuchung der Wiederentlüftefähigkeit
        von radialen Kreiselpumpen mit vertikaler Welle"
        Diss., Stuttgart 1971.

/4/ Böckh P.: "Ausbreitungsgeschwindigkeit einer Druckstörung und
        kritischer Durchfluß in Flüssigkeits-Gas-Gemischen"
        Diss., Karlsruhe 1975.

<u>Häufig verwendete Bezeichnungen:</u>

		Indices:
D .. Dämpfung		A,B .. an den Stellen A,B
D_1 .. Dämpfungsverhältnis		W .. Wasser
D_R .. Rohrleitungsdurchmesser		L .. Luft
E .. Elastizitätsmodul		R .. Rohr
H .. Druckhöhe		O .. beim Luftanteil O
a .. Druckwellengeschwindigkeit		α .. beim Luftanteil α
c .. Lagerungsfaktor		
g .. Erdbeschleunigung		
p .. Druck		
s .. Wanddicke		
t .. Zeit		
w .. Strömungsgeschwindigkeit		
x .. Ortskoordinate		
α .. Luftvolumenanteil		
ϱ .. Dichte		
Δ .. Differenz		

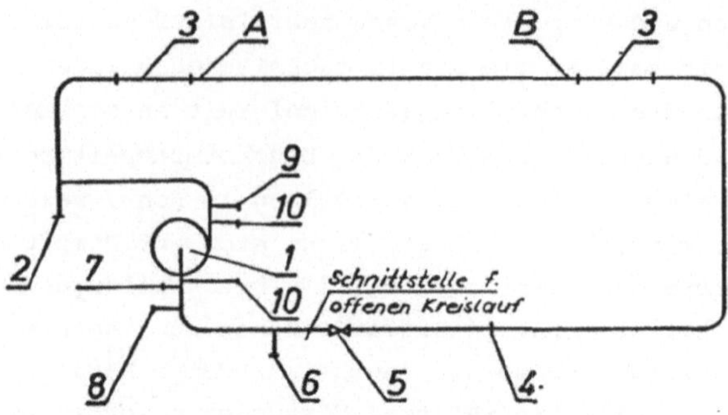

1.... Pumpe, angetrieben mit einem drehzahlgesteuerten
       Gleichstrommotor
2.... Einrichtung zur Druckstoßaufbringung
3.... Plexiglasrohrstück
A,B.. Anfang und Ende der Meßleitung (Druckaufnehmer)
4.... Meßblende und U- Rohrmanometer für
       Durchflußmessung (Geschwindigkeitsmessung)
5.... Kugelhahn zur Einstellung des Druckniveaus
6.... Vorrichtung zum Einsaugen der Luft in die Versuchs-
       leitung mit Luftmengenmessung (Normzähler für Gase)
7.... Quecksilberthermometer
8,9.. Zu- bzw. Ablauf mit Wassermengenzähler
1o... Feinmeßmanometer

Bild 1   Schema des Versuchsstandes

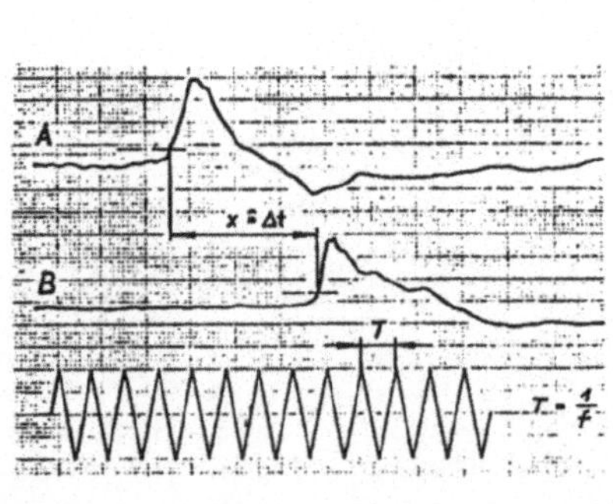

Bild 2   Laufzeit der Druckwelle

Bild 3   Kennfeld der Kreis-
         laufpumpe

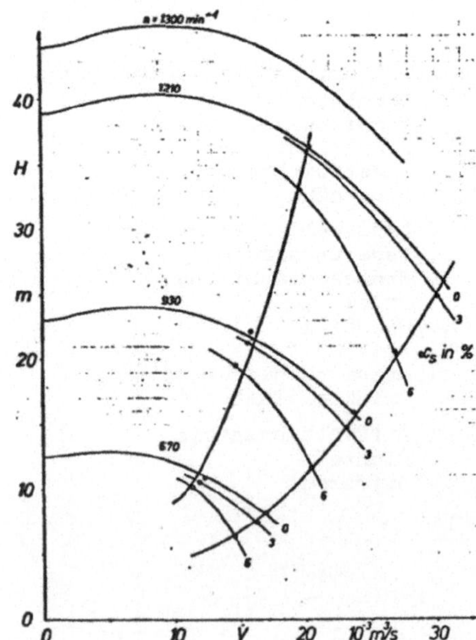

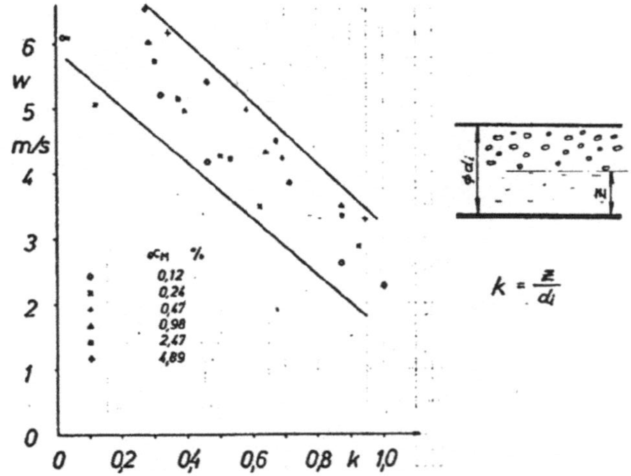

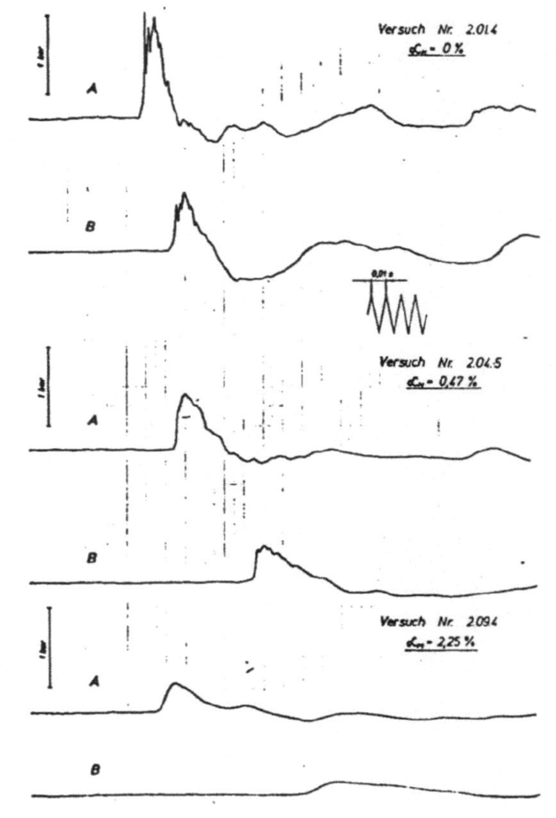

Bild 4   Luftverteilung im Rohr

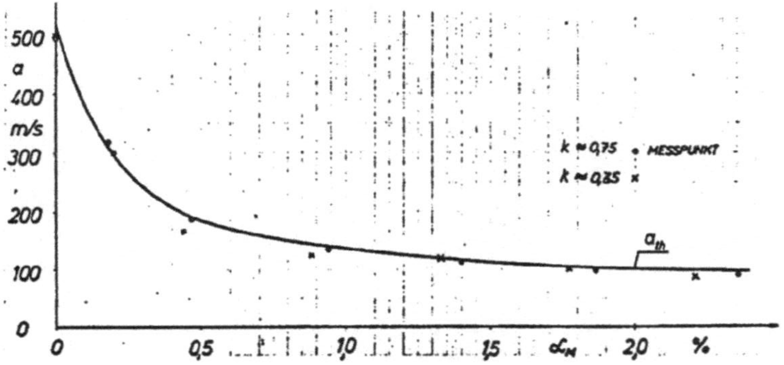

Bild 5   Druckwellengeschwindigkeit

Bild 6   Typischer Druckverlauf

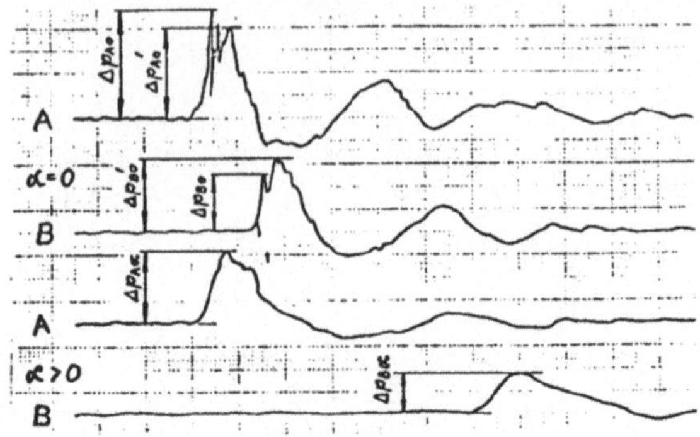

Bild 7   Zur Definition der Dämpfung

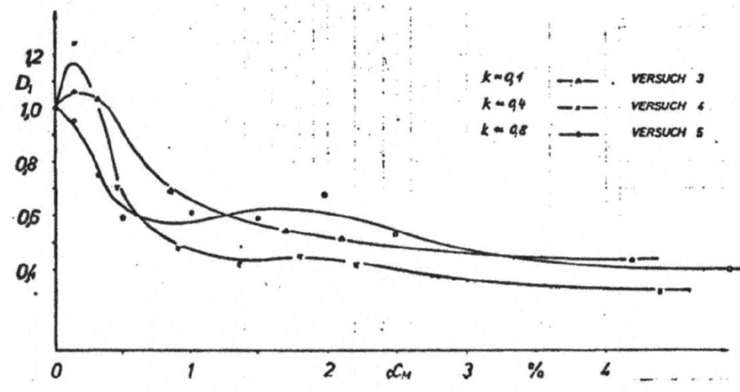

Bild 8   Dämpfung der Druckwelle

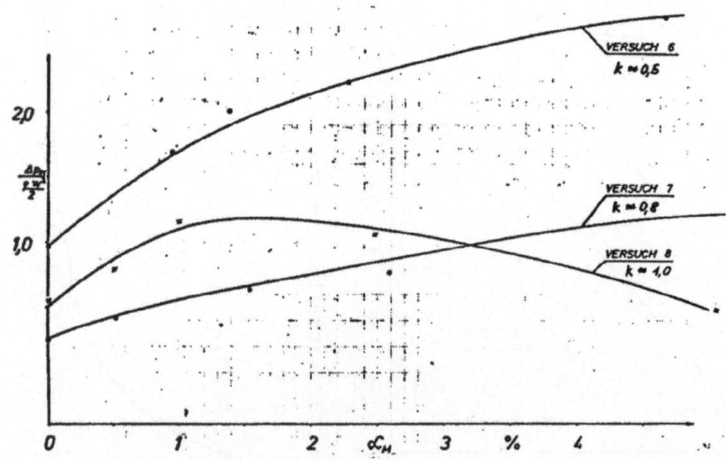

Bild 9   Druckverlust in der Meßstrecke

Luftversuchsstände im hydraulischen Laboratorium
des Institutes für Wasserkraftmaschinen und Pumpen

K. Käfer

1. Einleitung

Versuche mit Luft als Strömungsmedium an hydraulischen Anlagen
haben den Vorteil der einfacheren und daher billigeren Herstellung der Modelle gegenüber jenen Modellen, die mit Wasser betrieben werden. Die Modelle werden meist aus Kunststoff oder auch
Sperrholz hergestellt. Vielfach wird auch Plexiglas verwendet, um
die Strömung beobachten zu können. Die Sichtbarmachung der Strömung geschieht auf einfache Weise durch kurze Wollfäden, die an
das betreffende Objekt geklebt werden, oder durch Abtasten mittels Fadensonden. Die Strömungsmessung, speziell die Messung der
Geschwindigkeitsverteilung,gestaltet sich ebenfalls einfach. Als
Meßgeräte eignen sich schlanke Sonden (Prandtl-Staurohr, 3-Loch-,
5-Lochsonde) in Verbindung mit Betzmanometern, und für dynamische
Untersuchungen eignen sich Hitzdrahtsonden.

Bei den Luftversuchen ist allerdings, um annähernd gleiche Re-
Zahlen zu erreichen, eine höhere Strömungsgeschwindigkeit nötig.
Dies ist durch die größere Zähigkeit der Luft gegenüber Wasser
bedingt. Sie ist etwa 10 bis 15 mal (je nach Zustand der Luft)
höher als jene von Wasser. Die Re-Zahl der Anlage ist um ca das
10-fache größer als jene des Modells, bei einem üblichen Größen-
maßstab von ca. 1:10.

Bei Verhältnissen, wo in der Anlage das Strömungsmedium seinen
Aggregatzustand ändert (Kavitation), sind Luftversuche nur bedingt anzuwenden. Man kann im Luftversuch, durch Messen des statischen Druckes an kritischen Stellen, auf Kavitation in der Anlage schließen.

Die Forschung auf dem Gebiet der Luftversuche im Laboratorium für
Wasserkraftmaschinen und Pumpen kann man wie folgt unterteilen:

  a) Untersuchungen an Formteilen und Saugkrümmern

b) Untersuchungen an Spiralen von Strömungsmaschinen

c) Ein Problem, welches zwar nicht direkt die hydraulischen
   Maschinen betrifft, aber trotzdem damit verbunden ist,
   ist das Absaugproblem bei Schweißungen. Bei Reparatur-
   Schweißungen in den Anlagen ist es oft nötig, bei beengtem
   Raum und in extremer Lage, Schweißarbeiten durchzuführen.
   Dabei ist eine sinnvolle Absaugung, um vor allem bei Arbei-
   ten in Kernkraftwerken der Forderung nach größtmöglicher
   Sauberkeit zu entsprechen, von großer Bedeutung. Aus diesen
   Gründen wurde im Labor eine Versuchsanlage aufgebaut, um
   grundlegende Erkenntnisse zu gewinnen.

Die nachfolgenden Kapitel bringen eine Aufzählung der vorhandenen
Versuchsanlagen.

2. Beschreibung der einzelnen Versuchsstände

Bild 1 zeigt die räumliche Anordnung der Luftversuchsstände

       Stand 1   Großgebläse
       Stand 2   Kleingebläse
       Stand 3   Sondergebläse

2.1 Großgebläse

Die Hauptdaten dieser Anlage sind:

$$Q_N = 2{,}78 \ m^3/s \quad (10000 \ m^3/h)$$
$$h_N = 5000 \ Pa$$
$$n = 1465 \ U/min$$
$$P = 22 \ kW \ (30 \ PS)$$

Bild 2 zeigt die Drosselkurve.

An der Druckseite des Gebläses ist Platz für eine bis 11 m lange
Meßstrecke, um auch bei großer Nennweite und Durchflußmessung
mit Normalblenden genügend lange Einlauflängen anordnen zu können.
Für Modelldurchmesser von 250 ÷ 500 mm kann man mit diesem Gebläse
eine Luftgeschwindigkeit zwischen 28 ÷ 84 bzw. 7 ÷ 21 m/s erreichen. Dies entspricht, bei gleicher Re-Zahl, einer Wasserge-
schwindigkeit von ca 0,8 ÷ 7 m/s.

Dieses Gebläse eignet sich daher bestens für:
    Messen des Durchflußwiderstandes von Krümmern,
    Rohrleitungen jeder Querschnittsform sowie
    Armaturen aller Art.
    Untersuchungen der Druck- und Geschwindigkeitsverteilung
    in Strömungsmaschinen und Formstücken.

2.2 Kleingebläse

Die Hauptdaten sind:

$$Q_N = 0,8 \ m^3/s$$
$$h_N = 1200 \ Pa$$
$$n = 3800 \ U/min$$
$$P = 1,3 \ kW$$

Dieses Gebläse ist für den Versuchsstand "Schweißplatzabsaugung" eingesetzt.

Das Bild 3 zeigt den Aufbau des Versuchsstandes.

Ziel der Untersuchungen auf diesem Stand ist, ob über die Geschwindigkeitsverteilung am Schweißplatz ein Maß für einwandfreie Absaugung der Schweißschwaden anzugeben ist.
Weiters ist bei Absaugung nach oben (Schirm) zu untersuchen, ob über die Schirmgröße und dem Abstand des Schirmes zur Schweißraupe ein Maß für ausreichende Absaugung zu finden ist.

Die Untersuchungen zielen darauf hin, einwandfreie Absaugung mit einem Minimum an Gebläseleistung zu erreichen.

Die erforderlichen Meßdaten werden wie folgt ermittelt:

Fördermenge: mit Normblende
Geschwindigkeitsverteilung am Schweißtisch: mit Hitzdraht-
     anemometern (nach CTA-Methode)
die Absaugverhältnisse werden mit künstlichem Nebel sichtbar
          gemacht,
die Mengenregelung geschieht durch Bypass und Drosselregelung.

2.3 Sondergebläse

Dieser Stand dient für Spiraluntersuchungen.
Die Hauptdaten des Gebläses sind:

$$Q_N = 0,33 \ m^3/s$$
$$h_N = 1900 \ Pa$$
$$P = 1,8 \ kW$$

Die erforderlichen Meßwerte werden folgenderweise ermittelt:

Durchflußmenge: mit Normblenden und Mikromanometern (Betzmanometer)

Druck: mit U-Rohrmanometer

Temperatur: mit Thermistoren

Drehzahl: magnetisch induktiv
     der Antrieb erfolgt über Keilriemenscheibe
     durch Wechseln der Riemenscheibe können unterschied-
     liche Drehzahlen realisiert werden

Drehmoment: Pendelrahmen mit Präzisionswaage
               die Kippachse des Waagbalkens ist so ausgelegt,
               daß alle Reibungskräfte Innere Kräfte sind
               also an der Waage das induzierte Moment
               (Leistung) angezeigt wird

Geschwindigkeits-
verteilung: in Spirale und am Laufradaustritt mit Hitz-
               drahtanemometern (nach CTA-Methode)

Als Ergebnisse kann man Unterschiede zur Innen- und Außenspirale angeben.

Die Innenspirale besitzt konstanten Aussendurchmesser, die Querschnittsvergrößerung erfolgt in axialer Richtung. Bei der Außenspirale (mit konstanter Breite) nimmt der Querschnitt mit dem Radius zu.

Bild 4 zeigt eine Prinzipskizze von Außen- und Innenspirale.

Ein Vergleich der Drosselkurven (Bild 5) und der der Wirkungsgrade (Bild 6) zeigt, daß die Innenspirale im Teillastbereich etwas bessere Werte liefert und im Überlastbereich die Außenspirale günstigere Ergebnisse liefert.

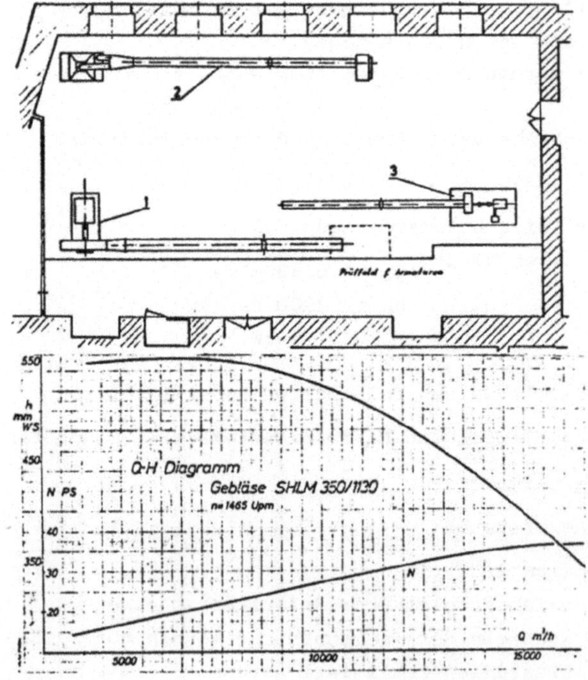

Bild 1

Räumliche Anordnung der Versuchsstände

Bild 2

Drosselkurve des Großgebläses

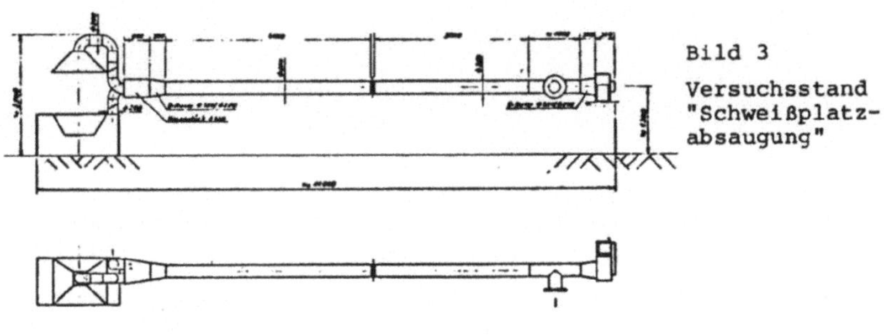

Bild 3

Versuchsstand "Schweißplatz-absaugung"

Bild 4

Prinzipskizze von Außen- und Innenspirale

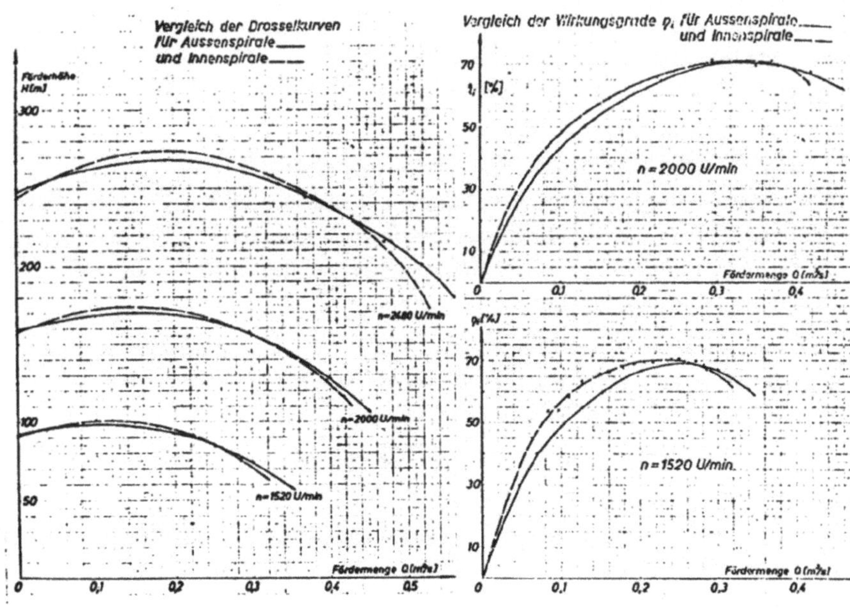

Bild 5   Drosselkurven   **Bild 6   Wirkungsgrade**

Überlegungen zum Aufbau eines hydraulischen Versuchsstandes
für Modelle von Francis-, Kaplan- und Pumpturbinen und Kreiselpumpen im hydrodynamischen Labor des Instituts für Wasserkraftmaschinen und Pumpen

E. Litschauer

1. Allgemeines

Im Zuge der Neugestaltung des Hydrodynamischen Labors sind neben
dem bereits aufgebauten Demonstrationsmodell einer Peltonturbine
der Bau eines Hochdruckversuchsstands für Freistrahlturbinen,
sowie ein Niederdruckversuchsstand zum Testen von Francis- und
Kaplanturbinenmodellen vorgesehen. Letzterer kann ebeno für Kreiselpumpen und Pumpturbinen eingesetzt werden. Neben der Auslegung,
der strömungstechnischen und der meßtechnischen Gestaltung, ist
es erforderlich, die nötigen theoretischen Grundlagen für einen,
dem derzeitigen Stand der Technik entsprechenden Versuchsbetrieb
auszuarbeiten und zusammenzustellen.

2. Einsatzmöglichkeiten des Versuchsstandes

Die Entwicklung einer hydraulischen Strömungsmaschine im Modellversuch kann zu Verbesserungen bezüglich der Leistungsumsetzung
durch geringfügige Änderung sämtlicher an der Ausbildung der
Strömung beteiligten Bauteile führen.

- Der Abnahmeversuch am Modell kann über das gesamte Kennfeld
  der Wasserkraftmaschine mit geringem Aufwand gegenüber dem
  Anlagenversuch durchgeführt werden.

- Kavitationsbeobachtungen und -messungen können auch an sonst
  unzugänglichen Stellen erfolgen.

- Die Durchführung von Serienversuchen verschiedener Maschinen
  bei verschiedenen Betriebsbedingungen kann nur im Modellversuch erfolgen.

- Der gegenständige Versuchsstand bietet überdies die Möglich-

keit, dem Studierenden das Verhalten von Strömungsmaschinen
am Modell demonstrieren zu können.

3. Mindesterfordernisse für Modellversuche

Die in der Ähnlichkeitstheorie zu Grunde gelegten Voraussetzungen
können in der praktischen Durchführung nicht immer exakt erfüllt
werden. Um zuverlässige Ergebnisse aus dem Modellversuch zu erhalten, sind verschiedene Grenzen einzuhalten. Aus dem Verlauf
der hydraulischen Verluste in Abhängigkeit von der Reynoldszahl
kann eine kritische Reynoldszahl gefunden werden, unterhalb
der sich das Verhalten der Modellmaschinen nur mit großer Unsicherheit auf die Anlage übertragen läßt. Daraus erhält man für
ein vorliegendes Modell die einzuhaltende Mindestfallhöhe, oder
umgekehrt, bei vorgegebener Fallhöhe den Mindestdurchmesser des
Modellaufrades.

4. Beurteilung der Leistungsfähigkeit von Modellversuchsständen

Da im Hydrodynamischen Labor zum Antrieb der Kreislaufversorgungspumpen nur eine Netzleistung von ca. 80 kW zur Verfügung steht
und die Baugröße durch die Räumlichkeiten des Labors und durch
die Einfügung des Niederdruckversuchsstandes in die Gesamtplanung
eingeschränkt ist, stellt sich die Frage nach der Beurteilung des
Projekts hinsichtlich seiner Leistungsfähigkeit. Als Kriterium
soll erarbeitet werden, welche obere Leistungsgrenze für sämtliche Versuchsarbeiten ausreicht. Durch die Vielzahl der möglichen
veränderlichen Größen, die das Verhalten einer Strömungsmaschine
beschreiben, ist diese Aufgabe nur unter verschiedenen Annahmen
lösbar:

Das dafür erstellte Konzept sieht folgendes vor:

- Aus Übersichtsdiagrammen über die Einsatzgrenzen extremer
  Förderwerte für die verschiedenen Turbinenarten werden die
  Daten ausgeführter Anlagen ermittelt.

- Unter Berücksichtigung aller bisher bekannten Einschränkungen
  für Modellversuche erfolgt die Umrechnung dieser Werte auf
  die Daten einer Modellmaschine bekannten Laufraddurchmessers.

- Die Förderwerte der Modellturbine bekannten Durchmessers
  werden im Q, H-Diagramm (Q=Durchflußmenge, H=Förder- bzw.
  Fallhöhe) eingetragen. Diese Kurvenzüge bilden die Grund-

lage für die Auslegung der Kreislaufversorgungspumpen.

Untersuchungen über die Einsatzmöglichkeiten eines bereits vorhandenen Modells einer Francisturbine mit einem Laufraddurchmesser von 200 mm ergaben, daß der gesamte Bereich des Kennfelds unter günstigen Versuchsbedingungen ausreichend genau gemessen werden kann.

5. Prinzipieller Aufbau des Versuchsstandes

Der Versuchsbetrieb wird im geschlossenen Kreislauf geführt (siehe Abb.). Die beiden Kreislaufversorgungspumpen werden von drehzahlregelbaren Gleichstrommotoren angetrieben und saugen aus einem Zulaufbehälter an. Sie können wahlweise in Serie oder parallel geschaltet werden. Pumpendruckseitig gelangt das Wasser in einen Druckbehälter.

Die Druckseite der Turbine wird als Meßstrecke für Durchfluß, Fallhöhe und Wassertemperatur ausgelegt. Der Generator (bzw. Motor) muß über alle vier Quadranten seines Kennfelds eingesetzt werden können, um Modelle neben dem Turbinenbetrieb auch im Pumpbetrieb zu testen. Der Turbinensaugkrümmer wird so ausgebildet, daß Kavitations- und Strömungsbeobachtungen durchgeführt werden können.

Der Unterwasserbehälter ermöglicht durch Einblasen von Druckluft bzw. durch Absaugen von Luft mittels einer Vakuumpumpe die Regulierung des turbinehesaugseitigen Drucks. Vom Unterwasserbehälter gelangt das Wasser über eine Umschaltvorrichtung wahlweise in ein Eichbecken oder in ein Zulaufbecken für die Kreislaufversorgungspumpen, welches mit einem Vorratsbecken in Verbindung steht.

Zur Durchführung dynamischer Versuche wird ein Betätigungsmechanismus eingerichtet, welcher das Öffnen und Schließen des Leitapparats nach bestimmten, wählbaren Zeitverläufen gestattet.

6. Meßwerterfassung, Meßwertverarbeitung und Versuchsauswertung

Ein rationeller und zielorientierter Versuchsbetrieb verlangt eine rasche, möglichst von subjektiven Fehlern freie Meßwerterfassung und -verarbeitung, um innerhalb kürzester Zeit neue Steuerbefehle für die Einstellung des Betriebszustandes der Modellversuchsanlage berechnen zu können. Zur Gestaltung eines solchen Meßsystems müssen alle Meßgrößen, so sie nicht bereits

als proportionales elektrisches Signal vorliegen, in ein solches umgewandelt werden. Durch die sinnvolle Auswahl der Meßmit-
tel und die Bemühungen den vorhandenen Kleinrechnern für die
Meßwerterfassung und -verarbeitung einzusetzen, wir im Hydrodynamischen Labor ein rechnergestützter Versuchsbetrieb angestrebt.

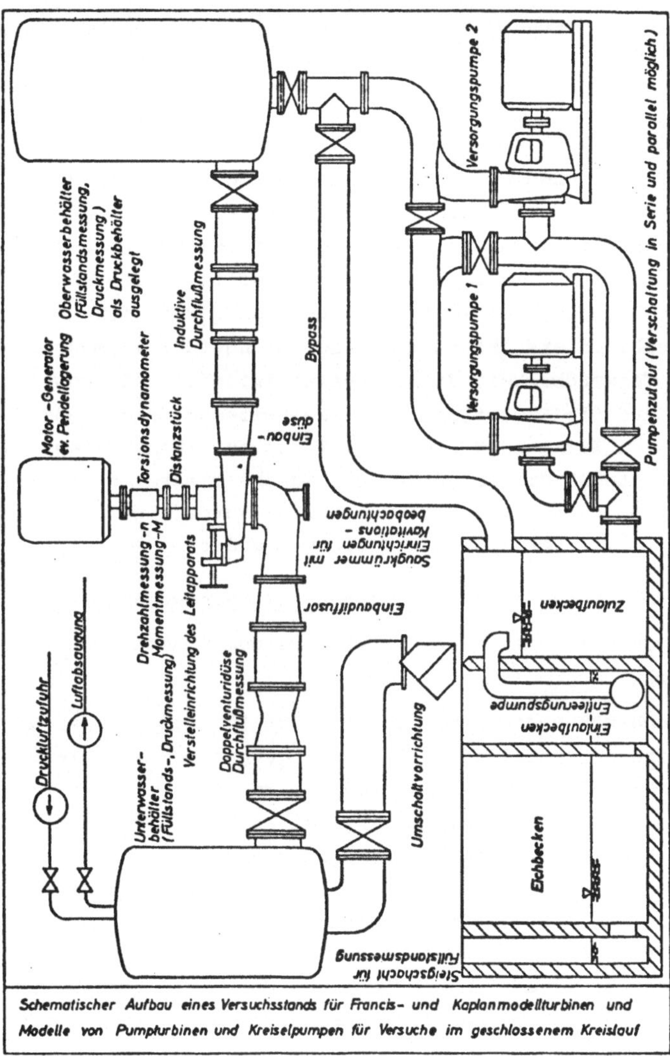

*Schematischer Aufbau eines Versuchsstands für Francis- und Kaplanmodellturbinen und
Modelle von Pumpturbinen und Kreiselpumpen für Versuche im geschlossenem Kreislauf*

Entwicklung einer Kleinturbinen-Peltonanlage

G. Fasching

1. Einleitung

An der Technischen Universität Wien wurde im Rahmen der Diplomarbeit "Entwicklung einer Kleinturbinen-Peltonanlage" am Institut
für Wasserkraftmaschinen und Pumpen ein Peltonturbinenversuchs-
stand aufgebaut. Die Diplomarbeit beschäftigt sich mit dem Aufbau
der Gesamtanlage, der Meßtechnik und den Meßeinrichtungen dieses
Modellturbinenversuchsstandes. Die durchgeführten Messungen zeigen die Verwendbarkeit dieses Versuchsstandes auf, wobei großes
Gewicht auf die Ermittlung des Gesamtwirkungsgrades und des hydraulischen Wirkungsgrades einer Versuchsturbine gelegt wird. Den
Abschluß stellt die Ableitung des Muscheldiagrammes einer Klein-
peltonturbine dar. Als Versuchsturbine wurde eine eindüsige Peltonturbine mit horizontaler Welle verwendet.

2. Beschreibung der Kleinturbinen-Peltonversuchsanlage

Die aufgebaute Versuchsanlage ist aus dem Schema in Bild 1 ersichtlich.

Eine Hochdruck-Radialpumpe fördert den für den Betrieb der Peltonturbine erforderlichen Beaufschlagungsstrom aus einem Unterwasserbecken durch eine Druckrohrleitung in einen Windkessel. Am
Druckstutzen der Kreiselpumpe zweigt eine Bypassleitung ab. Die
Regulierung der Förderhöhe und Fördermenge ist durch stufenlose
Verstellung der Motordrehzahl oder durch Öffnen einer Bypass-
klappe und Ableitung eines Teiles des Förderstromes möglich. Als
Notsicherheitseinrichtung ist vor dem Windkessel ein hydraulisch
betätigter Kugelhahn angeordnet, der bei einer Störung des Gene-
rators geöffnet wird und den Wasserstrom durch eine Bypassleitung
in das Unterwasserbecken zurückleitet. Vom Windkessel wird das
Betriebswasser über eine Druckrohrleitung zur Versuchsturbine
geleitet. Durch einen Rücklaufkanal gelangt das Wasser wieder in
das Unterwasserbecken. Die von einer Gleichstrommaschine erzeugte

elektrische Energie wird, über einen Transformator gewandelt, direkt in das elektrische Netz eingespeist. Ebenso erhält die Gleichstrommaschine die für Motorbetrieb benötigte Leistung direkt vom elektrischen Netz.

3. Meßwerterfassung und Meßinstrumente

Um den Wirkungsgrad einer Kleinturbine berechnen zu können, ist es unbedingt notwendig, die der Turbine zugeführte Energie und die an der Turbinenwelle abgegebene Leistung zu ermitteln. Die zugeführte Leistung P_{zu} ergibt sich aus der Messung des Beaufschlagungsstromes $\dot{V}$ und der Fallhöhe H.

$$P_{zu} = \rho \cdot g \cdot H \cdot \dot{V} \qquad \text{in kW}$$

Die abgegebene Leistung P_{ab} ergibt sich aus dem Drehmoment M_d und der Drehzahl n der Turbinen-Generatorwelle.

$$P_{ab} = M_d \cdot \omega = M_d \cdot n \cdot \pi/30 \quad \text{in kW}$$

Es werden einfache Meßeinrichtungen eingesetzt, die sich sehr gut zur Überprüfung der Betriebsverhältnisse eignen.

Für die Messung der Durchflußmenge $\dot{V}$ der Druckrohrleitung wird ein Drosselgerät - im vorliegenden Fall eine Meßdüse - verwendet. Auf einem Zweischenkelmanometer erfolgt die Anzeige des vorhandenen Druckhöhenunterschiedes Δp, der proportional der Durchflußmenge $\dot{V}$ ist.

Die Fallhöhe H wird mit einem Feinmessungsmanometer der Genauigkeitsklasse 0,6 gemessen.

Die Messung des Drehmomentes M_d erfolgt mit einer Drehmomentmeßwelle, die zwischen Turbine und Generator gekuppelt ist. Auf einem Trägerfrequenz-Meßverstärker wird ein dem Drehmoment proportionales elektrisches Signal angezeigt. Das Drehmoment wird von einem Schreibgerät aufgezeichnet, damit man das dynamische Verhalten der Turbinen-Generatorwelle verfolgen kann.

Die Messung der Drehzahl n erfolgt mit einem elektrischen Drehzahlmeßgerät. Die Spannung eines Gleichstromgenerators ändert sich linear mit der Rotordrehzahl und wird auf einem Digitalvoltmeter angezeigt.

4. Meßprogramm und Meßergebnisse

Im Rahmen der Diplomarbeit wurde versucht, aus den Meßergebnissen einige Schlüsse über die Verwendbarkeit einer Peltonturbine mit gegossenen unbearbeiteten Einzelbechern zu gewinnen. Zu diesem Zweck wurden viele Gesamtwirkungsgradkurven η_G und das Muscheldiagramm dieser Turbine aufgenommen.

$$\eta_G = 100 \cdot P_{ab}/P_{zu} \qquad \text{in \%}$$

Zur Berechnung des hydraulischen Wirkungsgrades η_{hyd} wird der an der Welle abgegebenen Leistung P_{ab} eine Verlustleistung P_{verl}, die aus Reibungsverlusten der Lagerung und Ventilationsverlusten des Turbinenlaufrades besteht, hinzugezählt.

$$P_{hyd} = P_{ab} + P_{verl} \qquad \text{in kW}$$
$$\eta_{hyd} = 100 \cdot P_{hyd}/P_{zu} \qquad \text{in \%}$$

Das Bild 2 zeigt das gemessene Muscheldiagramm der getesteten Versuchsturbine, in dem konstante hydraulische Wirkungsgradkurven über der Einheitsdrehzahl n_1 und dem Durchflußverhältnis k aufgetragen sind.

$$k = \dot{V}_1/\dot{V}_{1N}$$

In diesem Muscheldiagramm sind alle Muschelkurven zu großen Durchflüssen $\dot{V}$ hin geöffnet. Auch die beste Wirkungsgradkurve (η_{hyd} = 80 %) ist nicht geschlossen, da bei Überöffnung der Turbinendüse ($\dot{k}$ = 1,1) kein Abfall des hydraulischen Wirkungsgrades η_{hyd} eintritt.

Wirtschaftlicher Betrieb kann bei dieser Versuchsturbine von dem Durchflußwert k = 0,7 bis zur Überöffnung k = 1,1 bei der Einheitsdrehzhal n_1 = 140 in min^{-1} erfolgen.

5. Zusammenfassung

Die Meßergebnisse zeigen eine gute Verwendbarkeit der getesteten Versuchsturbine. In weiterführenden Arbeiten ist geplant, auf dieser Versuchsanlage Typenerprobungen neuer Turbinenmodelle durchzuführen. Durch die Errichtung dieses Kleinturbinen-Peltonversuchsstandes entstand die Möglichkeit durch gezielte Modellversuche der steigenden Bedeutung der Energiegewinnung durch Kleinwasserkraftwerke Rechnung zu tragen.

Schlußworte

H.B. Matthias

Meine Damen und Herren!

Nachdem das Symposium über Wasserkraftanlagen mit stahl- und maschinenbaulichen Gesichtspunkten beendet ist, möchte ich ein paar Schlußworte anschließen.

Zunächst gilt mein Dank Ihnen, meine Damen und Herren, die Sie so zahlreich von den Behörden, der Wirtschaft und den Universitäten gekommen sind um der Ehrung für Herrn Professor Dr. Erich Uhlir, diesem hervorragenden Wissenschaftler, beizuwohnen.

Zur Erinnerung an diese Tage möchten die Teilnehmer dieses Seminars Ihnen, sehr geehrter Herr Professor Uhlir, ein Pergament mit den Unterschriften der Teilnehmer überreichen.

Weiterhin möchte ich mich bei den Zuhörern und Diskussionsteilnehmern für die Teilnahme an dieser Veranstaltung sowie für die vertvollen Hinweise und Anregungen bedanken. Nachdem viele Jahre auf diesem speziellen Fachgebiet an der Technischen Universität ein solches Seminar nicht mehr stattgefunden hat, war die soeben zu Ende gegangene Veranstaltung wiederum ein erster Versuch, den wir gerne in Zukunft mit Ihrer Hilfe fortsetzen möchten. Dabei sollen bei künftigen Veranstaltungen nicht nur Angehörige der Universität Wien zu Wort kommen, sondern wir würden uns sehr freuen, aus Ihrem Kreis, von den Behörden der Wirtschaft und den anderen Universitäten eine große Zahl von Referenten begrüßen zu können. Sollten Sie infolge des gedrängten Programmes dieser Veranstaltung noch ungeklärte Fragen haben, so darf ich Sie bitten, sich mit den Instituten bzw. den Referenten direkt in Verbindung zu setzen.

ein Dank bei der Mithilfe zum Gelingen dieser Veranstaltung gilt vor allem den Bundesministerien, dem Rektor der Technischen Universität Wien, dem Dekan für Maschinenbau sowie dem Universitätsdirektor für die großzügig gewährte Unterstützung und die Mithilfe bei der Überwindung der Probleme.